U0352462

川东两类盆地上二叠统页岩气成藏条件

Reservoir Formation Conditions of Shale Gas of Upper Permian in Two Kinds of Basin, Eastern Sichuan

刘光祥　罗开平　陈迎宾　等著

石油工业出版社

内 容 提 要

四川地区古生界发育下寒武统（筇竹寺组 / 牛蹄塘组）、上奥陶统五峰组—下志留统龙马溪组、上二叠统（龙潭组 / 吴家坪组）三套优质泥质烃源岩。其中，五峰组—龙马溪组已成功实现页岩气的商业开发，在筇竹寺组中也已获页岩气工业气流突破，龙潭组 / 吴家坪组页岩气成藏条件和潜力被勘探工作者广为关注。中—晚二叠世川东地区发育陆内裂陷和陆内坳陷两类盆地（原型），本书在盆地形成大地构造环境、构造—沉积演化基础上，重点分析这两类盆地中龙潭组 / 吴家坪组的沉积相—岩相古地理、烃源岩地质—地球化学特征、泥页岩储集特征，以及泥页岩含气性、可压性与保存条件及其各方面的差异性，进而提出川东地区上二叠统页岩气选区评价意见。

本书可供从事石油天然气地质研究的科研人员和高等学校相关专业师生参考。

图书在版编目（CIP）数据

川东两类盆地上二叠统页岩气成藏条件 / 刘光祥等著 . —北京 : 石油工业出版社 , 2021.9

ISBN 978-7-5183-4653-0

Ⅰ . ①川… Ⅱ . ①刘… Ⅲ . ①四川盆地 – 含油气盆地 – 龙潭阶 – 油页岩 – 成藏条件 Ⅳ . ① P618.130.2

中国版本图书馆 CIP 数据核字（2021）第 095048 号

出版发行：石油工业出版社

（北京安定门外安华里 2 区 1 号　100011）

网　址：www. petropub. com

编辑部：（010）64523543　图书营销中心：（010）64523633

经　　销：全国新华书店

印　　刷：北京中石油彩色印刷有限责任公司

2021 年 9 月第 1 版　2021 年 9 月第 1 次印刷

787 × 1092 毫米　开本：1/16　印张：12.5

字数：300 千字

定价：120. 00 元

（如出现印装质量问题，我社图书营销中心负责调换）

前言

显生宙以来，四川盆地及其邻区历经多旋回的大地构造演化，形成多阶段的沉积盆地原型，这些盆地原型在地质历史阶段形成叠加，被称之为盆地原型序列。现今油气勘探成果表明：四川地区古生界发育下寒武统筇竹寺组、上奥陶统五峰组—下志留统龙马溪组和上二叠统龙潭组 / 吴家坪组三套优质泥页岩烃源岩。针对前两套泥页岩已开展了大量页岩气的勘探开发研究工作，在五峰组—龙马溪组已实现页岩气商业开发，在筇竹寺组也已获页岩气工业气流突破，但龙潭组 / 吴家坪组是否具备页岩气成藏条件，能否成为页岩气勘探的接替层系？本书力图回答这些问题。

研究思路是：在搞清龙潭组 / 吴家坪组的时空结构特征及其油气地质特征的基础上，进行油气资源预测。通过地质—实验测试—地球物理相结合，分析川东地区龙潭组 / 吴家坪组形成时的大地构造环境、沉积特征；研究龙潭组高丰度泥页岩纵横向分布、泥页岩含气性、可压性及页岩气赋存条件；探讨各地质因素对页岩气富集的影响，总结页岩气富集与贫化主控因素；分析龙潭组页岩气成藏地质条件，探讨龙潭组页岩气评价指标与评价方法，对该区龙潭组 / 吴家坪组油气资源进行预测。

研究方法是：认真系统采集宏观地质资料，室内对微观、微量、微区认真系统研究。

对四川盆地南部—东部地区进行了野外地质工作和钻井岩屑观察采样。野外观察、测量、采样剖面共 13 条，剖面长度累计约 5.6km，草测地层厚度 849.5m，系统采集样品 197 件，照片 800 余张；钻井岩屑观察 6 口（西门 1 井、威页 1 井、资阳 1 井、新场 2 井、黄金 1 井、金石 1 井），采集样品 71 件，开展了样品测试 21 项 1654 件次。

综合研究表明：

（1）四川盆地及其邻区，晚古生代—中生代盆地是奠基在加里东运动后华南大陆构造格局基础上，受到古特提斯构造域演化的控制；华南陆块晚古生代区域性脉冲式拉张，导致峨眉地裂运动并伴随大规模玄武岩喷发和扬子地台北缘构造—沉积分异。川东地区晚古生代发育陆缘 / 陆内裂陷和台内坳陷两类不同的盆地原型，它们造成了川东地区龙潭组（大隆组）的沉积分异。

（2）川东地区龙潭组泥页岩发育与分布，在纵向上，可分为上泥页岩段和下泥页岩段，在横向上，南区（台内坳陷）和北区（陆缘 / 陆内裂陷）具不同的大地构造特点。北区泥页岩发育于深水陆棚相—盆地相，受石灰岩隔层分隔，上泥页岩段厚度 20～75m，下泥页岩段厚20～90m，岩性组合为泥页岩夹石灰岩。泥页岩石英含量高，黏土矿物含量低，有机质丰度高，TOC含量普遍大于2.0%，有机质类型以$Ⅱ_1$型为主，处于过成熟中晚期。南区泥页岩发育于沼泽相—浅水陆棚相，受砂岩分隔，上泥页岩段厚30～110m，下泥页岩段厚20～90m，岩性组合为泥页岩夹砂岩和煤。泥页岩石英含量低，黏土矿物含量较高，有机质丰度高，TOC含量普遍大于2.0%，有机质类型以Ⅲ型为主，处于高成熟—过成熟中期。南区（台内坳陷）、北区（陆缘/陆内裂陷）上泥页岩段和下泥页岩段普遍具备页岩气形成的生烃条件。

（3）川东地区龙潭组泥页岩普遍具有较好的储气能力，受沉积相所控制的物质组成（矿物和有机质组成）差异的制约，储层发育特征差异显著。北区（陆缘/陆内裂陷）吴家坪组泥页岩有机质组成以藻屑体和固体沥青为主，孔隙类型以有机孔为主，孔隙形态以墨水瓶形孔为主，含少量狭缝形孔；微孔占比较高，2～20nm中孔是孔容的主要贡献者，优势孔径10nm，平均孔隙度约5.5%。有机质含量是孔隙发育的主控因素之一。南区（台内坳陷）龙潭组泥页岩有机质组成以镜质组为主，孔隙类型以无机孔（黏土矿物晶间孔、微裂隙）为主，孔隙形态以狭缝形孔为主，含少量墨水瓶形孔；微孔占比变化大，2～50nm中孔是孔容的主要贡献者，优势孔径25nm，泥页岩孔隙的发育主要受黏土矿物含量控制，明显不同于前者。

（4）龙潭组页岩气总体保存条件优越，含气性好，具勘探开发基础。泥质岩、膏盐岩两套区域盖层为龙潭组页岩气的保存奠定了基础；尽管川东地区龙潭组断裂较为发育，但多消失于膏盐岩或泥质岩盖层中，构造变形晚于龙潭组泥页岩主生气期，构造变形强度在向斜区弱，高陡背斜带相对较强；复向斜区普遍具超压，高陡构造带多属常压系统；顶板、底板岩性多属致密灰岩并有一定的厚度，可有效阻止天然气逸散，有利于压裂。甲烷等温吸附实验表明，川东北区吴家坪组泥页岩饱和甲烷吸附气量和兰氏压力与五峰组—龙马溪组的大致相当，而川西南区龙潭组泥页岩更高；四川盆地周缘地区龙潭组页岩现场解吸气量大，而且钻进过程中气显示活跃，揭示出龙潭组具较好的含气性，具备勘探开发的基础。

（5）川东地区龙潭组泥页岩总体具较好的可压性，川东北区（陆缘/陆内裂陷）优于川西南区（台内坳陷）。全岩X射线衍射分析表明，北区深水陆棚相—盆地相泥页岩脆性矿物含量高，黏土矿物含量相对较低，可压性较好；而南区沼泽相—浅水陆棚相区泥页岩脆性矿物含量低，以黏土矿物为主，可压性变差。龙潭组泥页岩杨氏弹性模量高，而泊松比低，具较好的可压性。龙潭组埋深变化大（300～6000m），相比较而言，赤水区块西北区、綦江区块南区、资阳—丹山、威远—荣县、荣昌—永川埋深适中，其他区块埋深大于4000m。

本书主要取材于中国石油化工股份有限公司科技攻关项目成果报告，合同编号：P15103。项目负责人：刘光祥、曹涛涛、曹清古；主要研究人员：刘光祥、曹涛涛、曹清古、陈迎宾、邓模、张长江、周凌方、潘文蕾、吴小奇、罗开平、吕俊祥、陆永德、王彦青、张方君。

在上述报告的基础之上，本书做了一定的修改补充：前言由刘光祥、罗开平编写；第1章由罗开平、刘光祥编写；第2章由罗开平、刘光祥编写；第3章由吴小奇编写；第4章由曹清古、周凌方编写；第5章由邓模、赵国伟编写；第6章由陈迎宾、赵国伟编写；第7章由刘光祥、陈迎宾编写；第8章由罗开平、陈迎宾编写；计算机编图由陆永德编制。全书由刘光祥、罗开平、高长林负责统编、修编。书中有关英文文稿由张长江编写、叶德燎审定。中国石化石油勘探开发研究院无锡石油地质研究所地质实验中心协助完成了实验测试工作。

项目的实施过程中，得到了中国石油化工股份有限公司科技开发部及其组织的专家小组的指导和关怀，也得到了中国石油化工股份有限公司石油勘探开发研究院领导的高度重视以及无锡石油地质研究所领导班子的大力支持；在样品采集、资料收集中得到中国石油化工股份有限公司西南油气分公司、勘探分公司、江汉油田分公司等的大力支持和帮助。本书出版过程中，得到中国石油化工股份有限公司石油勘探开发研究院无锡石油地质研究所有关部门和相关领导的指导帮助，在此一并致以真诚的谢意！

目录

CONTENTS

1　川东地区晚古生代—中生代大地构造环境

中国南方地块演化的历史可以分为前特提斯、古特提斯、新特提斯、太平洋和印度洋四个阶段。上扬子地区晚古生代—中生代盆地构造演化是奠基在加里东运动后华南大陆构造格局基础上，并受到古特提斯和新特提斯构造域的控制（表1-1）。华南陆块在早古生代晚期扬子北缘昆仑—秦岭碰撞造山和西南—东南缘华南洋闭合拼贴增生下，陆壳范围显著扩大。在志留纪末—泥盆纪早期周边挤压作用下，海水向四周退出，龙门山—锦屏山以东、南秦岭以南地区整体隆升成为陆地，只有钦防地区残存次深海盆地，它向西南方向延伸通向古特提斯（张渝昌等，1997）。揭去泥盆系及以上地层，扬子克拉通前泥盆系与上古生界为平行不整合接触，但在成都、贵阳和昆明周围存在三个古隆起，下古生界有不同程度的剥蚀；在华南地区可以分为湘桂褶皱带、粤赣花岗岩带和武夷地块，其中在湘桂褶皱带、粤赣花岗岩带上古生界和前泥盆系均为角度不整合接触，而在武夷地块上没有下古生界出露，上古生界不整合在前泥盆系变质岩上（王清晨等，2007）。因此，加里东运动拼合后的华南地块，不管是在扬子地台或是华南褶皱系，都存在着稳定地块和相对活动褶皱、断裂构造带的差异（图1-1）。在这种背景下，泥盆纪至中三叠世中国南方以华南陆块为主体的块体，都是古特提斯洋中的碎块，形成多岛洋构造模式，从板块构造上，该阶段是从古特提斯的形成、扩张开始，结束于古特提斯的消亡以及由此产生的印支运动。随着古特提斯洋的封闭，形成包括华北、秦岭、下扬子、华南、松潘、甘孜—义敦、印支在内的南方大陆，开始了新全球构造发展阶段，时限从晚三叠世可延续至古近纪。新特提斯洋的开合造成强烈的燕山运动，其结果是除中国台湾东部、印度河—雅鲁藏布江以南外，南方各地完全拼合（马力等，2004）。川东地区晚古生代—中生代盆地构造演化时序上跨越了古特提斯和新特提斯两个阶段。

表 1-1　晚古生代—中生代南方构造体制与盆地演化表

Table 1-1　Tectonic Regimes and Basin Evolution in Late Palaeozoic–Mesozoic, South China

地质年代			年龄（Ma）	构造回旋		造山及裂陷运动	构造阶段及主要构造事件						盆地类型及其演化
							构造阶段		主要事件	岩浆活动	变质事件	高压超高压变质带	
中生代	三叠纪	晚		印支—晚海西旋回	晚	早印支运动	古特提斯	构造逆转残留洋盆	古特提斯洋盆封闭、碰撞甘孜理塘洋扩张	闽粤赣湘酸性花岗岩，三江造山带花岗岩			克拉通内部盆地；克拉通边缘盆地
		中			中								
		早	250		早	晚海西运动					甘孜阿坝低绿片岩变质澜沧江、永梅绿片岩相		
晚古生代	二叠纪	晚	270			东吴运动		洋壳消减被动大陆边缘变活动大陆边缘	金沙江洋、墨江洋、粤海洋扩张	峨眉山玄武岩大范围分布，昌宁—孟连、金沙江、墨江、哀牢山、勉略、随州、粤海带超镁铁岩，洋盆两侧有岛弧火山岩			
		早	295	早海西旋回（华力西）								南秦岭蓝闪片岩带抬升，巴塘蓝闪片岩	
	石炭纪	晚	315										
		早	355					地块拉开洋壳分开	勉略洋、昌宁—孟连洋扩张		南秦岭低绿片岩—低角闪岩相 金沙江多期变质，钦州、闽东南、海南低绿片岩相		
	泥盆纪	晚											
		中											前陆盆地
		早	408			晚加里东（广西）运动							
早古生代	志留纪	晚		加里东旋回			前古特提斯	构造逆转形成前陆盆地	华南大陆聚合形成华南板块并与冈瓦纳大陆相连	诸广山、云开大山、武夷山花岗岩 北秦岭花岗闪长岩、二长花岗岩 秦岭碱性岩 摩天岭、粤北、福建建阳超镁铁岩 北秦岭铁质超镁铁岩 海南、金沙江、松潘甘孜有中性、酸性火山活动	华夏、华南、湘桂地块低绿片岩相变质 武夷山、云开从低绿片岩到高绿片岩递增变质，混合岩化 广丰—萍乡、崇安—石城附近变质深		
		中											
		早	435			都匀运动							
	奥陶纪	晚						大洋扩张形成被动大陆边缘	华南洋俯冲碰撞、秦岭洋俯冲				
		中											
		早	510			郁南运动							
	寒武纪	晚											
		中											
		早											

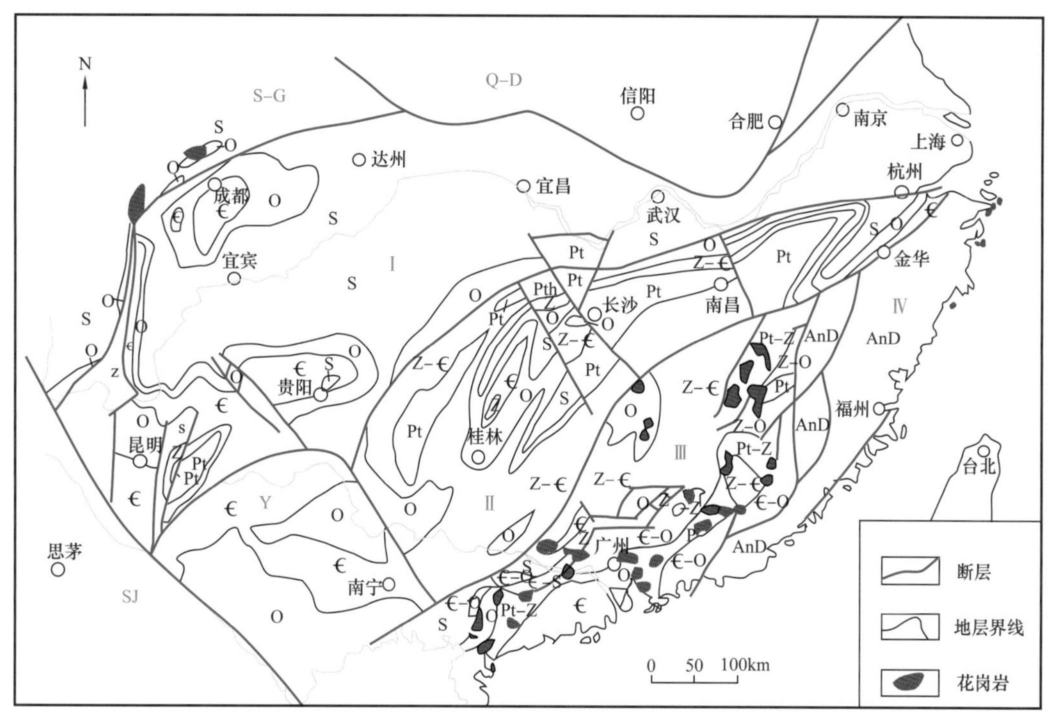

Ⅰ—扬子克拉通；Ⅱ—湘桂褶皱带；Ⅲ—粤赣花岗岩带；Ⅳ—武夷地块；Q-D—秦岭—大别山造山带；SJ—三江造山带；S-G—松潘—甘孜造山带；Y—右江造山带；S—志留系；O—奥陶系；€—寒武系；Z—震旦系；Pt—元古宇；AnD—前泥盆系变质岩

图 1-1　中国南方前泥盆纪古地质图

Fig. 1-1　Paleogeological Map in Pre-Devonian, South China

1.1　川东地区晚古生代—中生代主要地质事件

根据地层记录，川东地区晚古生代—中生代可以鉴别出的主要五期地质事件包括东吴运动（P/P）、印支运动（T_2/T_3）、早燕山运动（J-K_1）、晚燕山运动（K_2）及早喜马拉雅运动（K_2/E），它们分别受控于古特提斯和新特提斯洋的形成和演化。

1.1.1　古特提斯与上扬子板块的形成演化关系

古特提斯洋的演化可以分为三个阶段（马力等，2004）。

1.1.1.1　*泥盆纪—石炭纪洋盆扩张、地块裂离阶段*

代表南方古特提斯洋盆的蛇绿岩带分布在秦岭造山带的勉略带，三江造山带内的昌宁—孟连带、金沙江带、甘孜—理塘带、墨江带，粤海造山带内地河口—香吧岛带、儋县屯昌带。昌宁—孟连蛇绿岩带是古特提斯的主洋盆，其形成的时间最早，在晚泥盆世已形成（张旗等，1992），石炭纪是洋盆的全盛期，成为冈瓦纳和扬子两大生物古地理的分界。勉略洋的初始裂谷期在泥盆纪，石炭纪—早二叠世为强烈扩张期（赖绍聪等，2001）。墨江洋在志留纪海槽基础上，于石炭纪形成洋盆，强烈扩张期在晚石炭世—早二叠世。甘孜—理塘洋形成最晚，是在石炭纪裂堑型深海洋盆基础上发展起来，洋盆扩张始于晚二叠世—早三叠世，中三叠世开始消减。随着洋盆的扩张，南方广大地区发生裂陷，洋盆两侧常发育大型边缘盆地，在川滇西北部形成大型边缘裂陷盆地。华南板块主体部分由于加里东碰撞造山的后效，扬子地块隆升，大面积缺失泥盆系、石炭系。原华南造山带地区形成台盆相间的断陷盆地，原湘桂陆块范围内强烈裂陷，从泥盆纪开始形成边缘海盆地。

1.1.1.2　二叠纪—中三叠世洋盆俯冲阶段

特提斯洋盆两侧在洋盆俯冲消减期常发育岛弧岩浆岩带。昌宁—孟连—碧土洋俯冲开始于晚石炭世—早二叠世，以景洪火山岛弧的形成为标志（罗建宁等，1992）。勉略洋的俯冲分为早晚两期，早期向北俯冲发生于晚二叠世，晚期俯冲发生于中三叠世。粤海洋的早期俯冲发生于早二叠世，晚期俯冲发生于中三叠世，俯冲方向向南。墨江、金沙江洋俯冲早期俯冲发生于晚二叠世，俯冲方向向西，晚期俯冲可能发生于早三叠世后。主洋盆的俯冲强烈改变了南方古特提斯期的构造面貌。主洋盆早期俯冲作用使洋盆由扩张变为收缩，海水向东超覆到华南广大地区，并使金沙江和粤海等分支洋形成，在华南地区形成宽广的巨型碳酸盐岩台地。东吴运动发生于早晚俯冲期之间，东吴运动后主洋盆的收缩更为强烈，导致华南西部地幔柱上隆，发生大规模玄武岩喷发，晚二叠世华南板块形成东西为陆相、中间为海域的古地理格局，早三叠世华南板块东西两侧由陆相变为浅海相（图 1–2）。

1.1.1.3　中—晚三叠世地块碰撞造山与印支运动

古特提斯洋的封闭发生在中—晚三叠世，以印支运动为标志，表现为地块相互碰撞（早期为洋—陆俯冲、碰撞，晚期为陆—陆碰撞）。早期形成周缘前陆盆地或弧后前陆盆地；晚期形成磨拉石盆地，伴有岩石圈拆层作用。

昌宁—孟连主洋盆的碰撞造山分两期完成，中三叠世洋盆向东俯冲在景洪岛弧带之下，临昌—景洪一带形成弧后火山复理石盆地；晚三叠世，腾冲—保山地块与印支地块碰撞造山，形成由西向东的推覆杂岩体。墨江洋的回返造山与主洋盆相似，中三叠世形成哀牢山弧后盆地，晚三叠世形成墨江磨拉石盆地。金沙江洋中三叠世形成弧前火山—复理石盆地，晚三叠世成为拆层裂谷，沉积火山岩夹碎屑岩。勉略洋西部略有扩张，东部在晚三叠世与华北陆块发生早期碰撞，伴有花岗岩侵入，晚期碰撞形成秦岭造山带，南侧发育大巴山、桐柏磨拉石前陆盆地。中—晚三叠世之间早期碰撞导致早印支运动，晚三叠世与侏罗纪之间的晚期碰撞导致了晚印支运动，其结果是古特提斯洋的全面闭合，南方主要陆块聚敛成为新的南方大陆，海水基本退出华南板块，在造山带前发育一系列前陆盆地（包括龙门山、大巴山、雪峰山、楚雄、桐柏）和一系列磨拉石盆地（图 1–3）。

1.1.2　新特提斯与上扬子板块的形成演化关系

新特提斯洋扩张和封闭时限从晚三叠世延续至古近纪。新特提斯初期，南方大陆东西两侧分别有长乐—南澳洋和中国台湾—大南澳地区的大洋及印度河—雅鲁藏布洋和班公湖—怒江洋。三叠纪和侏罗纪之交，印度河雅鲁藏布洋继续扩张，在白垩纪至始新世闭合。早白垩世晚期南海北部和东海地块与闽浙火山弧碰撞，长乐—南澳洋关闭，南海北部和东海地块增生到南方大陆上。

新特提斯洋的开合造成强烈的燕山运动，除中国台湾东部、印度河—雅鲁藏布江以南外，南方陆块完全拼合。

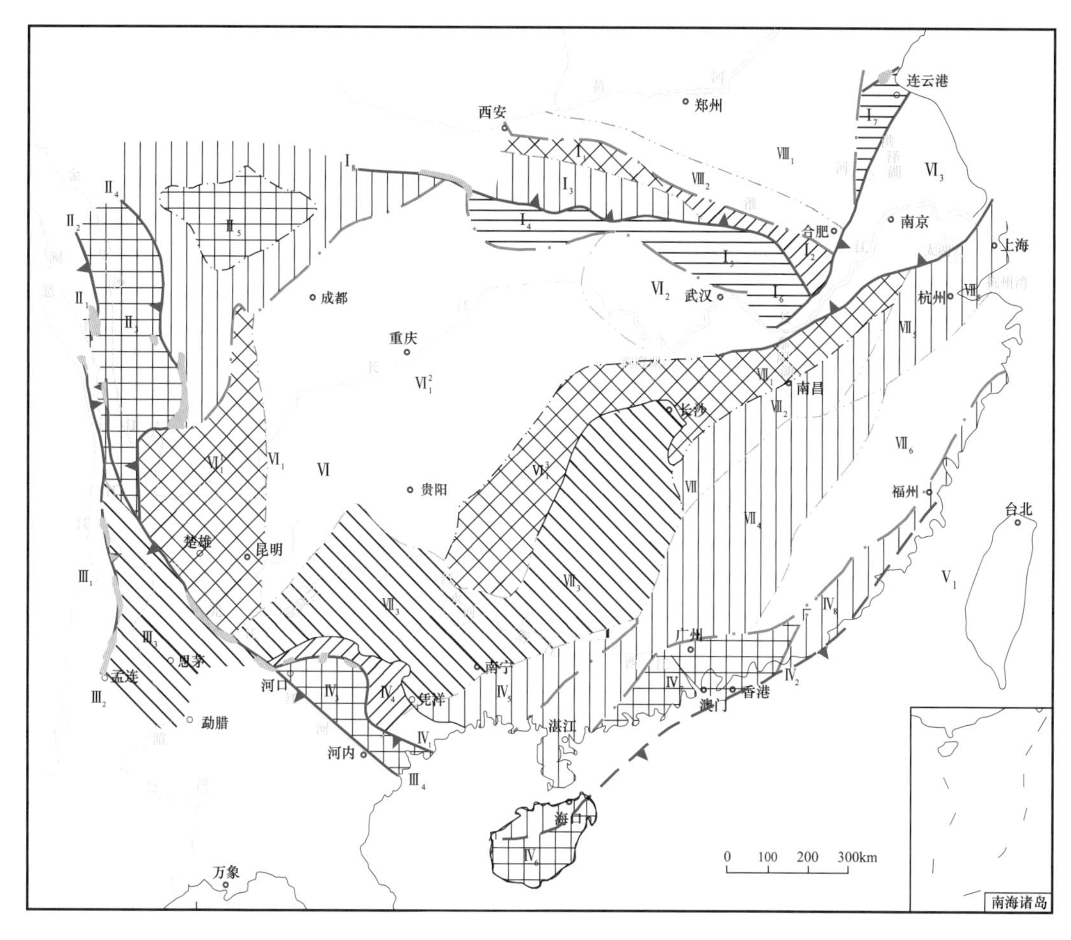

古特提斯缝合带　蛇绿混杂岩　造山带隆起　弧前盆地　裂陷盆地海槽　被动大陆边缘盆地　边缘海盆地　陆块　地块盆地　Ⅰ级单元界线　Ⅱ级单元界线　Ⅲ级单元界线

秦岭古特提斯活动带：Ⅰ$_1$—北秦岭造山带，Ⅰ$_2$—北淮阳弧前盆地，Ⅰ$_3$—中秦岭裂陷盆地，Ⅰ$_4$—南秦岭被动大陆边缘盆地，Ⅰ$_5$—桐柏后期隆起，Ⅰ$_6$—大别后期隆起，Ⅰ$_7$—苏鲁被动大陆边缘盆地，Ⅰ$_8$—勉略结合带；

三江北段古特提斯增生弧活动带：Ⅱ$_1$—察雅芒康块，Ⅱ$_2$—金沙江缝合带，Ⅱ$_3$—义敦中甸块，Ⅱ$_4$—甘孜—理塘缝合带，Ⅱ$_5$—松潘—甘孜盆地（含阿坝块）；

三江南段古特提斯俯冲型活动带：Ⅲ$_1$—腾冲—保山块（早期属冈瓦纳），Ⅲ$_2$—昌宁—孟连主缝合带，Ⅲ$_3$—思茅洋岛盆地，Ⅲ$_4$—墨江—绿春缝合带；

粤海古特提斯缝合带：Ⅳ$_1$—河口—屯昌缝合带，Ⅳ$_2$—屯昌—长乐推测结合带，Ⅳ$_3$—越北块，Ⅳ$_4$—富宁那坡岛弧带，Ⅳ$_5$—钦防拗拉槽，Ⅳ$_6$—海南块，Ⅳ$_7$—粤中块，Ⅳ$_8$—闽东南海槽，Ⅴ$_1$—台闽块；

华南板块：Ⅵ—扬子地块，Ⅵ$_1$—上扬子地块，Ⅵ$_1^1$—康滇隆起，Ⅵ$_1^2$—上扬子克拉通盆地，Ⅵ$_1^3$—雪峰水下隆起，Ⅵ$_2$—中扬子地块；Ⅶ—华南年轻地台，Ⅶ$_1$—九岭水下隆起，Ⅶ$_2$—萍乐裂陷槽，Ⅶ$_3$—湘桂陆块边缘海盆地，Ⅶ$_4$—赣南云开裂陷盆地，Ⅶ$_5$—钱塘裂陷盆地，Ⅶ$_6$—华夏陆块盆地；

下扬子地块：Ⅵ$_3$—下扬子地块；

华北地块：Ⅷ$_1$—华北地块，Ⅷ$_2$—小秦岭—北淮阳变形过渡带

图 1-2　中国南方华力西—早印支期（D-T_2）构造分区图

Fig. 1-2　Structural Division Map of Variscan-Early Indosinian Period（D-T_2）, South China

燕山运动从时序上可以分为三期：早燕山运动发生于早侏罗世、中侏罗世之间，中侏罗开始海水从华南大陆退出，发生早燕山花岗岩侵入和北东走向断裂活动；中燕山运动发生于晚侏罗世—早白垩世，对应于西部丁青—怒江洋的碰撞闭合和东部太平洋板块向欧亚

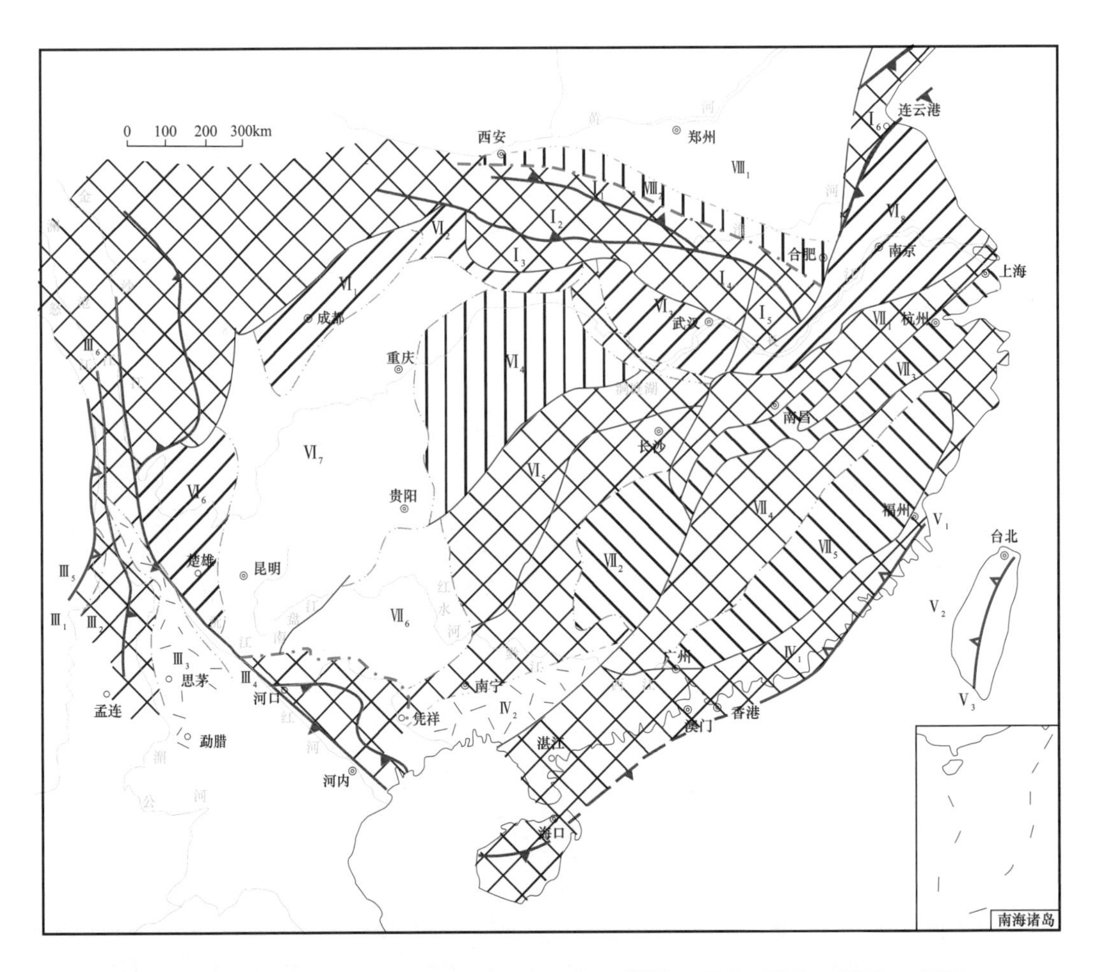

秦岭造山带：I_1—北秦岭造山带，I_2—南秦岭造山带，I_3—大巴山造山带，I_4—桐柏造山带，I_5—大别造山带，I_6—苏鲁造山带；

三江北段增生弧造山带：II_1—三江北段增生弧造山带；

三江南段俯冲型造山带：III_1—保山磨拉石盆地，III_2—昌宁—孟连造山带，III_3—思茅双弧后盆地，III_4—墨江—绿春造山带；

缅泰马地块：III_5—波密—腾冲块，III_6—怒江新特提斯扩张带；

粤海造山带：IV_1—粤海造山带，IV_2—十万大山弧后前陆盆地；

台闽新特提斯扩张带：V_1—长乐—南澳新特提斯扩张带，V_2—台闽块，V_3—天祥新特提斯扩张带；

中上扬子地块：VI_1—龙门山周缘前陆盆地，VI_2—大巴山周缘前陆盆地，VI_3—桐柏山周缘前陆盆地，VI_4—雪峰山类前陆盆地，VI_5—雪峰山褶皱带，VI_6—楚雄周缘前陆盆地，VI_7—川黔前陆隆起；

下扬子地块：VI_8—下扬子前陆盆地；

华南造山带：VII_1—九岭怀玉褶皱带，VII_2—湘粤磨拉石盆地，VII_3—钱塘—萍乐磨拉石盆地，VII_4—郴州—绍兴A型俯冲造山带，VII_5—闽粤磨拉石盆地，VII_6—南盘江—右江增生弧形冲褶带；

华北地块：VIII_1—华北地块；VIII_2—秦岭—北淮阳类前陆盆地

图1-3　中国南方晚印支期—早燕山期（T_3–J_2）造山带与盆地分布图

Fig. 1-3　Distribution of Orogenic Belts and Basin of Late Indosinian–Early Yanshanian Period（T_3–J_2）, South China

板块的俯冲、长乐—南澳洋的闭合，欧亚板块形成，走向NE、NNE、NW断裂活动强烈，诱发大规模花岗质岩浆侵入和钙碱质火山活动，形成华南燕山期造山带，全区发生不同类型陆内造山，雪峰、九岭、怀玉山基底拆离造山带形成，在川东形成侏罗山式隔挡隔槽褶皱，印支期前陆盆地受到强烈改造（图 1-4）；晚燕山运动发生于中白垩世、晚白垩世之间，延续至古近纪，总体为西压东张，西部因雅鲁藏布洋古近纪时俯冲闭合，导致多次构

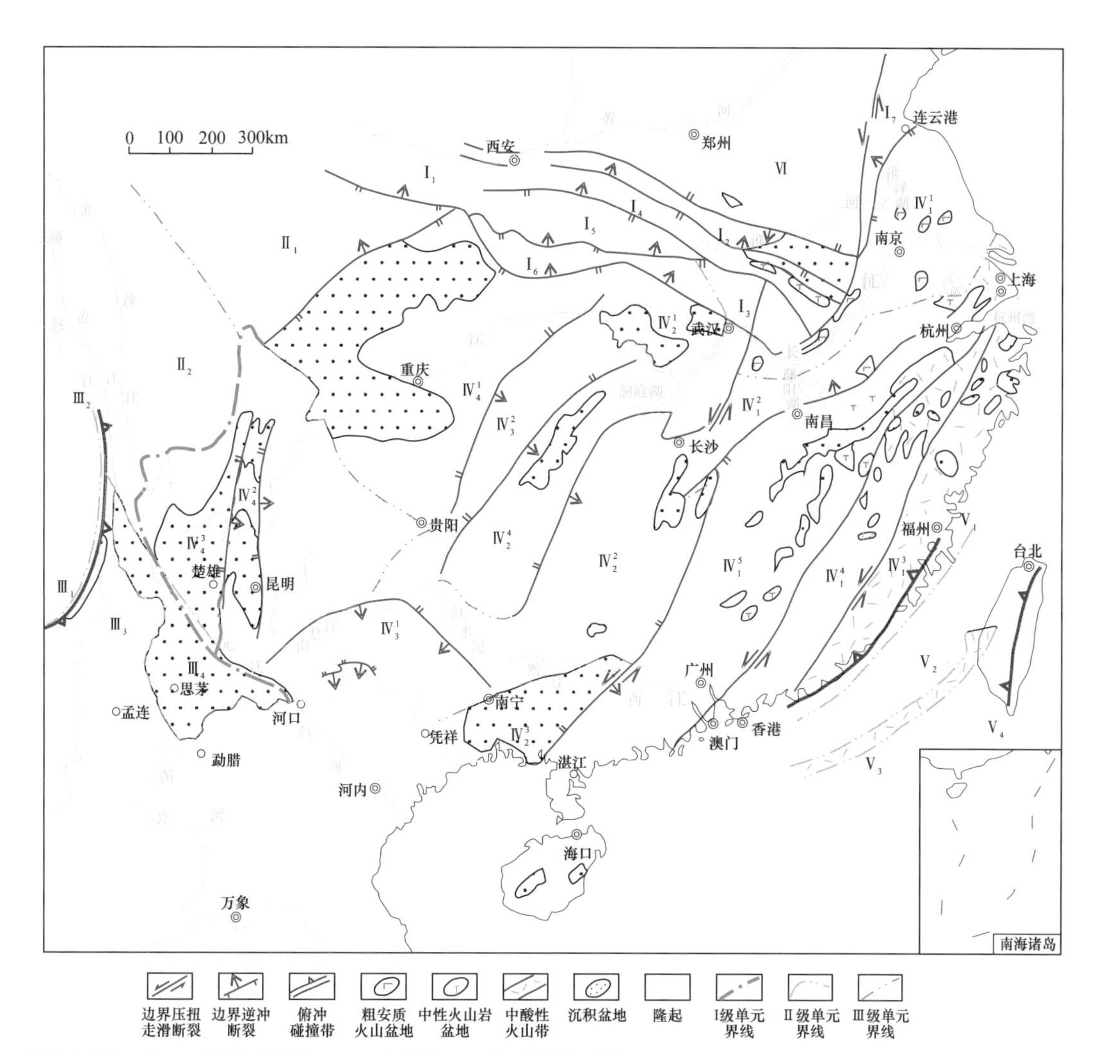

秦岭造山带：I_1—西秦岭造山带，I_2—小秦岭—北淮阳前陆褶冲带，I_3—桐柏—大别花岗岩岩穹，I_4—北秦岭推覆体，I_5—南秦岭推覆体，I_6—大巴山前缘推覆体，I_7—苏鲁造山带；

三江造山带北段：II_1—松潘—甘孜造山带，II_2—雅江—义敦造山带；

三江造山带南段：III_1—波密—腾冲地块，III_2—怒江新特提斯造山带，III_3—昌宁—孟连造山带，III_4—兰坪—思茅盆地；

华南板块：IV_1—东南沿海小型盆地与火成岩活动区，IV_1^1—下扬子 I 型花岗岩粗安质盆状火山岩活动带，IV_1^2—九岭，怀玉基底拆离造山带，IV_1^3—宁波汕头 I 型花岗岩中酸性带状火山岩活动带，IV_1^4—丽水梅县“S”形花岗岩中酸性盆状火山岩活动带，IV_1^5—浙闽粤陆盆与中性火山岩活动带；IV_2—中扬子—十万大山中型盆地分布区，IV_2^1—中扬子盆地群，IV_2^2—湘中盆地群，IV_2^3—十万大山盆地群；IV_2^4—雪峰山基底拆离造山带；IV_3—武陵山—南盘江隆起区，IV_3^1—南盘江褶皱带，IV_3^2—武陵山冲断褶皱带；IV_4—川中—楚雄大型盆地区，IV_4^1—川中大型盆地，IV_4^2—康滇基底拆离造山带，IV_4^3—楚雄大型盆地；

台闽新特提斯造山带：V_1—长乐—南澳碰撞带；V_2—台闽块；V_3—东沙—澎湖岛弧带，V_4—台湾活动带；

华北地块：Ⅵ—合肥—周口盆地

图 1-4 中国南方中燕山期（J_3-K_2）构造纲要图

Fig. 1-4 Structural Outline Map of Middle-Yanshanian Period (J_3-K_2), South China

造运动和强烈褶皱隆升，大多数地区没有晚白垩世沉积；东部因太平洋板块活动的转向，形成强烈弧后拉张，早期的NE、NNE向压性断层变为张性断裂，郯庐断裂由左行变为右行，形成NNE向大型隆坳带与盆岭构造，发育一系列NE、NNE向断陷盆地（图1–5）。

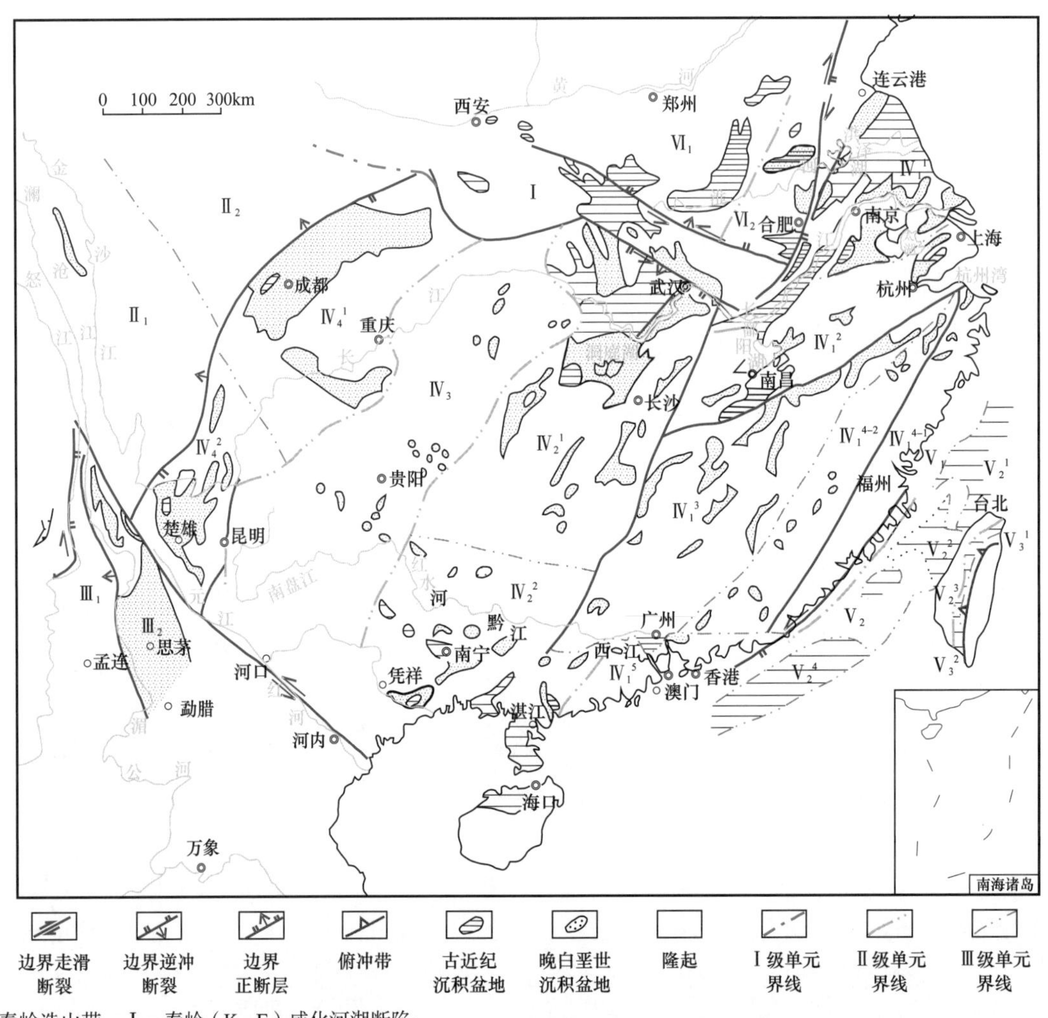

秦岭造山带：Ⅰ—秦岭（K_3–E）咸化河湖断陷；

三江造山带北段：$Ⅱ_1$—德格理塘隆起带，$Ⅱ_2$—松潘—甘孜隆起带；

三江造山带南段：$Ⅲ_1$—腾冲—保山隆起带，$Ⅲ_2$—兰坪—思茅滨海盆地；

华南板块：$Ⅳ_1$—下扬子—三水盆地区，$Ⅳ_1^1$—下扬子（K_3–E）碱性基性火山岩咸化河湖盆地带，$Ⅳ_1^2$—杭嘉湖鄱阳（K_3–E）局部咸化河湖盆地带，$Ⅳ_1^3$—赣杭（K_3）局部咸化河湖盆地带，$Ⅳ_1^4$—闽浙粤沿海高地隆起，$Ⅳ_1^{4-1}$—闽浙粤西部（K_3）山间盆地带，$Ⅳ_1^{4-2}$—沿海（K_3）碱性火山岩带，$Ⅳ_1^5$—三水（K_3–E）碱性基性火山岩咸化河湖盆地带；$Ⅳ_2$—江汉—北部湾大型盆地区，$Ⅳ_2^1$—江汉—衡阳（K_3–E）咸化河湖盆地群，$Ⅳ_2^2$—南宁—北部湾（K_3–E）河湖盆地区；$Ⅳ_3$—武陵山隆起山间盆地区；$Ⅳ_4$—川中—楚雄大型盆地萎缩区，$Ⅳ_4^1$—川中（K_3–E）咸化河湖盆地，$Ⅳ_4^2$—楚雄（K_3–E）咸化河湖盆地；

太平洋西部构造区：$Ⅴ_1$—长乐—南澳逆冲带；$Ⅴ_2$—东海和南海北部盆地，$Ⅴ_2^1$—东海盆地，$Ⅴ_2^2$—台西南日断陷，$Ⅴ_2^3$—澎湖—北港隆起，$Ⅴ_2^4$—珠江口盆地；$Ⅴ_3$—台湾活动带，$Ⅴ_3^1$—大南澳岛弧隆起带，$Ⅴ_3^2$—台中坳陷；

华北地块：$Ⅵ_1$—阜阳—周口（E）河湖盆地，$Ⅵ_2$—合肥—固镇（K_3–E）咸化河湖盆地群

图1–5 中国南方晚燕山期—早喜马拉雅期（K_3–E）构造纲要图

Fig. 1–5 Structural Outline Map of Late Yanshanian–Early Himalayan Period（K_3–E）, South China

1.2 峨眉玄武岩与峨眉地裂运动

1.2.1 峨眉玄武岩的地质特征

峨眉山玄武岩最早由赵亚曾于1929年命名，特指覆盖于四川西南峨眉山区含Neoschwagerina蜓化石，位于茅口组之上的玄武岩（何斌等，2006；张招崇等，1991）。现作为一个岩石单位指分布于云南、贵州、四川三省的晚二叠世大陆溢流玄武岩。关于峨眉山玄武岩的出露面积和体积目前有不同认识。一部分学者估计峨眉山玄武岩体积约为百万立方千米级（Xu Y. 等，2001；Wignall P. B.，2001；Courtillot V. E. 和 Renne P. R.，2003）。但 Xiao 等对比了红河断裂两侧云南宾川和金平（两地距离 500km）的二叠纪玄武岩后，发现二者具有很好的可比性，推测峨眉山玄武岩的西界应为哀牢山—马江（越南境内）缝合带（Xiao L. 和 Xu Y. G.，2003）；Hanski 等也认为，越南西北部 Song Da 地区的科马提岩属于峨眉山大火成岩省的一部分（Hanski E. 和 Walker R. J.，2004）；Fan 等发现，广西西部的部分玄武岩与峨眉山玄武岩时空上相关，推测也属于峨眉山玄武岩（Fan W. M. 等，2008）。这些研究说明，初始峨眉山玄武岩的出露面积和体积可能要大于现今观测到的峨眉山玄武岩。通过分析横穿峨眉山玄武岩内带、中带和外带的地震测深（DSS）剖面资料，重新计算峨眉山玄武岩的体积约为 $3.8 \times 10^6 km^3$，表明其具有典型地幔柱成因大火成岩省的特征（Xu Y. G.，2007）。

峨眉山玄武岩通常分为西部、中部、东部三大岩区，自西向东厚度减薄，由大于5000m（西部）到小于 100m（东部）。峨眉山玄武岩上覆地层为宣威组砾岩及粉砂岩、含植物化石的含煤砂页岩。宣威组与峨眉山玄武岩假整合接触，厚度一般为几十至 100m；峨眉山玄武岩的下伏地层为茅口组石灰岩，常与栖霞组相伴出现，分布广泛，与峨眉山玄武岩假整合接触，厚度与沉积环境和剥蚀程度有关，一般大于 100m，差异剥蚀的范围及分带同峨眉山玄武岩的分布明显相关。

关于峨眉山玄武岩的喷发时间前人做过很多研究。

早期对峨眉山玄武岩的定年以 Huang K. N. 及袁海华等的工作为代表，他们分别采用 $^{40}K-^{40}Ar$ 定年和 Rb-Sr 全岩等时线年龄分别得到峨眉山玄武岩喷发时间为 219～237Ma 及211Ma。

Jin Y. G.、Shang J. 依据与峨眉山玄武岩互层的海相石灰岩中发现 *fusulinid foraminifera* 化石推断峨眉山玄武岩的喷发年代相当于晚 Guadalupian 期；He B. 等及 Guo F. 等从宣威组底部得到的年龄（260Ma ± 5Ma）分析峨眉山玄武岩的喷发持续时间很短，这和从磁性地层学得到的峨眉山玄武岩持续时间的估计相符（Huang K. N. 和 Opdy ke N. D.，1998；Ali J. R. 等，2002）。但由于后期构造变形和蚀变等因素影响，目前已发表的关于峨眉山玄武岩的同位素年龄分布范围较宽。此外，因峨眉山玄武岩主要是基性岩，寻找其中的锆石很不容易，导致峨眉山玄武岩定年的困难。因此也有学者通过测定相关侵入岩年龄来推测峨眉山玄武岩的年龄，但由于侵入岩的年龄和喷出岩的年龄有差异，造成关于峨眉山玄武岩喷发和持续时间的争议颇多。

Lo 等及 Boven 等都曾尝试用 $^{40}Ar/^{39}Ar$ 定年分析峨眉山玄武岩的主相喷发时间，得出的年龄为 251～253Ma（Lo C. H. 等；Boven A. 等，2002），但对于这个年龄也存在争议（Ali J. R. 等，2005；Courtillot V. E. 和 Renne P. R.，2003）。

目前比较认同的有关峨眉山玄武岩年龄是在新街基性 / 超基性侵入岩中的辉长岩内分离出的锆石用离子探针（SHRIMP）测定的 $^{206}Pb/^{238}U$ 加权平均年龄为 259Ma ± 3Ma（表 1–2）。表中大部分利用 SHRIMP 锆石定年得到的 $^{206}Pb/^{238}U$ 加权平均年龄均在 260 Ma 附近，与中—晚二叠世的界限事件一致。另外峨眉山玄武岩从内带到外带的年龄都

表 1–2　峨眉山玄武岩定年

Table 1–2　Basalt Dating of Emeishan Basalt

定年方法	样品描述	采样层位 / 地点	年龄（Ma）	误差（Ma）	*n*	MSWD	年龄类型	资料来源
全岩 $^{40}Ar–^{39}Ar$	隐晶质—细晶质玄武岩	阳圩剖面上部：上覆早三叠世碎屑岩，下伏茅口组石灰岩	253.6	0.4			$^{40}Ar–^{39}Ar$ 坪年龄	范蔚茗等，2004
全岩 $^{40}Ar–^{39}Ar$	隐晶质—细晶质玄武岩	阳圩剖面下部：上覆晚二叠世硅质碎屑岩，下伏中—晚石炭世石灰岩	255.4	0.4			$^{40}Ar–^{39}Ar$ 坪年龄	范蔚茗等，2004
全岩 $^{40}Ar–^{39}Ar$	隐晶质—细晶质玄武岩	Min'an 剖面下部：上覆晚二叠世硅质碎屑岩，下伏茅口组石灰岩	256.2	0.8			$^{40}Ar–^{39}Ar$ 坪年龄	范蔚茗等，2004
激光微探针 $^{40}Ar–^{39}Ar$ 分析	玄武岩	渡口剖面，攀西地区：上覆辉石至玄武岩序列，下伏粗面岩和流纹岩	258.9	3.4			正等时线年龄	Hou 等，2006
$^{40}Ar–^{39}Ar$ 同位素分析	片状黑云母	攀枝花露天采场Ⅸ号矿带韵律条带状磁铁矿辉长辉石岩	256.85	2.69			$^{40}Ar–^{39}Ar$ 坪年龄	王登红等，2007
$^{40}Ar–^{39}Ar$ 同位素分析	大片状（片径 4mm）金云母	四川西北丹巴杨柳坪铜镍硫化矿床残坡积层中碱性基性岩和苦橄质辉石岩	250.2	1.9			$^{40}Ar–^{39}Ar$ 坪年龄	王登红等，2007
Rb–Sr 古混合线分析	硅质页岩	威宁县张四沟一带宣威组底部：下伏峨眉山玄武岩	255	12	6	0.17	Rb–Sr 古混合线年龄	许连忠等，2006
Re–Os 同位素分析	铜镍硫化物矿石	白马寨硫化镍矿床矿区 800m 中段	249	32		1.4	Re–Os 等时线年龄	王登红等，2007

注：*n* 表示所采用的锆石或样品数；MSWD 代表平均标准权重方差。

在 260Ma 左右，说明峨眉山玄武岩自喷发到岩浆流动形成整个大火成岩省经历的时间较短。

目前对峨眉山玄武岩物质来源普遍认为是岩石圈与地幔柱 相互作用的结果（Chung S. L. 和 Jahn B. M.，1995；Xu Y. 等，2001；Chung S. L. 等，1997；Song X. Y. 等，2007；Xiao L. 等，2004）。在 20 世纪八九十年代，峨眉山玄武岩的裂谷成因占主导，但在 Chung 和 Jahn 最早提出峨眉山玄武岩是地幔柱成因的观点后，目前地幔柱成因逐渐成为主流，其主要依据为：（1）茅口组石灰岩剥蚀情况指示峨眉山玄武岩呈近圆状展布，反映峨眉山玄武岩喷发事件与地球深部过程关联，而不是仅仅沿攀西裂谷呈线状分布，如果是裂谷成因，裂谷的规模应该比攀西裂谷的现今规模大得多；（2）地层学和沉积学证据表明，峨眉山玄武岩在喷出地表之前曾有过大规模抬升（＞1300m），且表现为穹隆状隆起，远超过岩石圈引张形成攀西裂谷的规模（He B. 等，2007；He B. 等 ，2007；Xiao L. 等，2003；He B. 等，2003）。来自地震测深的资料也进一步支持了峨眉山玄武岩的地幔柱成因（Xu Y. G.，2007）。但何种动力学过程触发了峨眉山玄武岩的喷发及峨眉山玄武岩的活动经历了多长时间等问题还有待进一步认识。

1.2.2 峨眉玄地裂运动与上扬子板块

地裂运动一词，国外地学者把它称为造山运动同时期的对应物，或与造山运动并列，认为是板块构造活动对立统一的两个方面。罗志立自 1979 年以来考证中国区域构造特征后，认为自新元古代以来，中国大陆至少经历过三次大的地壳区域性拉张运动，分别命名为兴凯地裂运动期（Pt_3—C_1）、峨眉地裂运动期（D_2—T_1）、华北地裂运动期（K_2—E）（罗志立. 1981）。其中峨眉地裂运动揭示了川、滇、黔地区晚古生代板块构造活动的特征。

峨眉地裂运动开始于中泥盆世，在华南板块南缘的黔、桂、湘海盆中裂谷和火山作用强烈，台盆分异明显，生物礁块发育。强烈活动于晚二叠世，对应于古特提斯洋的早期俯冲，以峨眉山玄武岩强烈喷发并形成大火成岩省（LIPS）为标志，同时在扬子板块南、北缘均有拉张运动，南缘形成台块（孤立台地）、台槽格局，北缘形成拗拉槽群，生物礁块均很发育。峨眉地裂运动结束于早三叠世末（对应于古特提斯洋的晚期俯冲），在南秦岭和黔桂海盆的下三叠统均可见陆源碎屑厚度巨大的沉积充填，如陕西的凤县群及黔桂海盆的板纳组和兰木组。如果把峨眉地裂运动与全球板块构造活动相关联，它反映了晚古生代冈瓦纳大陆和欧亚大陆裂解，位于东特斯洋的华南板块也处于全面的拉张背景（殷鸿福，吴顺宝，1999），扬子板块在晚古生代—早中生代（D_2—T_1）大范围的拉张与峨眉地幔柱所代表的西南地区晚二叠世（P_3）重大构造热事件关系密切。峨眉山玄武岩喷发是峨眉地裂运动强烈活动期的表现，也是峨眉地幔柱活动的必然产物（表 1–3）。

峨眉地裂运动深刻改变了上扬子地区晚古生代的构造岩相古地理格局。晚石炭世—中二叠世，上扬子地区主体为台地和台内坳陷（图 1–6）。晚石炭世，金沙江洋扩张导致的华南陆块整体沉降，海水自西南、东南两个方向侵入，除上扬子南部（川南、滇东北、黔北）、浙闽中东部仍然为隆起外，大部分地区为海水淹没，为开阔—局限台地。石炭纪末期云南运动主要波及川东和鄂西渝东区，造成中石炭统黄龙组与上覆二叠系栖霞组之间的不整合。早二叠世早期，随着海侵扩大，海水淹没了整个华南陆块，在相对高部位（川中

表 1-3 华南板块峨眉地裂运动特征表

Table 1-3 The characteristics of Emei taphrogenesis

地质年代		地裂运动		褶皱运动	峨眉地幔柱活动阶段和特征
		板块内部	外围		
三叠纪	T_3	川西等前陆盆地形成	松潘—甘孜褶皱成山		
				印支运动晚幕	
		上扬子板块西缘为局部海湾，南方大陆形成	南秦岭洋关闭		
	T_2	中上扬子区为浅海湾湖		印支运动早幕	
		峨眉运动结束			
	T_1	（1）广旺—开江—梁平拗拉槽发育 （2）鄂西拗拉槽发育 （3）峨眉山玄武岩喷发（P_2）	（1）南秦岭洋扩张 （2）松潘—甘孜边缘海扩张		
				东吴运动	
二叠纪	P_3	（1）生物礁发育（P_2）			峨眉山玄武岩喷发，峨眉地幔柱形成
		（2）钦防海槽关闭			
		峨眉运动高潮			
	P_2	（1）发生最大海侵，淹没南方古大陆 （2）黔桂海盆仍存在，为盆包台	（1）南秦岭洋打开 （2）松潘—甘孜边缘海扩张 （3）金沙江—哀牢山洋盆发育 （4）C—D 时期板块西北缘和北缘，处于稳定大陆边缘		
石炭纪	C_2	（1）滇黔浅海台槽格局消失，成台包槽 （2）湘桂浅海向北扩大，伸入上扬子区的川鄂海湾，成为川东石炭系产层			
	C_1	滇黔浅海台槽格局仍存在			
泥盆纪	D_3	湘桂浅海向北推进到中扬子区			
	D_2	（1）NW 向黔桂海和 NE 向湘桂海发育，台盆分异明显 （2）火山作用强烈 （3）生物礁发育			
		峨眉地裂运动开始			
	D_1	（1）NW 向黔桂海开始发育 （2）扬子板块与华夏板块拼合，南方古大陆形成	扬子板块和华北板块碰撞，北秦岭洋关闭		
				广西运动	
志留纪	S_3				

南—黔北）沉积浅色厚层石灰岩，其他地区为较深水石灰岩、含燧石条带（团块）灰岩、硅质岩。早二叠世晚期开始，由于甘孜—理塘洋拉开和扩张，华南地区表现为强烈拉张，并持续到中三叠世，表现为扬子地台的破裂和有序的玄武岩喷发。因此，早二叠世、中二叠世上扬子地区岩相古地理具有南北分带特征，从南到北依次为滇黔开阔台地、川鄂局限台地和南秦岭盆地。栖霞组、茅口组厚度及沉积相也明显反映出这种特点（冯增昭等，1994）。

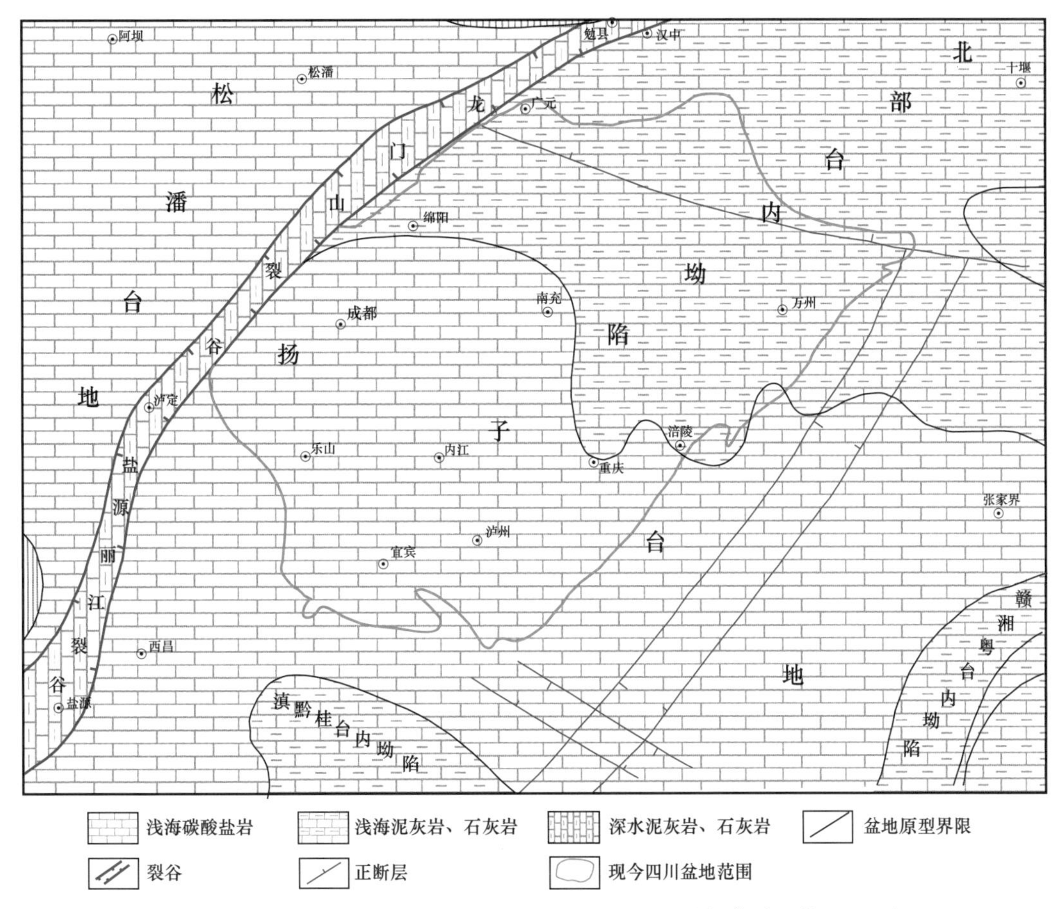

图 1-6 晚石炭世—早二叠世上扬子地区盆地原型（据蔡希源等，2016）

Fig.1-6 Basin Prototype of Late Carboniferous-Early Permian in the Upper Yangtze Region（After Cai Xiyuan et al., 2016）

东吴运动暨峨眉山玄武岩喷发导致了上扬子地区岩相古地理的突变。晚二叠世—早三叠世，受甘孜—理塘洋扩张形成的以康滇为中心的“三叉”裂谷系及古特提斯西段（南昆仑—阿尼玛卿一带）扩张的影响，上扬子地区处于强烈拉张背景，在南秦岭—大别一带形成近东西向的裂谷，上扬子地台北缘发育绵竹—蓬溪—武胜、广旺—开江—梁平、鄂西等多个北西向或北北西—近南北向的海槽，而地台中南部则为台内坳陷（图 1-7）。在剖面上上扬子地区西缘由典型的碳酸盐岩台地转变为陆相碎屑岩沉积，在平面上岩相古地理由南北分带变为东西分带，自西南到东北依次为剥蚀区（川滇古陆）、冲积平原、碎屑岩台地和碳酸盐岩台地、深海—次深海盆地（冯增昭等，1994；王立亭等，1994）。

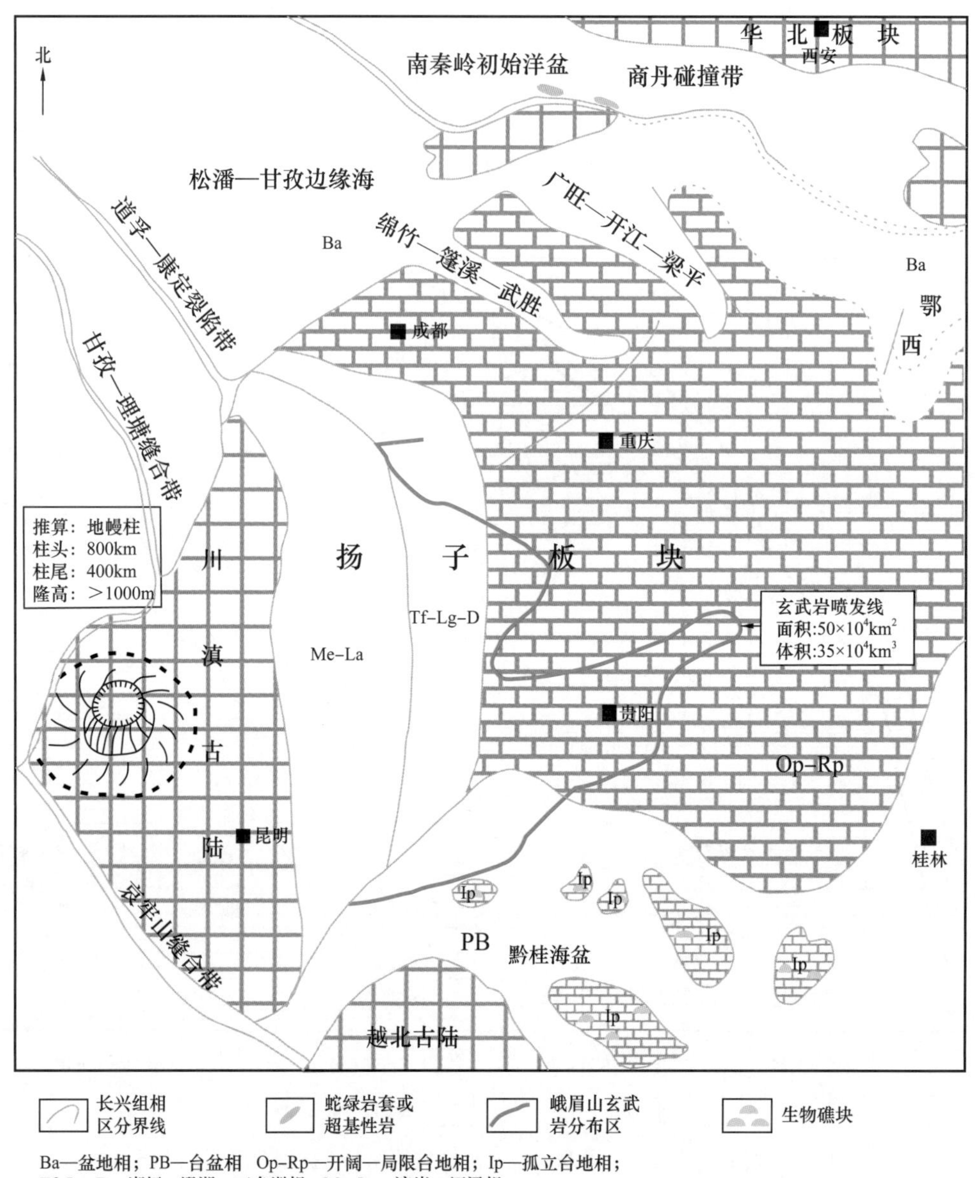

图 1-7 华南板块晚二叠世构造岩相古地理略图（据罗志立等，2012）

Fig. 1-7 Sketch of Tectonic lithofacies palaeogeography of Late Permian, South China Plate（After Luo Zhili et al., 2012）

1.3 两类盆地原型

近 10 多年来，在扬子地块北缘识别出一系列具有伸展特点的晚古生代—早中生代海相深水地层单元（盆地），曾被表述为“海槽”或者“陆棚”（王一刚等，1998，2006；马永生等，2006；魏国齐等，2006；Ma 等，2007；马永生，2007），这一发现，带来了四川盆地晚古生代—早中生代岩相古地理革命性的认识（罗志立，2012；罗志立等，2012；姚军辉，等，2011；王一刚等，2006；李秋芬等，2015）。

开江—梁平“海槽”是普光、元坝、龙岗等大气田所在的沉积—构造单元，（王一刚等，2001；王一刚等，1998；王一刚等，2008），最早是在研究川东上二叠统长兴组生物礁的分布规律中发现的（王一刚等，1998），为一碳酸盐岩深水盆地。其中，发现有钙球骨针、放射虫及微体有孔虫，地层层序为上二叠统大隆组和下三叠统飞仙关组。野外层序研究和沉积相分析最终确定了海槽的平面分布范围，北边开口大，往南消失于现今川东褶皱带中（图 1–8）。有的学者不同意“海槽”的称谓，称之为“盆地”或“台棚”（马永生等，2005）。随着在广元—旺苍发现广泛存在的深水相长兴组的“大隆层”，且在苍溪等地发现岐坪等地的台缘礁后，罗志立等将其称之为“广旺—开江—梁平坳拉槽”，并从华南

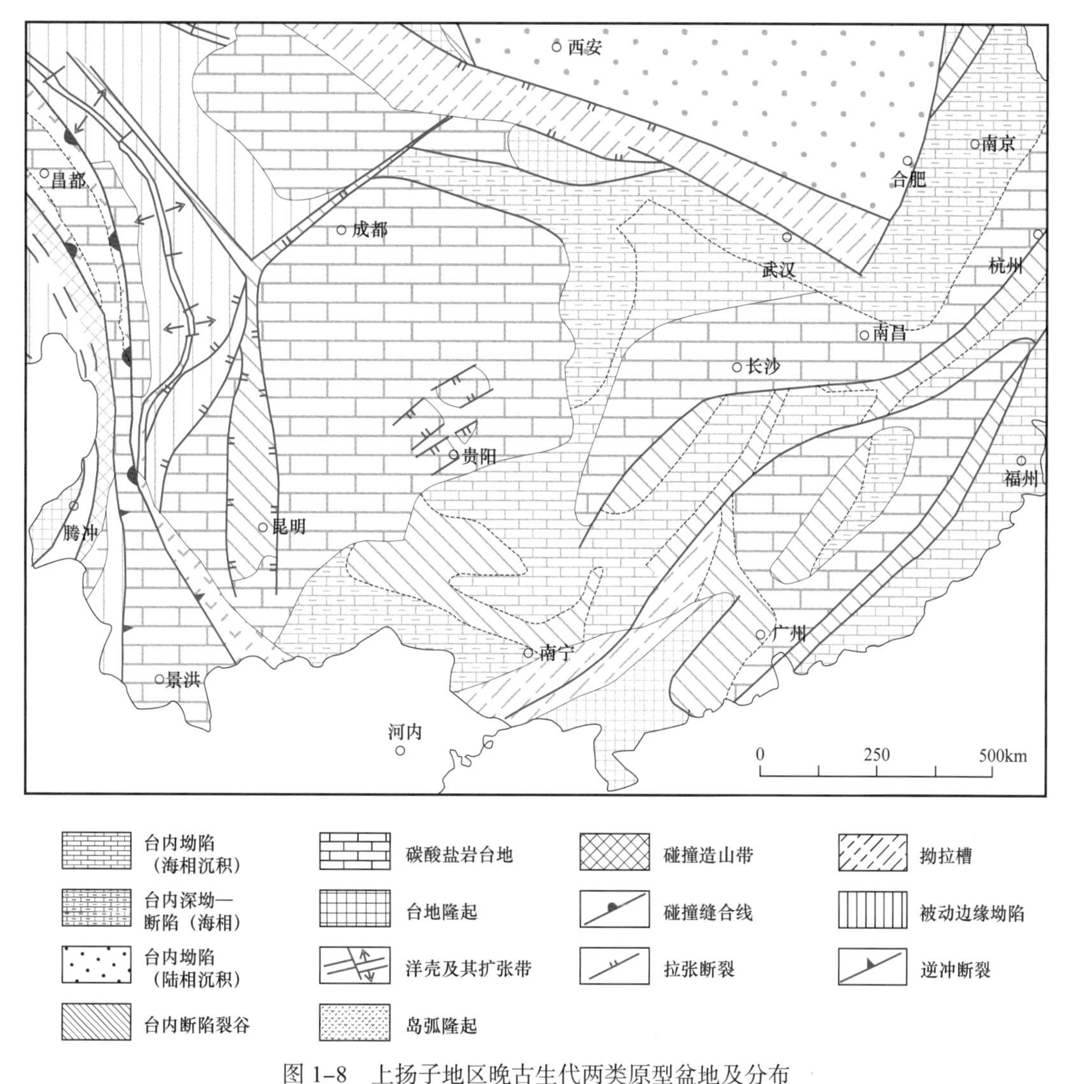

图 1–8　上扬子地区晚古生代两类原型盆地及分布

Fig. 1–8　Two Kinds of Basin Prototypes and Distribution of Late Paleozoic in the Upper Yangtze

板块的构造格局，结合南秦岭在勉略地区有二叠纪蛇绿岩套（它代表南秦岭洋盆的存在），提出了其相邻板块西北缘广元—旺苍地区为拗拉槽的成因解释，还在广旺—开江—梁平拗拉槽东侧又划分出“鄂西裂陷槽”（Alacogen另一译名），并认为也是南秦岭南缘的“夭折裂陷槽”（卓皆文等，2009）。在进一步分析四川盆地北部及鄂西拗拉槽群形成的地球动力学背景后，罗志立等据龙门山前山带绵竹、汉旺地区峨眉枕状玄武岩分布特征、中三叠统天井山组古地理坳陷状况和地震资料，推测在川西的绵竹—中江可能还存在另一个拗拉槽（罗志立，2009），这就是2008—2009年中国石油在川中地区发现的“蓬溪—武胜台凹”，二者合起来称为“绵竹—蓬溪—武胜拗拉槽”。鄂西、广旺—开江—梁平和绵竹—蓬溪—武胜三个拗拉槽从东向西有序排列形成拗拉槽群，它们均分布在碳酸盐岩台地相区，总的走向均为北西—南东向，向西北南秦岭洋区开口，往东南陆区尖灭，沉降深度由西南的绵竹—蓬溪—武胜拗拉槽向鄂西拗拉槽逐渐变深。这些拗拉槽形成于南秦岭洋在二叠纪扩张背景下，隐伏基底断裂活动为诱因，峨眉地幔柱活动是其形成的主控因素（罗志立等，2012）。

但毛黎光等提出了对于这些深水盆地不同的认识（毛黎光等，2011）。他们基于区域背景分析，利用深部地球物理资料对盆地结构进行了详细解析和对盆地空间分布及大地构造控制条件进行对比后，认为这些深水盆地（海槽）形成于南秦岭洋闭合时的碰撞作用，是南秦岭造山带和扬子地块拼合时同生的巨型“碰撞裂谷系统”。裂谷形成时间与南秦岭造山带和扬子地块的碰撞作用一致，米仓山地区下三叠统内部（奥伦尼阶）存在的区域不整合面（沈中延等，2010），以及大巴山和米仓山冲断带内部识别出的印支期的古冲断带（董有浦等，2011；吴磊等，2011），被解释为依次发生的与碰撞相关的构造演化事件的记录。碰撞裂谷系统在空间展布上垂直于勉略缝合带，与相关的地体之间形成空间上的“配套”体系，几个裂谷盆地的走向近于南北向，与勉略缝合带和南秦岭呈垂直或者大角度相交。裂谷的发育序次有明显的规律性，各裂谷的最早活动期由东向西依次变新：荆门—当阳和城口—鄂西裂谷为早二叠世，开江—梁平裂谷为晚二叠世—早三叠世。这与区域上对于南秦岭洋自东向西的剪刀式闭合过程一致，是南秦岭造山带与扬子地块在晚古生代—早中生代期间最早的点式碰撞接触所造成的碰撞裂谷盆地系统。

张渝昌等认为，扬子地台北缘晚古生代的构造—沉积分异是发育在早二叠世晚期开始的甘孜—理塘洋扩张、南昆仑洋向东拓展和南秦岭裂谷的引张、华南陆块处于区域性脉冲式拉张背景下的（张渝昌等，1997）。早二叠世末—晚二叠世初和晚二叠世末—早中三叠世是两次主要的拉张期，它虽然继承了泥盆纪中央地台经台缘拉张盆地和离散边缘向洋过渡的构造/盆地框架，但扬子地台内发生了统一的碳酸盐岩台地破裂和广泛有序的玄武岩喷发事件（陈智良等，1987；罗志立等，1988）。扬子地台北部坳陷转化为断陷，在断陷内沉积了较深水放射虫硅质岩和钙质页岩，明显区别于台地相区浅水碳酸盐岩，它们属于陆缘/陆内裂陷和台内坳陷两种不同的盆地原型，二叠纪层状硅质岩的分布代表了裂陷盆地的范围（图1–8、图1–9）。

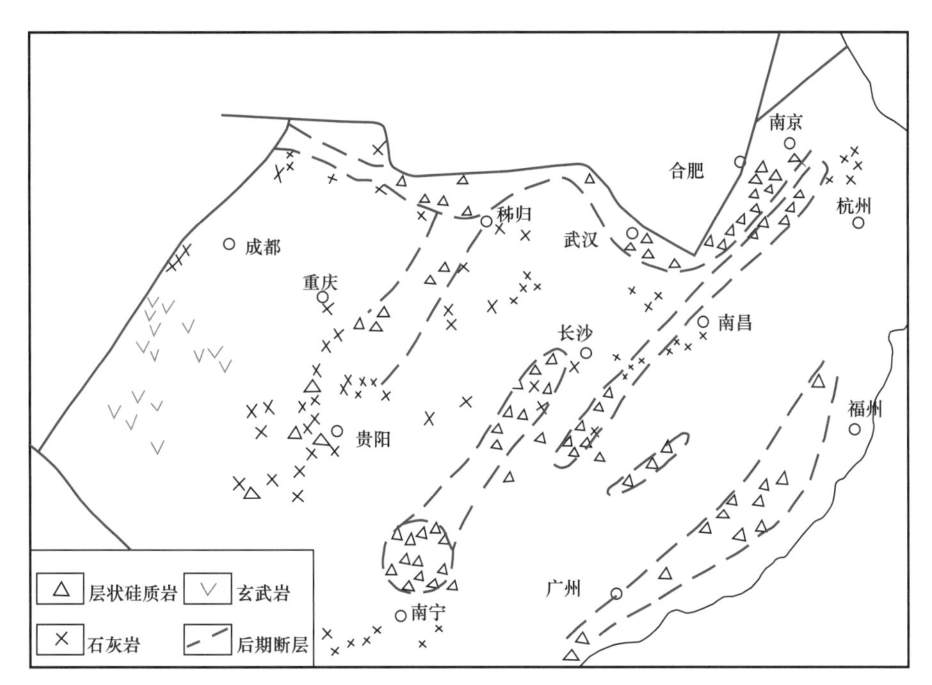

图 1-9 华南地区二叠系层状硅质岩分布图 (据朱宏发等，1989)
Fig. 1-9 Distribution of Bedded Chert of Permian，South China（After Zhu Hongfa et al.，1989）

1.4 小结

（1）上扬子地区晚古生代—中生代盆地是奠基在加里东运动后华南大陆构造格局基础上，受到古特提斯构造域演化的控制；华南陆块晚古生代区域性脉冲式拉张，导致峨眉地裂运动并伴随大规模玄武岩喷发和扬子地台北缘构造—沉积分异。

（2）川东地区晚古生代发育陆缘 / 陆内裂陷和台内坳陷两类不同的盆地原型，它们造成了川东地区龙潭组（大隆组）的沉积分异。

2 川东地区晚古生代—新生代构造—沉积演化

2.1 川东地区构造—沉积演化概述

前震旦纪地槽经过晋宁运动回返，包括其后的澄江运动，使扬子准地台固结，从此进入了地台发展阶段。受川中稳定基底控制，四川盆地在地史上升降运动虽较频繁，但自震旦纪以来总体是以下沉为主。如果从基底算起，追溯其发展过程可以划分出六个主要构造变革时期（图 2–1）。

二叠纪属于海西构造旋回，该构造旋回属古生代第二个构造旋回。影响到四川盆地范围的运动主要有泥盆纪末的柳江运动、石炭纪末的云南运动及中二叠世、晚二叠世之间的东吴运动。其性质皆属于升降运动，造成地层缺失和上下地层间呈假整合接触。

经过加里东运动，以四川、黔北为主体的上扬子古陆和康滇古陆连为一体，持续抬升，盆地内除川东地区有上石炭统外，广泛缺失泥盆、石炭系，只是到了地台边缘的龙门山地区和康滇陆东缘才有发育的泥盆系、石炭系。据四川盆地前二叠纪古地质图分析（图 2–2），泥盆系、石炭系的分布区除受沉积时的古陆控制以外，北东向、北西向和南北向等不同组系的断裂活动也起了重要作用，其边界一般与这些断裂呈平行分布。这从一个侧面反映了进入泥盆纪、石炭纪以后，块断之间的差异升降活动变得更加明显。

发生在中二叠世、晚二叠世之间的东吴运动，使扬子准地台在经历了中二叠世海盆沉积以后再次抬升成陆，中二叠统、上二叠统在广大地区内呈假整合接触，上二叠统底部出现含煤沼泽相沉积。从中二叠统沉积后期剥蚀的情况看，抬升幅度较大的地区在大巴山和龙门山一带；康滇古陆前缘相对要弱，保留地层较全。此外，东吴运动在上扬子地区主要表现为地壳的张裂运动，并伴有大规模的玄武岩喷出，常称“峨眉山玄武岩”。现已查明，喷溢中心位于川滇黔接界的攀西裂谷系。裂谷系内填积了多期的火山岩系。玄武质火山岩系覆盖面积达 $30\times10^4km^2$，最大厚度达 3000m 以上。在四川盆地内，川西、川西南及川东地区较多的探井中，上二叠统底部也相继发现有玄武岩和辉绿岩分布。这标志以攀西裂谷系为中心的地壳张裂活动，已波及川西南的南段、川西南及川东地区，说明当时断裂活动的规模较大。

喜马拉雅期来自太平洋板块向西北俯冲的强大挤压力，通过川东的弱磁性基底和沉积盖层传递到长期隆起的川中刚性基底，受该基底的抵挡而派生出大小相等方向相反的构造作用力。致使川东地区在褶皱变形过程中长期持续对峙挤压，造就出以北东—南西轴向为主的一系列近于平行的线型梳状褶皱，即形成了川东高陡褶皱带（隔挡式的褶皱类型）。

地层层序				地层符号	岩性剖面	厚度(m)	年龄(Ma)	构造旋回	构造运动
界	系	统	组						
新生界	第四系			Q		0～380	2.6	喜马拉雅旋回	喜马拉雅运动晚幕
	新近系			N		0～300	23.3		喜马拉雅运动早幕
	古近系			E		0～800	85		
中生界	白垩系			K		0～200	137	燕山旋回	燕山运动中幕
	侏罗系	上统	蓬莱镇组	Jp		850～1400			
			遂宁组	Jsn		340～500			
		中统	沙溪庙组	Js		600～2800			
			千佛崖组	Jq					
		下统	自流井群	Jz		200～950	205		印支运动晚幕
	三叠系	上统	须家河组（香溪群）	T_3x（Th）		900～1300	227	印支旋回	印支运动早幕
		中统	雷口组	Tl					
		下统	嘉陵江组	Tj		300～1300			
			飞仙关组	Tf			250		
古生界	二叠系	上统		P_3		200～500		海西旋回	东吴运动
		中—下统		P_{1+2}		200～500	295		云南运动
	石炭系			C		0～500	354		加里东运动
	志留系			S		0～1400	438	加里东旋回	
	奥陶系			O		0～600			
	寒武系			€		0～2500	543		桐湾运动
新元古界	震旦系	上统		Z_2		200～1100			澄江运动
		下统		Z_1		0～400	850		晋宁运动
	前震旦系			AnZ				扬子旋回	

图 2-1　四川盆地地层和构造运动简图（据中国石油地质志（卷十）· 四川油气区，略作修改，1989）

Fig. 2-1　Sketch map of strata and tectonic movement, Sichuan Basin（After Petroleum Geology of China（VOL.10，Sichuan oil and gas area，modified，1989））

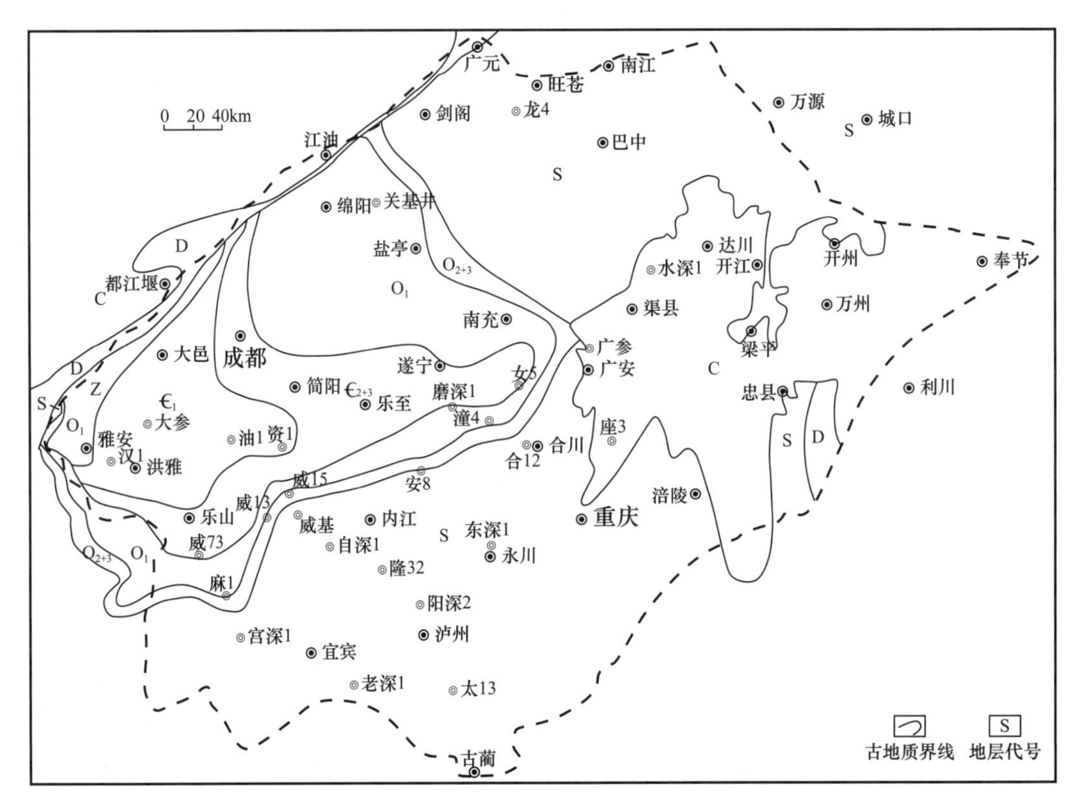

图 2-2　四川盆地前二叠系古地质图（据黄先平等，2002）

Fig. 2-2　Paleogeologic map of Pre-Permian, Sichuan Basin（After Huang X.P. et al., 2002）

因构造作用力的方向变换，两翼倾角既有西陡东缓，也有东陡西缓，还有两翼近于对称的箱状背斜（图 2-3）。

2.1.1　晚古生代构造沉积演化

中国南方二叠纪的沉积过程中，同生断裂广泛存在（图 2-4），但它们的规模大小差别很大，活动历史长短不一，有的具有长期继承性，跨越多个世或纪，有的则十分短暂（王成善等，1998）。这些同生断裂活动的结果，沿断裂带出现岩性、岩相和沉积厚度的明显变化，火山活动的出现或重力流的发育，造成特有的古地理面貌，反映其特有的构造背景。总之，中国南方同生断裂活动频繁而强烈，并伴随盆地演化的始终，不同板块位置及演化时期，其性质及特征各异（覃建雄，1996）。

上扬子地区二叠纪火山活动的产物主要是玄武岩的喷溢及同期辉绿岩岩体的侵入。另外，则是晚二叠世地层中凝灰岩夹层和煤层中高岭石黏土岩夹矸。二叠纪玄武岩及同期侵入的辉绿岩体主要分布于川黔滇三省（图 2-5），总体上呈长轴近南北向的菱形，面积约 30000km^2。主要沿断裂两侧分布，厚度由西向东变薄。川东地区的玄武岩也基本上分布于断裂两侧（图 2-6），与同生断裂密切相关，主要与大陆裂谷作用或拉张走滑作用有关。川东地区的同生断裂基本上夹持于华蓥山和齐曜山两条基底断裂之间，沉积作用、相带展布、层序结构、火山活动明显受控于这些断裂（图 2-6）。

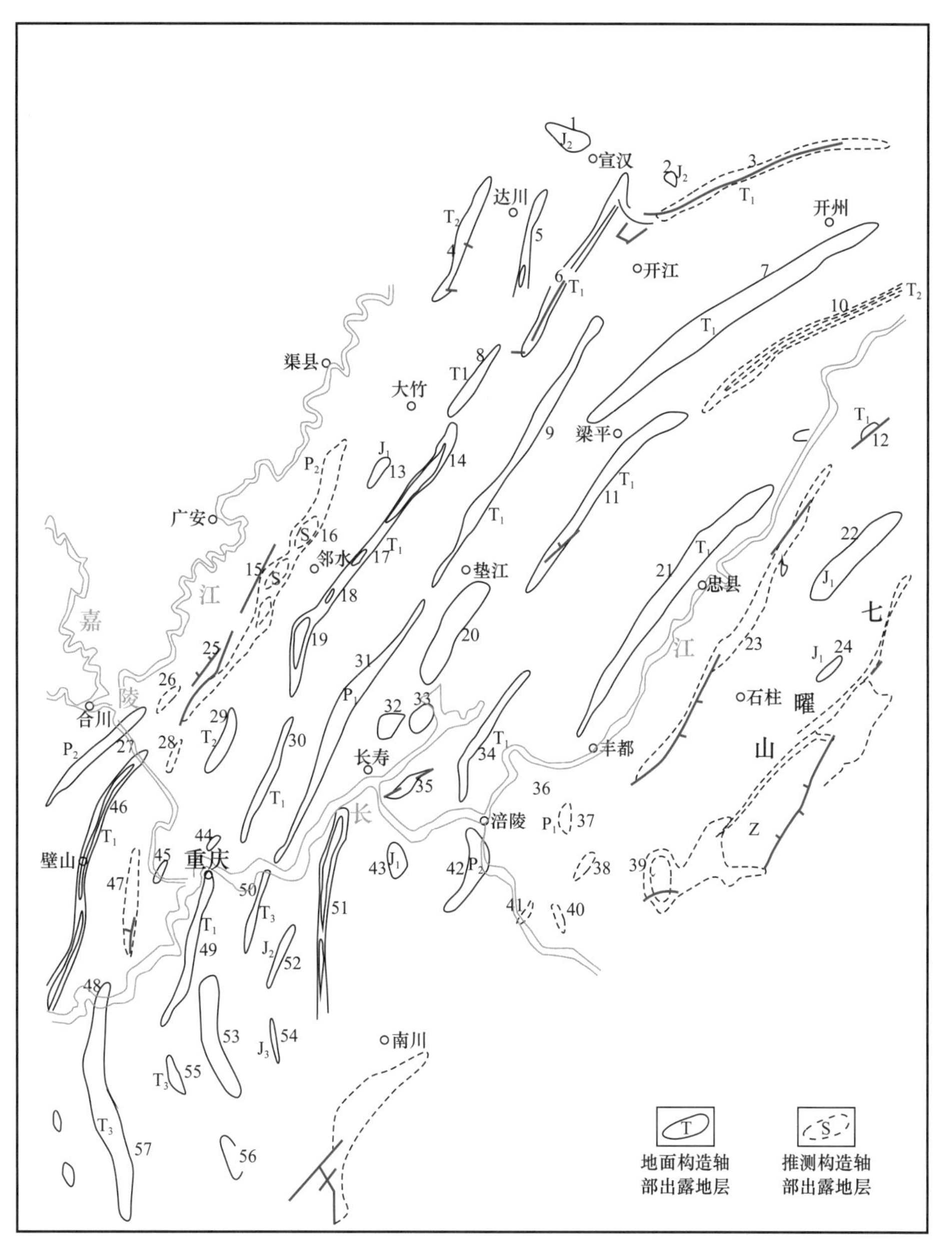

1—双石庙；2—黄龙场；3—温泉井；4—铁山；5—雷音铺；6—七里峡；7—南门场；8—蒲包山；9—大天池；10—云安厂；11—黄泥塘；12—大山坪；13—福成寨；14—凉水井；15—华蓥山；16—四海山；17—大坪；18—板桥；19—九峰寺；20—卧龙河；21—大池干井；22—建南；23—方斗山；24—盐井；25—龙家湾；26—宝和场；27—沥鼻峡；28—天府；29—相国寺；30—铜锣峡；31—明月峡；32—新市；33—双龙；34—苟家场；35—黄草峡；36—礁石坝；37—大耳山；38—轿子山；39—接龙场；40—羊角碛；41—桐麻湾；42—梓里场；43—四合场；44—环山；45—沙坪坝；46—温塘峡；47—中梁山；48—临峰场；49—南温泉；50—佛耳崖；51—丰盛场；52—姜家场；53—石油沟；54—新场；55—铁厂沟；56—东溪；57—石龙峡

图 2-3　四川盆地川东地区地面构造分布图（据胡光灿等，1997）

Fig. 2-3　Ground structural Distribution Map，eastern Sichuan Basin（After Hu G. C. et al.，1997）

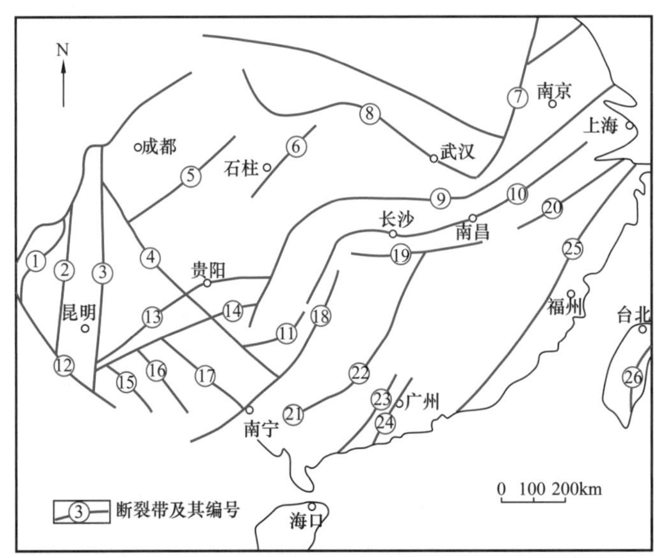

① 永胜—宾川断裂带；② 绿汁江断裂带；③ 小江断裂带；④ 道孚—马山断裂带；⑤ 华蓥山断裂带；⑥ 齐曜山断裂带；⑦ 郯庐断裂带；⑧ 城房—襄广断裂带；⑨ 江南断裂带；⑩ 屯溪—长沙—城步断裂带；⑪ 宜山断裂带；⑫ 红河断裂带；⑬ 师宗—贵阳断裂带；⑭ 南盘江断裂带；⑮ 文麻断裂带；⑯ 那坡断裂带；⑰ 百色断裂带；⑱ 冷水江—桂林断裂带；⑲ 冷水江—株江断裂带；⑳ 江绍断裂带；㉑ 钦州—梧州断裂带；㉒ 郴州—北海断裂带；㉓ 吴川—四会断裂带；㉔ 恩平—从化断裂带；㉕ 丽水—海丰断裂带；㉖ 台东断裂带

图 2-4　中国南方二叠纪同沉积断裂略图（据王成善等，1998）

Fig. 2-4　Sketch of syndepositional fault，Permian Period，South China（After Wang C. S. et al.，1998）

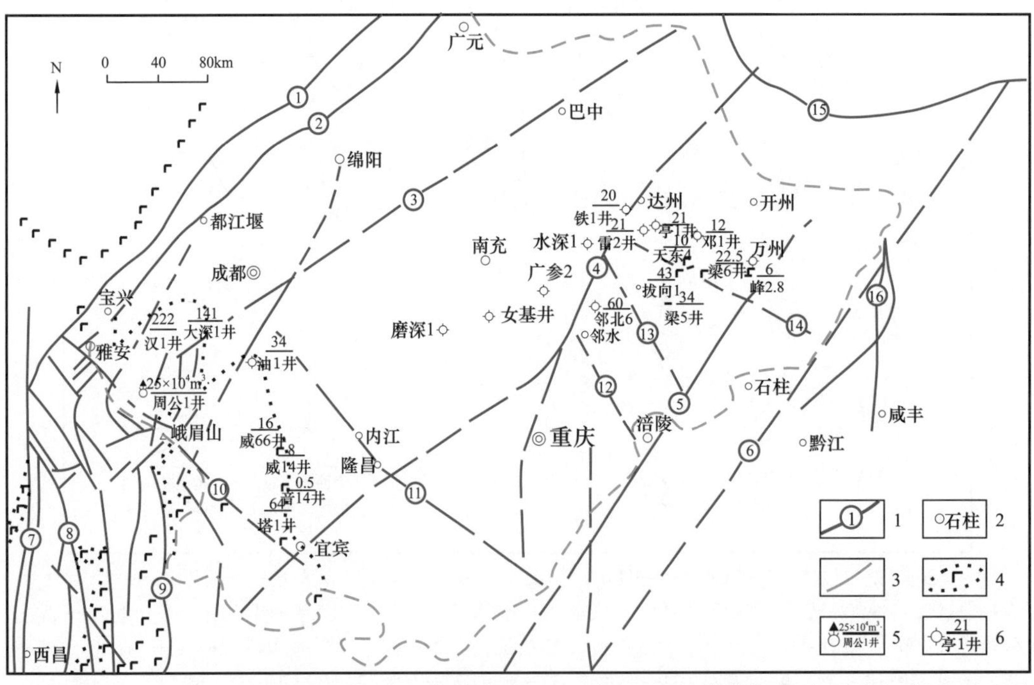

1. 古断裂编号及名称：① 北川—映秀断裂，② 江油—灌县断裂，③ 巴中—龙泉山断裂，④ 华蓥山断裂，⑤ 方斗山断裂，⑥ 七曜山断裂，⑦ 攀枝花断裂，⑧ 小江断裂，⑨ 峨边—金阳断裂，⑩ 峨眉—宜宾断裂，⑪ 内江—隆昌断裂，⑫ 长寿断裂，⑬ 大竹—丰都断裂，⑭ 大竹—梁平断裂，⑮ 城口—房县断裂，⑯ 咸丰断裂；

2. 地名；3. 四川盆地边界；4. 玄武岩；5. 气井 $\frac{\text{玄武岩厚度（m）、日产气量（}10^4\text{m}^3\text{）}}{\text{井号}}$；6. 钻井 $\frac{\text{玄武岩厚度（m）}}{\text{井号}}$

图 2-5　四川盆地及邻区峨眉地裂期玄武岩分布图（据金以钟等，修改，1994）

Fig. 2-5　Basalt distribution map in Emei fissure stage，Sichuan Basin and its adjacent areas（After Jin Y. Z. et al.，modify，1994）

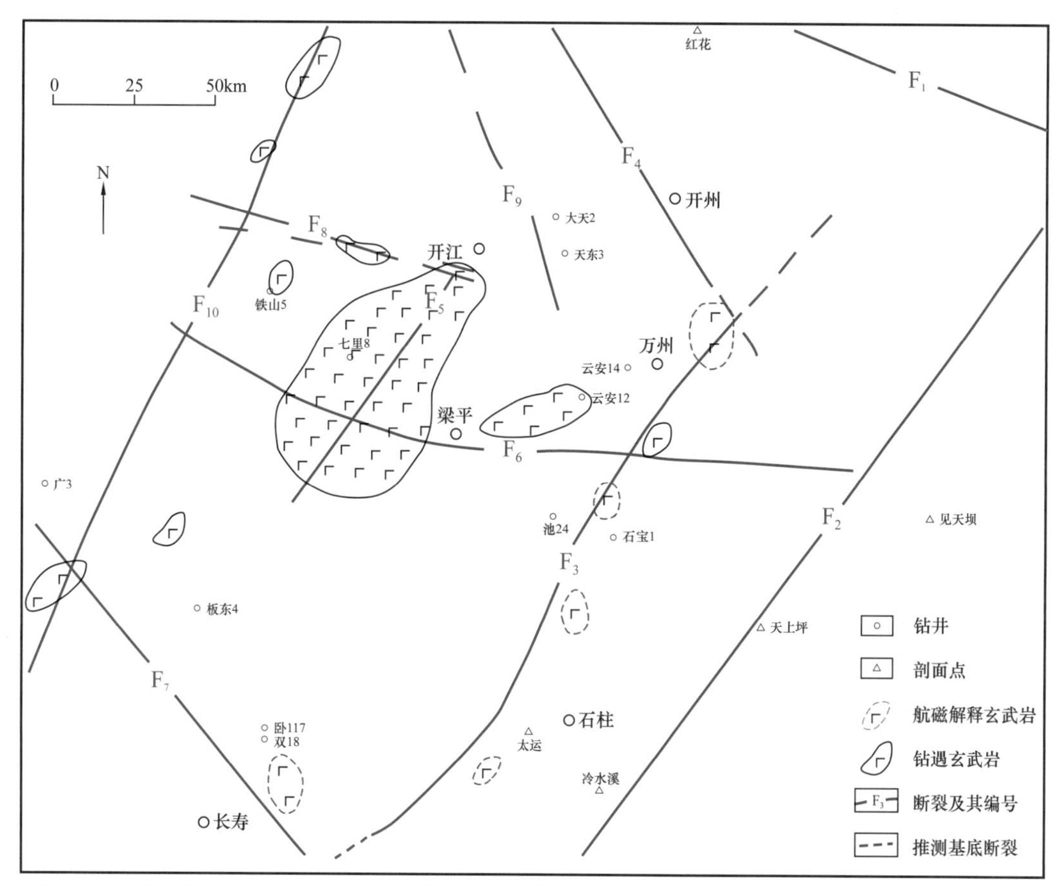

F_1—万源—巫溪断裂；F_2—齐曜山断裂；F_3—万州—长寿断裂；F_4—万源—开州断裂；F_5—开江—梁平断裂；F_6—大竹—梁平断裂；F_7—南充—涪陵断裂；F_8—达州—开江断裂；F_9—云安—黄龙断裂；F_{10}—华蓥山断裂

图 2–6　川东地区二叠纪基底断裂及玄武岩州分布图（据王一刚等，修改，1998）

Fig. 2–6　Basement fault and basalt distribution map，Permian，eastern Sichuan Basin（After Wang Y. G. et al.，modify，1998）

上扬子地区东吴运动的构造界面在峨眉山玄武岩分布区位于茅口组和峨眉山玄武岩之间，在上扬子其他地区位于龙潭组与茅口组之间（图 2–7）。上扬子的东吴运动是峨眉山地幔柱上升造成的地壳快速差异抬升，因此，峨眉山地幔柱上升及地壳抬升、峨眉山玄武岩的喷发和东吴运动这三者之间存在必然的成因联系。东吴运动具有明显的时空演变规律，空间上西强东弱、南强北弱；时间上西早东晚、南早北晚（何斌等，2005）。罗志立早在 1981 年研究上扬子地台区域构造时，就将晚古生代的拉张运动称为“峨眉地裂运动”。这次运动在晚二叠世峨眉山玄武岩的喷发时达到高潮，且形成的堑垒结构格局造成了较深水硅泥质台盆相与浅水碳酸盐岩台地相的分异，如川北、川东地区的广元—旺苍海槽、城口—鄂西台盆以及开江—梁平台盆，这些都与晚二叠世的“峨眉地裂运动”息息相关。

中二叠世末期峨眉山玄武岩喷发溢流之后，四川盆地西缘大火成岩省范围隆升为陆，并在其周缘形成陆相—海陆过渡相沉积；盆地内部受“峨眉地裂运动”影响，整体处于拉张构造环境，主要为浅海—半深海相沉积。受控于晚二叠世特殊的构造—沉积背景，四川盆地上二叠统地层展布具有明显的分带性，从东北向西南相变清晰（图 2–7）：旺苍、万源一线以北，硅质岩发育，即大隆组分布区；旺苍、万源一线与绵竹、达州、南川一线之

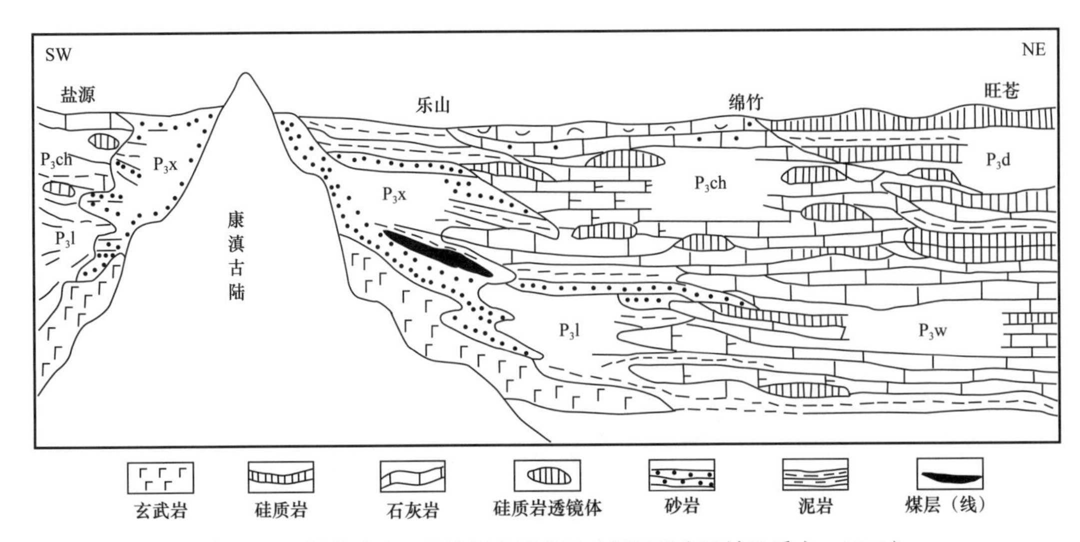

图 2-7　四川盆地上二叠统相变示意图（据四川省区域地质志，1991）

Fig. 2-7　Sketch of facies transition in Upper Permian，Sichuan Basin（After Regional Geology of Sichuan Province，1991）

间为大隆组和长兴组的相变区，即为硅质岩和石灰岩的相变带；绵竹、达州、南川一线和乐山、珙县一线之间为长兴组和龙潭组分布区；靠康滇古陆两侧为宣威组分布区。研究区上二叠统从下往上为龙潭组 / 吴家坪组和长兴组（表 2-1），属于长兴组和龙潭组分布区。各组沉积特征具体如下：

表 2-1　川东地区二叠系地层划分表

Table 2-1　Stratigraphy division，Permian，eastern Sichuan Basin

地层				主要岩性
中生界	三叠系	下统（T_1）	大冶组（T_1d）/ 飞仙关组（T_1f）	薄板状石灰岩
古生界	二叠系	上统（P_3）	长兴组（P_3c）	泥晶灰岩
			吴家坪组（P_3w）/ 龙潭组（P_3l）	泥晶灰岩夹硅质岩 / 铝土质黏土岩、碳质页岩夹煤层（线）
		中统（P_2）	茅口组（P_2m）	泥晶灰岩
			栖霞组（P_2q）	疙瘩状、眼球状生物碎屑泥晶灰岩
		下统（P_1）	梁山组（P_1l）	碳质页岩夹粉砂岩、煤线
	石炭系	上统（C_2）	黄龙组（C_2h）	微晶白云岩、角砾状白云岩

2.1.1.1　峨眉山玄武岩

在盐源、木型、会东一带，峨眉山玄武岩最发育，以此为中心向四周有如下的变化特点：喷发强度减弱，厚度变小，喷发时间渐次后移，为超基性—基性—中酸性—碱性，矿化为磁铁矿—赤铁矿、含铜砂岩—赤铁矿—煤线。大体以康滇地轴为界，西部以非稳定型海相喷发为主，东部为次稳定—稳定的以陆相为主的喷发。

据四川省区域地质志（1991），研究区位于“珙县—华蓥山—达州”带，峨眉山玄武岩以基性为主。有霞石玄武岩、灰绿色玄武岩。由于处于边缘地带，尖灭特征十分清楚。在珙县洛表，见有裂纹状的玄武岩，裂纹具龟裂状，有铁质充填，具岩浆岩特征（图 2–8、图 2–9）。另外，还见玄武岩与硅质岩间互层。玄武岩厚零至数十米。

图 2–8　杏仁状玄武岩（长宁县硐底镇蓝湾村）
Fig. 2–8　Amygdaloidal basalt（Lanwan Village, Dongdi Town, Changning County）

图 2–9　杏仁状玄武岩镜下特征（图 2–8 红框处镜下特征，铁质充填，$P_2β$，单偏光，10×2，长宁县硐底镇蓝湾村）
Fig. 2–9　Microscopic characteristics of amygdaloidal basalts

峨眉山玄武岩主要位于梁平附近，在明达潜伏构造（天东 4 井）、大天池构造（天东 55 井、天东 56 井）、沙河铺构造（梁 5 井）、黄泥塘构造（梁 6 井）、云安厂构造（云安 8 井、云安 12 井）及高峰场构造（峰 2 井）等皆有发育。天东 55 井、天东 56 井、云安 8 井、云安 12 井和峰 2 井的岩性主要为绿灰色菱铁矿化玄武岩，玄武岩呈间隐结构，主要成分斜长石，呈柱状不规则排列，其间充填暗色玄武玻璃质，含少量磁铁矿，偶见绿泥石，菱铁矿化强烈，呈不规则斑块，部分交代基质和斜长石辉岩几乎全部被其交代，底部具杏仁状构造，可见气孔中充填石英及菱铁矿。在峰 2 井，玄武岩上部覆盖有一层厚约 7.0m 的玄武质粉—细砂岩，夹灰黑色碳质页岩；上部细砂为主，下部粉砂为主，少见中粒，砂岩分选差，胶结较疏松，镜下局部可见碳酸盐化、菱铁矿化；页岩页理较发育，夹煤线，含黄铁矿。

天东 4 井、梁 5 井和梁 6 井的岩性主要为辉绿岩，上部深灰带绿色，下部色较深，为深灰带黑色，性硬，岩屑呈炉渣状，岩屑表面见长石风化白点（天东 4 井）；在梁 5 井，为灰绿色辉绿岩，表面粗糙、呈煤渣状，性硬；在梁 6 井，为灰色—深灰色带黑色、暗紫红色辉绿岩，泥—细粉晶结构。辉绿岩上覆下伏地层皆为灰黑色、黑色页岩。

2.1.1.2　吴家坪组（P_3w）

该组分布于川东北分区，吴家坪组可分两段。

下段（原称王坡页岩）为海陆交互相含煤地层，岩性是铝土质黏土岩、碳质页岩夹煤层（线）、鲕状赤铁矿、铝土矿。底部局部地方具底砾岩。在广元、旺苍一带，岩性为碳质页岩、铝土岩、黏土层夹含黄铁矿结核的煤，底部具砾岩，时见石灰岩透镜体，厚 3～8m。巫溪、巫山一带，为灰白色铝土质页岩、含硅质结核，往东变厚，时夹煤线（层）、铝土矿、黄铁矿，厚 0.3～10m。武隆、酉阳一带为紫色黏土岩、碳质页岩夹煤层，一般厚 3～5m。产植物 *Gigantopteris nicotianaefolia* 等。与茅口组呈假整合接触。

上段（石灰岩段、吴家坪灰岩）岩性变化不大，为泥晶灰岩、石灰岩夹钙质、硅质，以及碳质页岩及煤线，顶部时夹硅质层。向东，白云质含量增加。在绵竹、酉阳，为薄层泥晶灰岩、石灰岩夹页岩及多层煤。在绵竹、达州、南川及古蔺石宝一线以西，逐渐相变为龙潭组。厚度变化大，广元一带数十米，城口、巫溪厚 72～242m，万州、忠州厚 35～150m，石柱、丰都厚 99～112m，彭水、酉阳厚 100m。吴家坪组产䗴 *Codonofusiella*，腕足 *Dictyoclostus*，珊瑚 *Waagenophyllum*。

在重庆石柱地区，吴家坪组下部为褐黄色砂泥岩与黑色页岩夹煤层（图 2-10）；上部为黑色薄层硅质岩、黑色碳质页岩和深灰色生物碎屑灰岩不等厚互层（图 2-11），发育放射虫化石（图 2-12、图 2-13）。在研究区北部（梁平附近）吴家坪组底部见有玄武岩发育。

图 2-10　煤层（P_3w，石柱冷水溪）

Fig. 2-10　Coal bed（P_3w）

图 2-11　石灰岩与硅质岩互层（P_3w，石柱冷水溪）

Fig. 2-11　Limestones alternated with silicalites（P_3w）

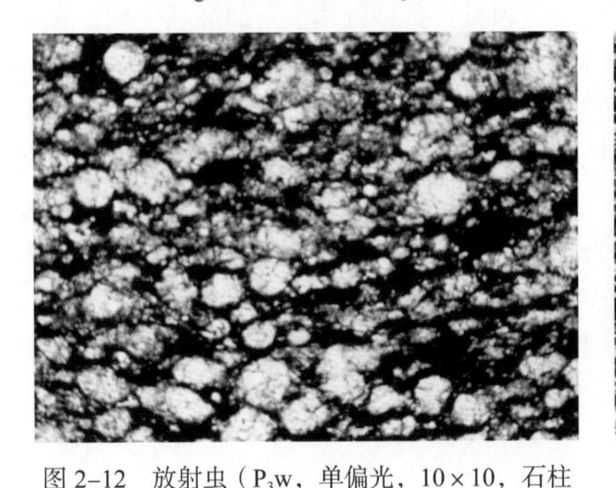

图 2-12　放射虫（P_3w，单偏光，10 × 10，石柱冷水溪）

Fig. 2-12　Radiolarian（P_3w）

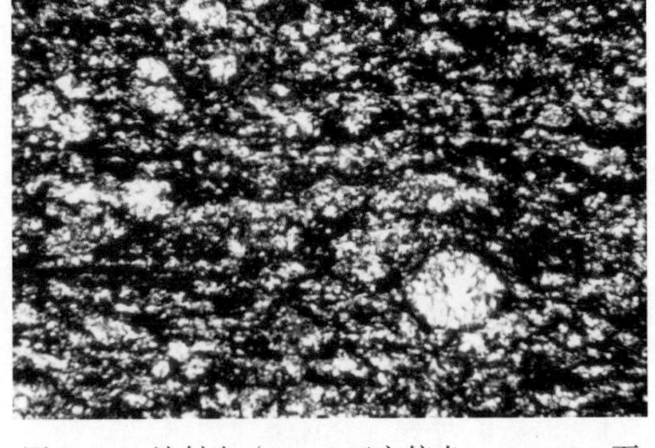

图 2-13　放射虫（P_3w，正交偏光，10 × 10，石柱冷水溪）

Fig . 2-13　Radiolarian（P_3w）

2.1.1.3　宣威组（P_3x）

分布于康滇古陆两侧，从康滇古陆向东、向南逐渐从陆相变为海陆交互相，厚度逐渐增大，含煤性变好。该组假整合于峨眉山玄武岩之上（图 2–14）。

在珙县、筠连一带，本组发育最好，研究程度高，一般分为两段。下段为陆相含煤地层，有人称筠连组，与龙潭组对比，岩性为灰、黄绿色泥岩夹粉砂岩（图 2–15）、细砂岩，局部地带底部有赤铁矿、黏土矿，或为玄武岩与页岩互层，中、上部夹煤层，产植物，厚 100m 左右。上段为海陆交互相含煤地层，有人称为兴文组或金鸡塝组、王家塞组等，与长兴组对比，岩性为含煤泥岩、粉砂岩、细砂岩夹薄层泥晶灰岩、煤层，产腕足、双壳类化石，厚 31～56m。向西、向北变为灰、灰绿、灰紫色黏土岩、粉砂岩夹煤层、铝土矿。过珙县巡场、沐爱一带后，石灰岩消失，到筠连塘坝海相层消失。

图 2–14　玄武岩与 P_3x 界线
（长宁县硐底镇蓝湾村）
Fig. 2–14　Boundary between basalt and P_3x

图 2–15　薄层粉砂岩
（P_3x，长宁县硐底镇蓝湾村）
Fig. 2–15　Thin siltstone（P_3x）

2.1.1.4　龙潭组（P_3l）

该组为海陆交互相含煤地层，分布于川中分区与盐源分区。在川中分区，东、北与吴家坪组、西南与宣威组呈相变，靠吴家坪组者海相夹层增多，靠近宣威组者陆相夹层增多，厚 44～370m。有向南增厚，煤质变好、加厚之特征。假整合于茅口组或峨眉山玄武岩之上。

在灌县、芦山一带，下部为紫灰色、灰色铁铝质黏土岩夹透镜状、似层状、鲕状铝土矿，局部夹薄层煤；上部为灰、深灰色黏土质页岩夹深灰色厚层状含燧石石灰岩，厚 44～77m。彭县小鱼洞，增厚至 370m。威远地区，为灰绿色凝灰质砂岩与黑色泥岩互层，不夹石灰岩、煤层，厚 140m。重庆—叙永一带，本组厚 88～142m，发育良好，以灰～深灰色粉砂质黏土岩为主，夹玄武岩和粉砂岩；底部为黏土质角砾岩，黄铁矿、菱铁矿、黏土矿常富集，可供开采；中、上部夹多层泥、硅质灰岩；含煤 2～10 层，煤系总厚 3～20m，向四周煤层减少、变薄（图 2–16 至图 2–19）。

在盐源的巴折—左所及泸沽湖、盖组，为黄色细—粉砂岩、黑色泥岩、凝灰质灰岩、砾岩夹煤层（线），下部夹玄武岩。自南而北粒度变细、石灰岩夹层增多、含煤性减弱、凝灰质增加，厚 430～514m。

龙潭组产蜓 *Codonofusiella*，植物 *Gigantopteris*，腕足 *Dictyoclostus*。

图 2–16 黑色薄层碳质泥岩（P_3l，兴文县新坝乡）
Fig. 2–16 Black thin carbonolite（P_3l）

图 2–17 灰色薄层石灰岩夹条带状硅质岩（P_3l，丰都县南天湖镇作坊沟）
Fig. 2–17 Gray thin limestone intercalated with banded silicalite（P_3l）

图 2–18 黑色碳质泥岩（P_3l，正交偏光，2×10，兴文新坝）
Fig. 2–18 Black carbonolite（P_3l）

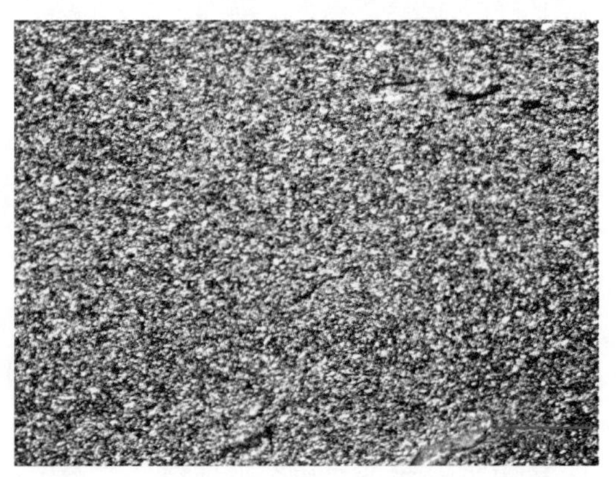

图 2–19 粉砂岩（P_3l，单偏光，2×10，兴文新坝）
Fig. 2–19 Siltstone（P_3l）

2.1.2 中生代—新生代构造沉积演化

中生代—新生代的构造沉积演化包括印支、燕山和喜马拉雅三期构造旋回，具体特征详述如下。

2.1.2.1 印支旋回

印支旋回是上扬子准地台内重要的地质事件。该构造期受扬子地块和华北地块沿秦岭的碰撞、金沙江的俯冲、印支地块与扬子地块的碰撞及太平洋板块与华南板块的碰撞的影响，四川盆地区域性构造应力场性质发生改变，从张性转变为压扭性，地台抬升，海水退出上扬子地台。从此，大规模海侵基本结束，盆地由海相台地沉积开始转变成陆相菱形沉积盆地，盆地开始收缩。

三叠纪早期，上扬子台地继续接受海侵沉积。由于下伏存在不同的地貌及构造因素，川东台地所沉积的飞仙关组中，各地区的沉积厚度、岩性、结构等都存在差异，主要表现为浅海相及滩相地层在纵向、横向上呈过渡性演化，滩相地层形成鲕粒灰岩经成岩后生作用可形成鲕粒云岩，而浅海相地层主要形成泥晶及细粉晶灰岩。至三叠纪中、晚期，上扬子台地开始持续海退的过程，陆续沉积了嘉陵江组、雷口坡组海相及潟湖蒸发相地层，岩性主要为一套碳酸盐岩夹膏盐地层（戴荔果等，2009）。

中三叠世末印支运动早幕，扬子板块与华北板块碰撞，南秦岭全面造山并向南逆冲推覆，造成四川盆地中三叠统与上三叠统广泛的角度—平行不整合接触，海水大面积自东向西退缩，此次运动具有变革运动性质，是印支运动主幕（杨克明等，2014）。与区域性应力场由伸展向挤压过渡相对应，上扬子地台区整体抬升，出现了北东向的大型隆起和坳陷，以华蓥山为中心的隆起带上升幅度最大，南段为泸州隆起，北段为开江隆起。泸州隆起从嘉陵江组沉积时就已有显示，早印支运动后抬升幅度增大，具断隆的特点，隆起核部嘉陵江组中上部以上的地层全被剥蚀。开江隆起的幅度相对较小，保留有雷口坡组下部的地层（图 2–20；四川省地质矿产局，1991）。

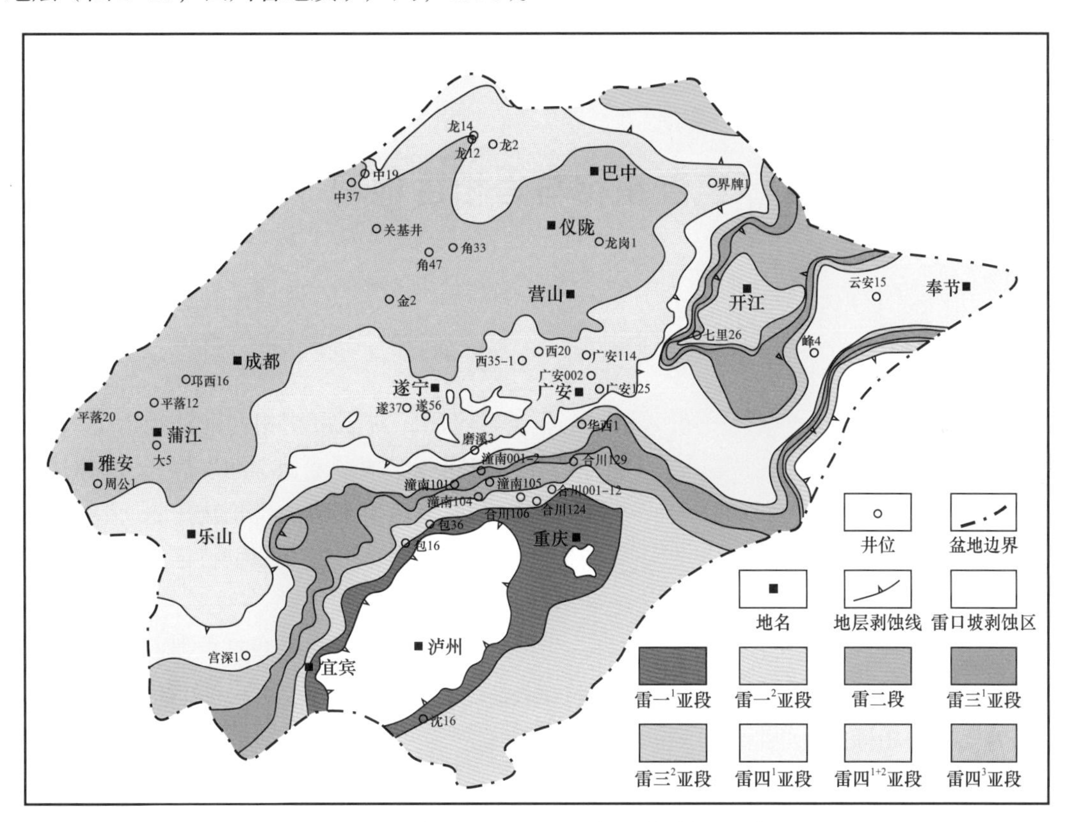

图 2–20　四川盆地前晚三叠世古地质图（据周进高等，2010）

Fig. 2–20　Paleogeologic map before Late Triassic, Sichuan Basin（After Zhou J. G. et al., 2010）

印支期后，扬子地块作为中国大陆重要组成部分和现今欧亚板块的东南边缘部分，也作为欧亚与印度—澳大利亚板块相互作用的活动陆缘的后部，先后经历了复杂的西太平洋俯冲作用和喜马拉雅碰撞造山作用，表现出板块俯冲碰撞的区域构造框架下的陆内构造的叠加复合与演化。这种陆内构造发展出的特征、性质和演化既受到板块边缘作用向陆内的传递，又有深部构造动力的影响，可以划分出挤压和挤压—隆升两种构造模式，分别对应于燕山期和喜马拉雅期（喜马拉雅山运动）。

2.1.2.2 燕山旋回

印支期后的燕山期是四川盆地主要构造形成的关键时期。该期盆地受太平洋板块向欧亚板块俯冲作用及扬子板块向华北板块俯冲作用的影响，盆地进入了多向挤压变形和盆地改造阶段。

燕山早期继承了印支期挤压作用的基本格局，但构造强度和范围都远大于印支期；燕山中期四川盆地周缘造山作用强烈，周边开始向盆地内压缩、褶皱并抬升，造山带边缘发育大量与挤压作用有关的逆冲推覆构造，而盆地内主要表现为区域性抬升；燕山晚期，川东受江南—雪峰基底拆离、由 SN 向 NW 方向挤压应力和前缘的递进演化的连续变形作用的影响及川中刚性地块的阻抗而形成了川东地区 NNE—NE、NEE 向构造。

2.1.2.3 喜马拉雅旋回

四川盆地整个构造面貌基本定型喜马拉雅构造旋回。受印度板块向欧亚板块的俯冲碰撞作用的影响，先期 NNE—NE、NEE 向构造被叠加，改造形成了川东地区现今的构造格局（图 2–3）。

2.2 川东地区龙潭组沉积相与岩相古地理

2.2.1 沉积相特征

2.2.1.1 沉积相划分标志

自瑞士学者 Gressly 首次赋予“相”沉积学含义后，对于沉积相的理解经历了一个长期演化的过程，不同时期、不同学者的理解各不相同。但随着沉积学的发展，大家对沉积相的认知逐步趋于统一，即沉积相是沉积环境及在该环境中形成的沉积物（岩）特征的综合，是沉积环境的物质表现。因此根据构造背景下的沉积环境和沉积物特征分析，包括沉积岩岩性、结构、构造及测井电性特征来进行沉积相识别和划分。

沉积相分析是从详细观察和描述相标志开始的。所谓相标志，就是指那些能够反映沉积条件及沉积环境的一系列特征。以沉积学标志、古生物标志、地球物理标志和地球化学标志为代表的相标志是进行沉积相分析的基础。此次研究主要针对沉积学标志、古生物标志及地球物理标志。

1）沉积学标志

沉积学标志包括岩石颜色、类型、组构、沉积构造、剖面结构等，这些特征是反映沉积环境的重要标志。

（1）颜色：沉积岩的颜色一般来说分为原生色和次生色两种，而原生色又可分为继承色和自生色。

沉积岩的自生色，与其形成环境紧密相关，可以作为反映沉积环境的直接标志。岩石原生颜色对形成岩石时水体的物理化学条件有着良好的反映。一般来说，水体较浅或氧化环境中所形成岩石的颜色为浅色及氧化色（红色、棕色、黄色等），在水体较深或还原环境中所形成岩石颜色为深色（深灰色、灰黑色、黑色等）。川东地区龙潭组大量发育灰黑色—黑色泥页岩、煤层，表明其形成于水体较深或还原环境中，一般多见于滨岸沼泽、潮坪环境，如兴文县新坝乡剖面下段沼泽相发育黑色碳质泥岩（图 2–21）；而石灰岩大多呈灰色产出，反映其形成水体较浅或处于氧化环境，如北碚天府镇剖面浅水陆棚相大量发育灰色石灰岩（图 2–22）。

图 2–21　黑色碳质泥岩（龙潭组，兴文县新坝乡）
Fig. 2–21　Black carbonolite（Longtan Formation）

图 2–22　灰色石灰岩（吴家坪组，北碚天府镇）
Fig. 2–21　Gray limestone（Wujiaping Formation）

（2）岩石类型：通过对野外剖面露头研究及钻井资料整理，结合薄片鉴定，川东地区龙潭组岩石类型主要有，石灰岩（生屑灰岩、生物灰岩、燧石结核灰岩、白云质灰岩、泥灰岩等）、泥岩（粉砂质泥岩、灰质泥岩、碳质泥岩、铝土质泥岩、白云质泥岩等）、页岩、砂岩（凝灰质砂岩、泥质粉砂岩等）、玄武岩（图 2–8）、硅质岩等（图 2–17）。

不同岩石组合类型对应着不同的沉积环境，在研究区龙潭组沉积时期滨岸沼泽—潮间环境多发育泥岩、泥质粉砂岩的岩石组合，混积陆棚环境以沉积灰岩、泥灰岩、泥岩组合为主，至于台盆相则多见硅质岩与泥岩的组合。

2）古生物标志

沉积物或地层中的生物化石在鉴定地层的地质年代、划分及对比地层等方面具有重要的意义，同时也是判断沉积环境的重要标志之一。野外剖面研究发现，研究区生物化石主要有腕足类，偶见珊瑚化石，镜下可见放射虫（图 2–23、图 2–24）。腕足类、珊瑚类属于狭盐度生物，一般生活在含氧丰富且透光度良好的浅海环境，就研究区而言，多见于浅海陆棚相。图 2–24 中腕足类化石较破碎，反映水动力条件动荡，不利于化石保存。

3）地球物理标志

地球物理标志包括了测井地质标志和地震学标志，本研究主要运用的是测井地质学方法。测井地质学自引入在沉积学研究之后，已得到广泛应用。目前，利用测井曲线进行地下沉积微相研究已成为一种重要手段，这是因为在钻井过程中所获得的测井资料具有连续性，所以，通过测井曲线的研究不仅可确定不同小层的沉积微相类型、特征，而且可以反映各类沉积微相在垂向上的变化规律，进而有助于识别沉积微相类型。

图 2-23　珊瑚化石（龙潭组，北碚天府）
Fig. 2-23　Coral fossil（Longtan Formation）

图 2-24　双壳类、腕足类化石（龙潭组，北碚天府）
Fig. 2-24　Bivalves and Brachiopoda fossil（Longtan Formation）

4）地球化学标志

各种化学元素在随着水体的搬运过程中，由于本身的性质（如半径大小、电负性等）以及存在环境的影响（如水体的深浅、水体的盐度等），在不同的条件下，各种化学元素分离、沉积、组合，使得在不同的沉积相中有不同的组合及含量，在相同的相中则有大致相似的组合及含量。根据对现代沉积的研究成果以及对一些典型沉积研究得出的经验规律，可以推测不同区域的岩相古地理环境。地球化学数据能间接反映沉积环境的这一特征，对恢复沉积环境具有一定的指示意义。

2.2.1.2　沉积相划分

在野外实测剖面、钻井岩心观察、物探资料（测井、地震等）解释的基础上，根据岩石组合、沉积组构、剖面结构、生物组合、沉积机理等特点，将川东地区龙潭组划分为以下四种沉积相（表 2-2）。

表 2-2　川东地区龙潭组沉积相划分表

Table 2-2　Sedimentary facies division table of Longtan Formation，easten Sichuan basin

沉积相	亚相
滨岸（低能）	滨岸沼泽、沙坝
潮坪	潮上、潮间、潮下
混积陆棚	浅水混积陆棚、深水混积陆棚
台盆	台盆

研究区内龙潭组沉积相主要发育滨岸沼泽、潮间、浅水混积陆棚及深水混积陆棚等沉积相，因发育的岩石岩性较为复杂，各沉积相、沉积亚相间，宏观上岩石特征差异较小，因此测井曲线仅能为沉积相的划分提供一定的参考依据，最终沉积相的划分及识别还是需要参考多个因素进行综合分析。

2.2.1.3　沉积相特征

川东地区龙潭组共识别出了滨岸、潮坪、混积陆棚和台盆四个沉积相，它们的特征分别详述如下。

1）滨岸

龙潭期发育的滨岸相，主要为粉砂淤泥质低能海岸环境，以潮流作用为主，具有较宽阔的潮间带（潮滩）。在本区以发育滨岸沼泽亚相为主（图 2–25 至图 2–27），岩性由粉砂岩、泥岩、煤层或煤线组成。因岩性组成以细粒沉积物质及煤层为主，自然伽马（GR）具有较高的数值（图 2–25），GR 值介于 70～170 之间，曲线形态为钟形或指形，曲线齿化程度高，电阻率表现为低阻段，在砂岩段表现为相对高阻。

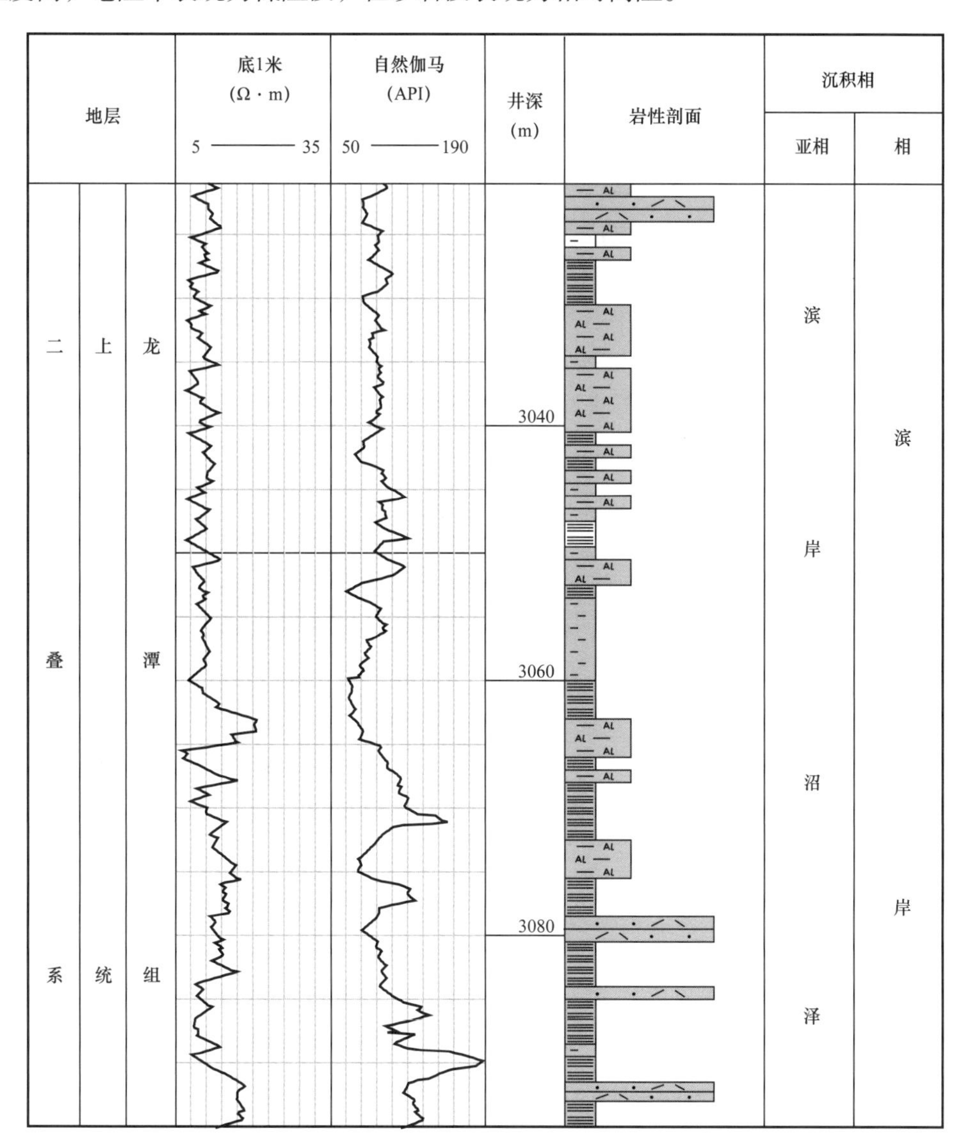

图 2–25　资 1 井滨岸沉积相综合柱状图

Fig. 2–25　Synthetic histogram of shoreland sedimentary facies in well Zi 1

图 2–26　黑色薄层泥岩、含薄层煤线（滨岸沼泽亚相，龙潭组，重庆丰都区南天湖镇作坊沟）

Fig. 2–26　Black thin mudstone，Contains thin Coal line（Coastal marsh subfacies，Longtan Formation）

图 2–27　泥岩夹薄层粉砂岩（滨岸沼泽亚相，龙潭组，四川兴文县新坝镇大地村）

Fig. 2–27　Mudstone intercalated with thin siltstone（Coastal marsh subfacies，Longtan Formation）

2）潮坪

研究区龙潭组沉积时期发育的潮坪相，以潮间亚相为主，岩性由粉砂岩、砂岩、泥岩、石灰岩及煤层组成（图 2–28、图 2–29）。GR 曲线呈齿状偏正，电阻率曲线表现为齿状低阻段；自深 1 井位于研究区中部（图 2–30），以发育潮坪沉积环境为主，底部与茅口组接触界面上，电阻曲线和 GR 曲线均出现大幅度震荡，电阻率曲线呈现显著负偏，GR 曲线呈明显正偏。潮坪环境下 GR 曲线呈齿状或微齿状，光滑状少见，曲线形态呈指状或漏斗状。

图 2–28　泥灰岩夹煤线（潮间亚相，龙潭组，南川半溪煤矿）

Fig. 2–28　Marlite with coal Line（Intertidal subfacies，Longtan Formation）

图 2–29　泥岩夹煤线（潮间亚相，龙潭组，綦江新桥）

Fig. 2–29　Mudstone with coal Line（Intertidal subfacies，Longtan Formation）

3）混积陆棚

混积陆棚是硅质碎屑与碳酸盐岩的混合沉积，可见泥页岩、石灰岩及硅质岩的互层（图 2–31 至图 2–34），其下部可与盆地相过渡。川东龙潭组沉积时期发育有混积陆棚沉积，平面上主要分布于川东地区中部及北部。按照沉积岩石的类型不同可划分出浅水混积陆棚和深水混积陆棚两种沉积亚相。

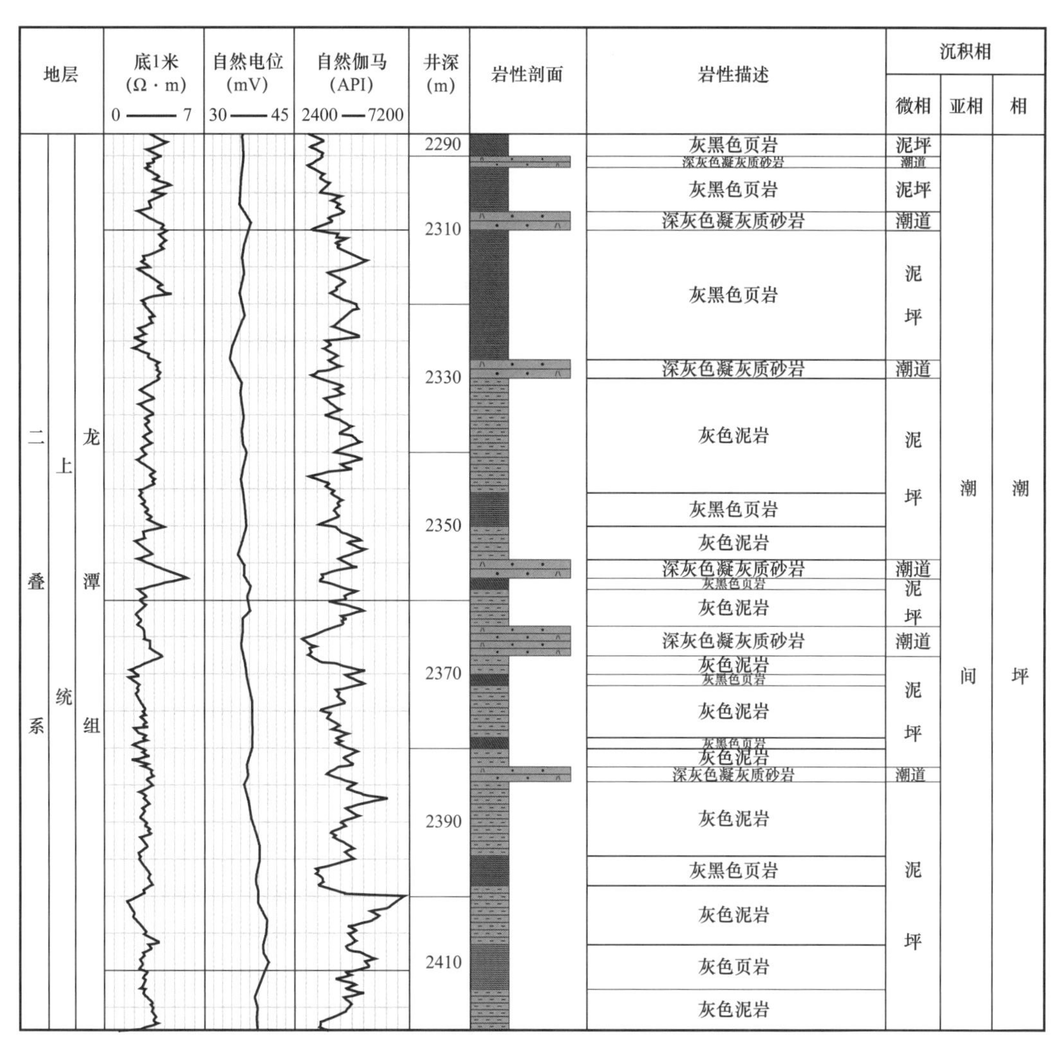

图 2-30　自深 1 井潮坪相综合柱状图

Fig. 2-30　Synthetic histogram of tidal flat facies in well Zishen 1

图 2-31　灰质泥岩夹薄层砂岩（浅水混积陆棚亚相，龙潭组，重庆北碚天府镇）

Fig. 2-31　Calcareous mudstone with thin sandstone (Shallow water mixing subfacies of shelf, Longtan Formation)

图 2-32　薄层石灰岩夹泥岩（浅水混积陆棚亚相，龙潭组，华蓥山高石坎）

Fig. 2-32　Thin limestone intercalated with mudstone (Shallow water mixing subfacies of shelf, Longtan Formation)

图 2-33　石灰岩与硅质岩互层（深水混积陆棚亚相，龙潭组，石柱冷水溪）

Fig. 2-33　Limestone alternated with silicalite（Deep water mixing subfacies of shelf，Longtan Formation）

图 2-34　泥页岩与硅质岩互层（深水混积陆棚亚相，龙潭组，石柱冷水溪）

Fig. 2-34　Shale alternated with silicalite（Deep water mixing subfacies of shelf，Longtan Formation）

浅水混积陆棚岩性以石灰岩和泥岩为主，同时可发育泥灰岩或灰质泥岩，且发育少量的燧石结核灰岩。浅水混积陆棚亚相的 GR 曲线异常幅度低（图 2-35），光滑程度呈齿状或微齿状两种，形态呈钟形、指形或钟形—指形的复合叠加形，顶底面多为突变接触。电阻率曲线呈现高阻段，电阻率曲线形态呈钟形或圣诞树形。

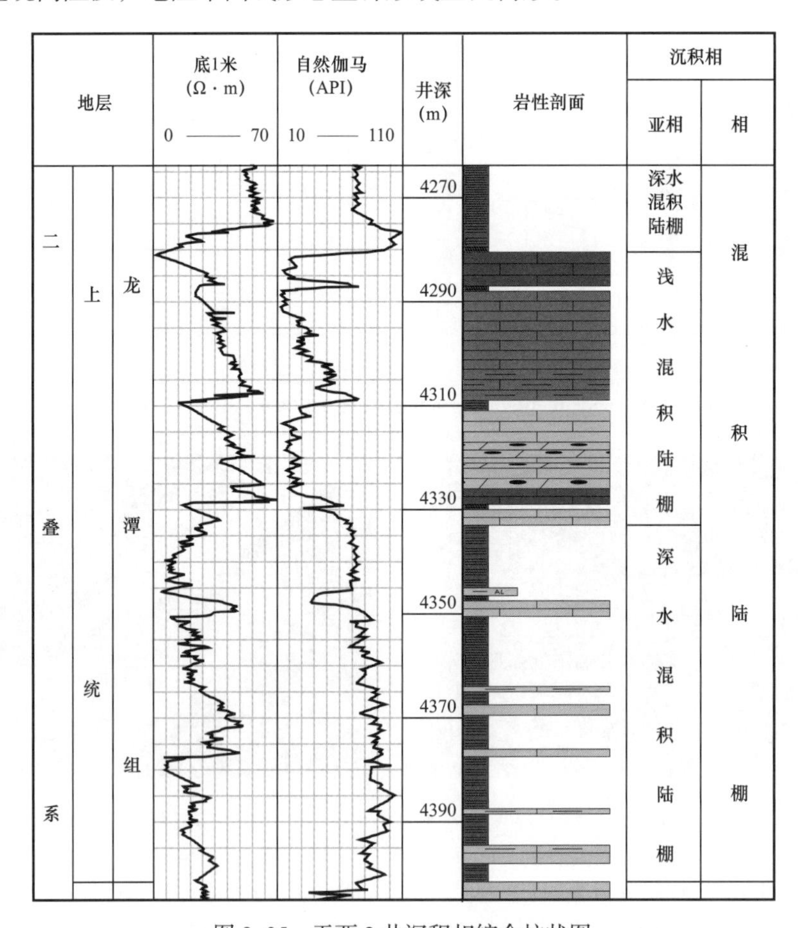

图 2-35　天西 2 井沉积相综合柱状图

Fig. 2-35　Synthetic histogram of facies in well Tianxi 2

深水混积陆棚沉积环境岩性以泥页岩、硅质页岩及硅质岩为主，间有薄层灰岩发育（图 2–34），因此深水混积陆棚环境的 GR 曲线具有与潮坪环境类似的特点（图 2–35），因岩性以泥页岩等细粒沉积物为主，GR 曲线异常幅度高，GR 值介于 70～110 之间，光滑程度呈微齿状，齿状及光滑少见，曲线形态多为箱形。电阻率曲线相比潮坪环境异常幅度高，如自深 1 井电阻率介于 0～7Ω·m，而天西 2 井深水混积陆棚电阻率值介于 0～70Ω·m。

4）台盆

通常发育于被动大陆边缘背景或克拉通活动边缘盆地内中，地理位置上位于活动型或碎裂型碳酸盐岩台地内或陆棚中，环境水深处于陆棚与深海盆地之间，或相当于大陆斜坡的水深，往往与碳酸盐岩孤立台地（孤台）相间分布，或位于台地之间的较深水沉积区域，详称台间盆地（Inter–platform basins），构成台包盆格局、盆包台格局或台盆相间格局。可与深水洋盆相通亦可不相连，因而相当于曾允孚等（1985）的“次深盆地相”。

龙潭组台盆相发育于城口—鄂西地区。如湖北省利川市元堡乡就为典型的台盆相沉积，岩性主要为薄层硅质灰岩、泥灰岩夹泥岩（图 2–36），泥岩碳质含量较高，易污手。沿层面可见生物碎屑分布，如菊石（图 2–37）等，指示深水沉积环境。

图 2–36　黑色碳质页岩可见水平层理（湖北利川元堡乡）

Fig. 2–36　Black carbonaceous shale（Horizontal bedding）

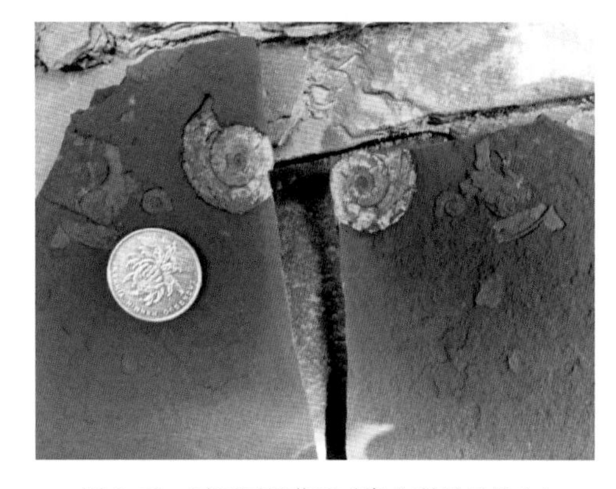

图 2–37　层面可见菊石（湖北利川元堡乡）

Fig. 2–37　Chrysanthemum on the bedding

2.2.2　岩相古地理

岩相古地理研究与编图工作是一项重要的基础地质工作，是重建地质历史中海陆分布、构造背景、盆地配置和沉积演化的重要途径和手段。其目的在于通过重塑沉积环境，研究沉积作用，了解地质历史演变及构造发育史，总结各时期的海陆变迁、古气候变化、沉积区及剥蚀区的古自然地理景观特征，分析不同沉积环境下沉积物的特征及其分布规律，从而达到评价油气资源、了解油气分布规律和预测油气远景之目的。通过对川东地区龙潭组进行岩相古地理编图，有利于对泥页岩特别是厚度大、分布广的泥页岩进行预测。

2.2.2.1　编图单元

20 世纪，综观岩相古地理研究史，其编图指导思想和方法有：40 年代，Pypuu 等（1945）以历史构造观简编了全球古地理图；50 年代，Sloss 等（1955）运用生物古地理学理论和方法编制了美国概略古地理图，刘鸿允（1955）以生物地层学为基础编制了《中国古地理图集》；70 年代初，岩相学派通过单因素、多因素和优势法编绘了小范围古地理图；80 年代，王鸿祯等（1985）以构造活动论和发展阶段论为指导编制了《中国古地理图集》；90 年代初，Christopher 等（1992）通过全球构造学观点编制了《全球显生宙古地理图》，刘宝珺等（1994）以板块构造理论和盆地分析原理为指导编制了《中国南方震旦纪—三叠纪岩相古地理图集》等。上述诸方法对推动岩相古地理学的飞速发展具重要意义，但仍存在共同的不足之处：一是怎样编制反映活动论的岩相古地理图；二是在二维平面图上怎样反映特定时间间隔内某地区的四维沉积发育史；三是古地理图件应反映沉积盆地特征及其主控因素（板块构造格架、同沉积构造活动等）；四是如何更好地紧密结合油气勘探实际，将理论和应用有机地联系起来。这些问题涉及如何恢复古海洋、古大陆的位置及其变化历程、成图单元的划分、对比和编图的思路与工作方法。其焦点是怎样选择等时地质体或等时面来编制真正等时的岩相古地理图，即层序古地理图。全球沉积对比计划和联合古陆计划的实施以及层序地层学理论的实践和应用，为重建全球古地理、追踪全球沉积记录、编制高精度等时古地理图提供了理论依据。层序及体系域不仅是年代地层段和等时地质体，且其顶底是可确定的物理界面。显然，层序岩相古地理图更接近盆地沉积演化的真实性，以动态的变化反映盆地的充填史。

不同的岩相古地理研究方法，其编图单元不同，所编出的岩相古地理图反映的内容及其真实性不同，以层序地层学理论为指导编制的层序古地理图，同样涉及编图单元的选择问题。沉积层序作为岩相古地理学研究的基本地层单位，选择编图单元的方法有二：方法一是以体系域为成图单元，采用体系域压缩法编制层序古地理图；方法二是以相关界面如层序界面、最大海泛面或体系域顶或底界作为编图单位进行编图，即瞬时编图法。其中方法一的等时性相对较差，但所编制的层序古地理图是一个反映具体地质体的相对等时的岩相古地理图，这在油气勘探、目标评选和远景预测中具有重要意义；方法二的等时性强，但仅揭示了地史中瞬时的古地理格局，缺乏相对具体的地质体，因而其勘探意义相对受到限制。

综上所述，课题组在层序地层格架研究的基础上，通过区内的三级层序的界面特征、体系域特征的精细研究，以三级层序为编图单元，但对于龙潭组底部的 SQ1，以三级层序的体系域（LST、TST、HST）为编图单元，共编制了五张具有精确性、等时性、成因连续性和勘探实用性的层序岩相古地理图，进而揭示沉积盆地的性质、演化特征以及盆地演化过程中沉积物时空展布的规律。

2.2.2.2 岩相古地理特征

发生在中二叠世、晚二叠世之间的东吴运动，使扬子准地台在经历了中二叠世海盆沉积以后再次抬升成陆，中二叠统、上二叠统在广大地区内呈假整合接触，上二叠统底部出现含煤沼泽相沉积。从中二叠统后期剥蚀的情况看，抬升幅度较大的地区在大巴山和龙门山一带；康滇古陆前缘相对要弱，保留地层较全。此外，东吴运动在上扬子地区主要表现为地壳的张裂运动，并伴有大规模的玄武岩喷出，常称“峨眉山玄武岩”。罗志立早在 1981 年研究上扬子地台区域构造时，就将晚古生代的拉张运动称为“峨眉地裂运动”，这次运动在晚二叠世峨眉山玄武岩的喷发时达到高潮，且形成了堑垒结构格局造成了较深水硅泥质台盆相与浅水碳酸盐岩台地相的分异，如川北、川东地区的广元—旺苍海槽、城口—鄂西台盆以及开江—梁平台盆，这些都以晚二叠世的“峨眉地裂运动”息息相关。

在上述区域地质背景下，本项目以三级层序体系域或三级层序编制了晚二叠世龙潭组沉积时期的岩相古地理图，其特征具体描述如下。

1）SQ1 岩相古地理特征

龙潭组沉积早期为 SQ1，在川东地区具有重要的地质意义，故按照三级层序体系域为单元，共编制了 LST、TST、HST 三张岩相古地理图，具体特征如下。

（1）低位体系域（LST）：本期研究区以发育滨岸—潮坪相为主，岩性以铝土质泥岩、页岩、褐黄色粉砂岩为主，在研究区的南部、中部地区夹有煤线；研究区东部发育有城口—鄂西台盆相沉积，岩性以硅质岩、泥岩为主；研究区西南部长宁、珙县地区和研究区中部梁平地区发育有玄武岩和辉绿岩，其中长宁、珙县地区主要发育玄武岩，厚度一般为 20～80m，梁平地区（包括梁 6 井、天东 56 井、云安 12 井等）发育玄武岩和辉绿岩，厚度一般为 10～20m（图 2-38）。

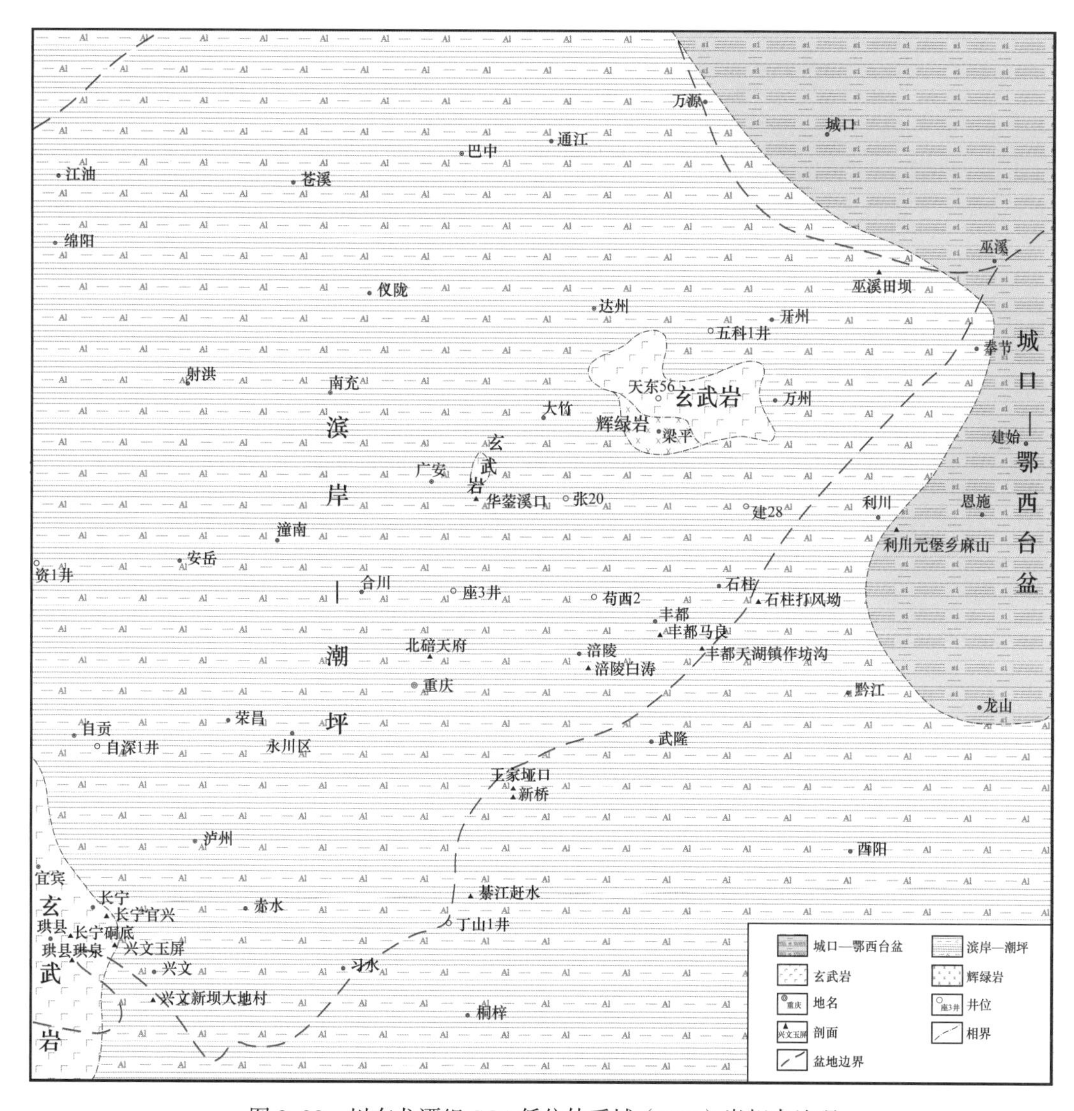

图 2-38　川东龙潭组 SQ1 低位体系域（LST）岩相古地理

Fig. 2-38　Lowstand systems tract（LST）Lithofacies palaeogeography of Longtan Formation，easten Sichuan basin

（2）海侵体系域（TST）：本期的沉积相带由陆到海大致呈东西向展布，南北向延伸。长宁、珙县地区发育河流相沉积；射洪—女基井—隆盛 1 井—线以西至长宁为滨岸沼泽亚相沉积，岩性以泥岩、粉砂岩、煤线为主；射洪—女基井—隆盛 1 井—线以东至绵阳—广安—草 3 井—线为潮间带亚相沉积，岩性以粉砂岩、泥灰岩、泥岩为主；绵阳—广安—草 3 井—线至苍溪—五科 1 井—石柱打风坳—酉阳—线为浅水混积陆棚沉积，岩性以石灰岩为主，局部泥岩含量比较重；苍溪—五科 1 井—石柱打风坳—酉阳—线至万源—巫溪田坝—利川元堡—线为深水混积陆棚沉积，岩性以泥灰岩、泥岩沉积为主；万源—巫溪田坝—利川元堡—线以东地区为城口—鄂西台盆沉积，岩性以硅质岩、泥岩沉积为主（图 2–39）。

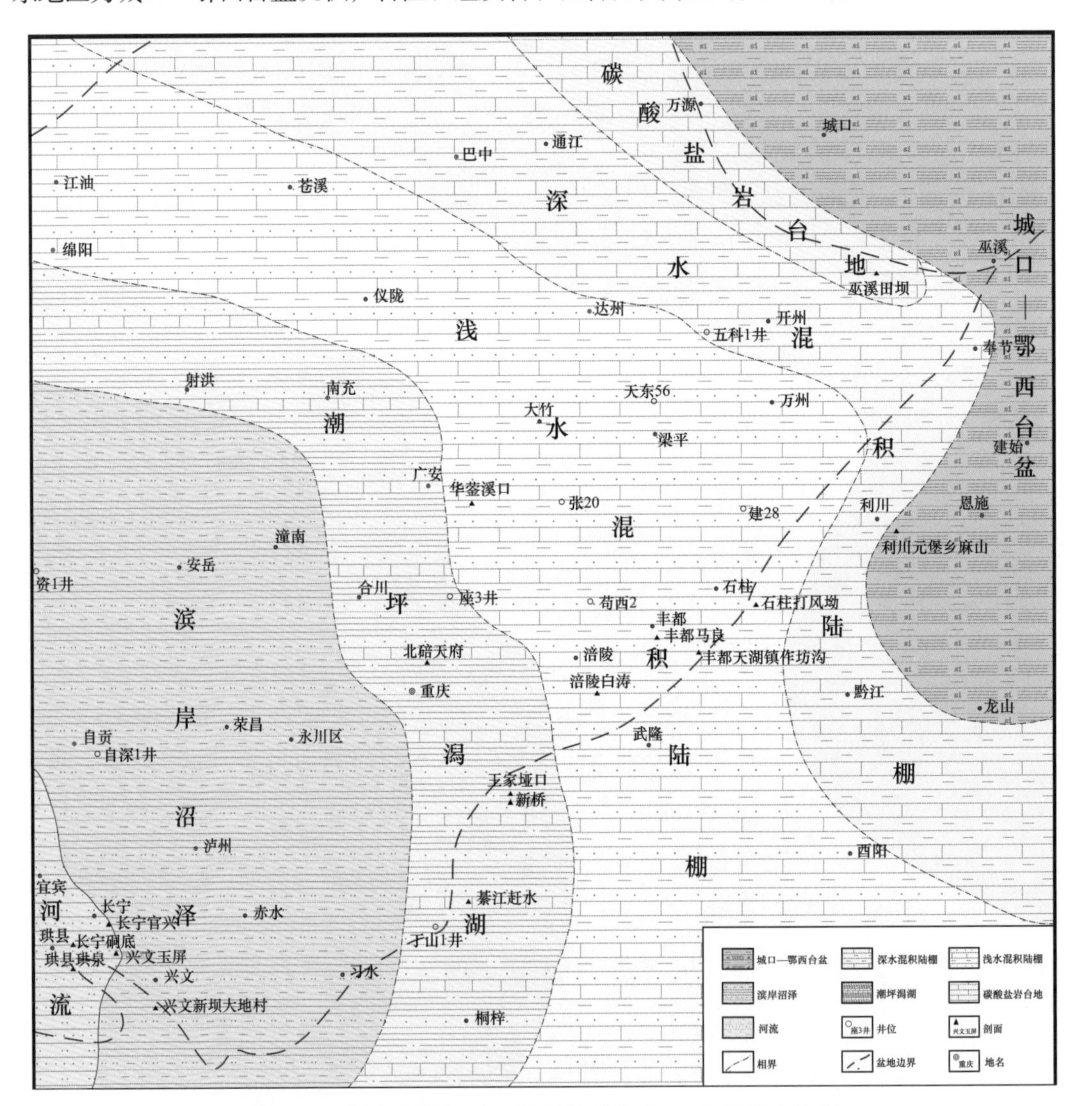

图 2–39　川东龙潭组 SQ1 海侵体系域（TST）岩相古地理

Fig. 2–39　Transgressive systems tract（TST）Lithofacies palaeogeography of Longtan Formation，easten Sichuan basin

（3）高位体系域（HST）：本期的沉积格局延续了 SQ1 海侵体系域的格局，由西南往东北方向，沉积相带由陆相到海相展布。长宁、珙县地区同样发育河流相沉积；高科 1

井—永川—习水一线以西至长宁为滨岸沼泽—潮间亚相沉积，岩性以泥质粉砂岩、泥岩夹煤层为主；高科 1 井—永川—习水一线以东至苍溪—平昌—利川—黔江一线为浅水混积陆棚沉积，岩性以石灰岩、生物灰岩为主，局部泥岩含量比较重，相比 SQ1 海侵体系域，浅水混积陆棚覆盖的区域有所扩大；苍溪—平昌—利川—黔江一线以东至万源—巫溪田坝—利川元堡一线为深水混积陆棚沉积，岩性以泥灰岩、泥岩沉积为主；万源—巫溪田坝—利川元堡一线以东地区为城口—鄂西台盆沉积，岩性以硅质岩、泥岩沉积为主（图 2-40）。

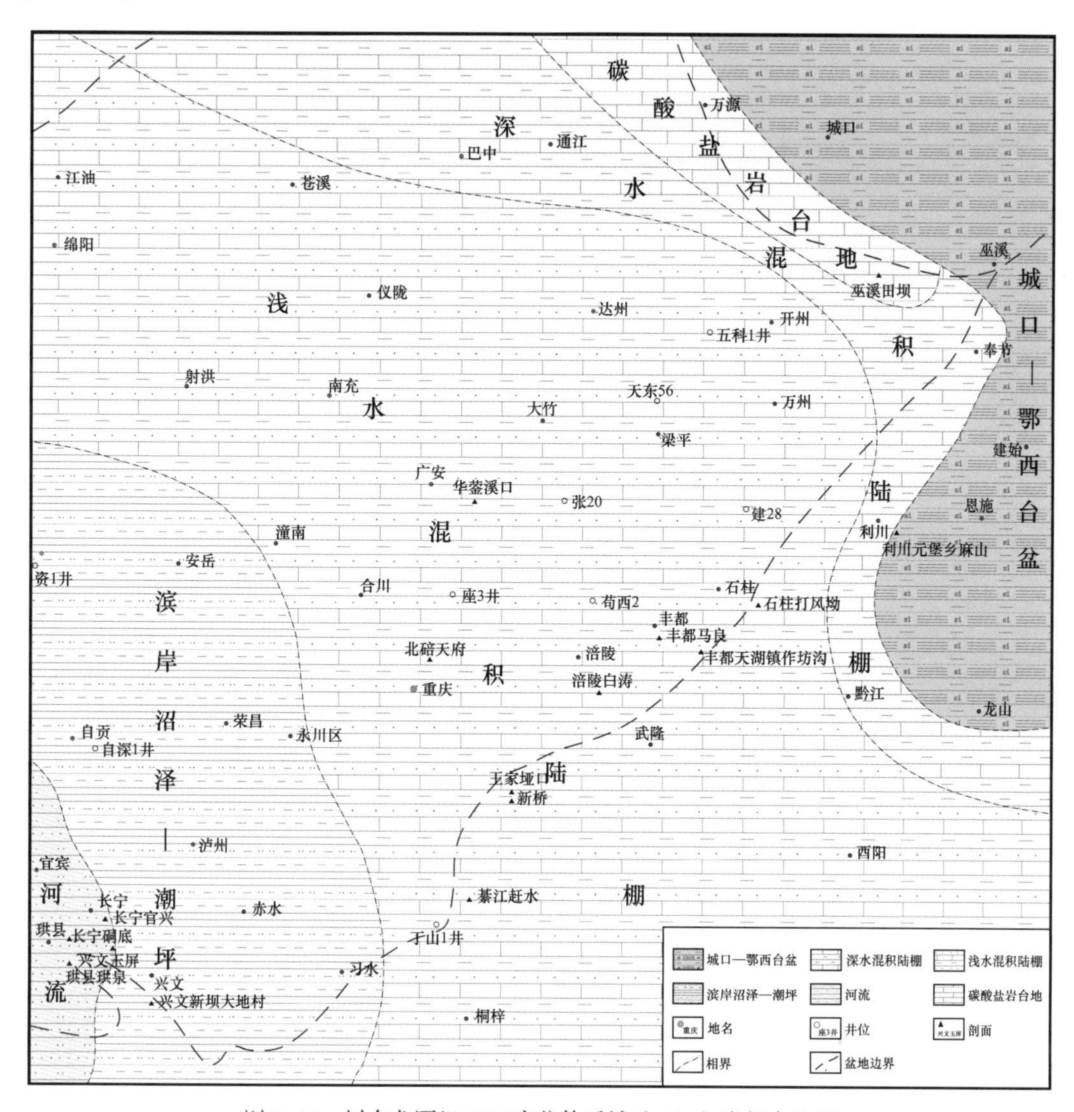

图 2-40　川东龙潭组 SQ1 高位体系域（HST）岩相古地理

Fig. 2-40　Highstand systems tract（HST）Lithofacies palaeogeography of Longtan Formation，easten Sichuan basin

2）SQ2 岩相古地理特征

本期的沉积格局延续了 SQ1 高位体系域的格局，由西南往东北方向，沉积相带由陆相到海相展布。长宁、珙县地区同样发育河流相沉积；潼南—綦江赶水—丁山 1 井一线以西至长宁为滨岸沼泽—潮间亚相沉积，岩性以泥质粉砂岩、泥岩夹煤层为主；潼南—綦江赶水—丁山1井—线以东至苍溪—川岳84井—建深1井—石柱打风坳—丰都天鹅镇—彭水一线为浅水混积陆棚沉积，岩性以石灰岩、生物灰岩为主，局部泥岩含量比较重；苍溪—川岳84井—建深1井—石柱打风坳—丰都天鹅镇—彭水一线至万源—巫溪田坝—利川元堡一线为深水混积陆棚沉积，岩性以泥灰岩、泥岩沉积为主；万源—巫溪田坝—利川元堡一线以东地区为城口—鄂西台盆沉积，岩性以硅质岩、泥岩沉积为主（图2-41）。

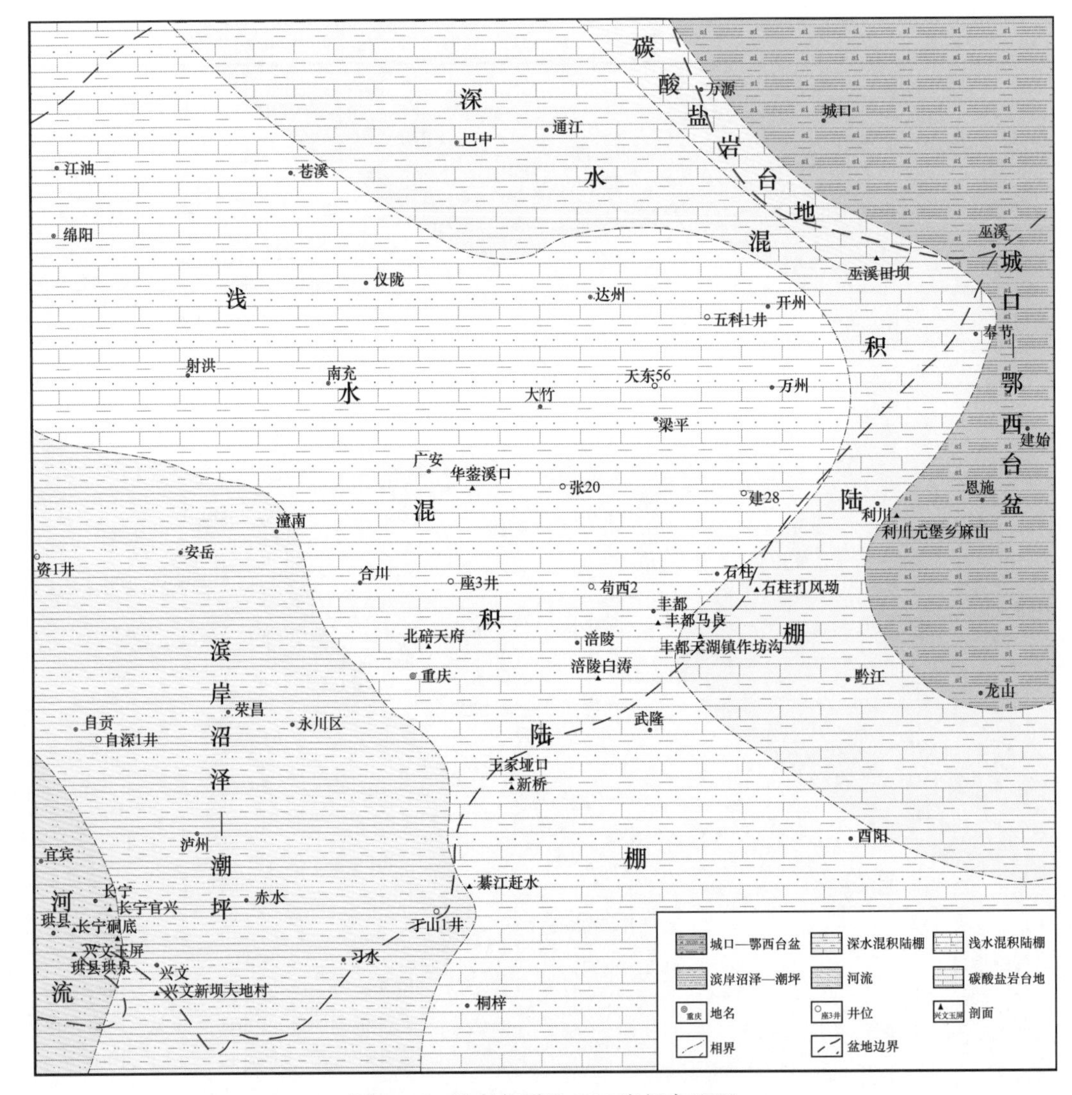

图2-41 川东龙潭组SQ2岩相古地理

Fig. 2-41 SQ2 Lithofacies palaeogeography of Longtan Formation, easten Sichuan basin

3）SQ3岩相古地理特征

本期的沉积格局延续了SQ2的格局，由西南往东北方向，沉积相带由陆相到海相展布。长宁、珙县地区同样发育河流相沉积；遂宁—武胜—合川习水一线以西至长宁为滨岸沼泽—潮间亚相沉积，岩性以泥质粉砂岩、泥岩夹煤层为主；遂宁—武胜—合川习水一线以东至苍溪—宜汉—万州—石柱打风坳—丰都天鹅镇—彭水一线为浅水混积陆棚沉积，岩性以石灰岩、生物灰岩为主，局部泥岩含量比较重；苍溪—宣汉—万州—石柱打风坳—丰都天鹅镇—彭水一线往东至万源—巫溪田坝—利川元堡一线为深水混积陆棚沉积，岩性以泥灰岩、泥岩沉积为主；万源—巫溪田坝—利川元堡一线以东地区为城口—鄂西台盆沉积，岩性以硅质岩、泥岩沉积为主（图 2–42）。

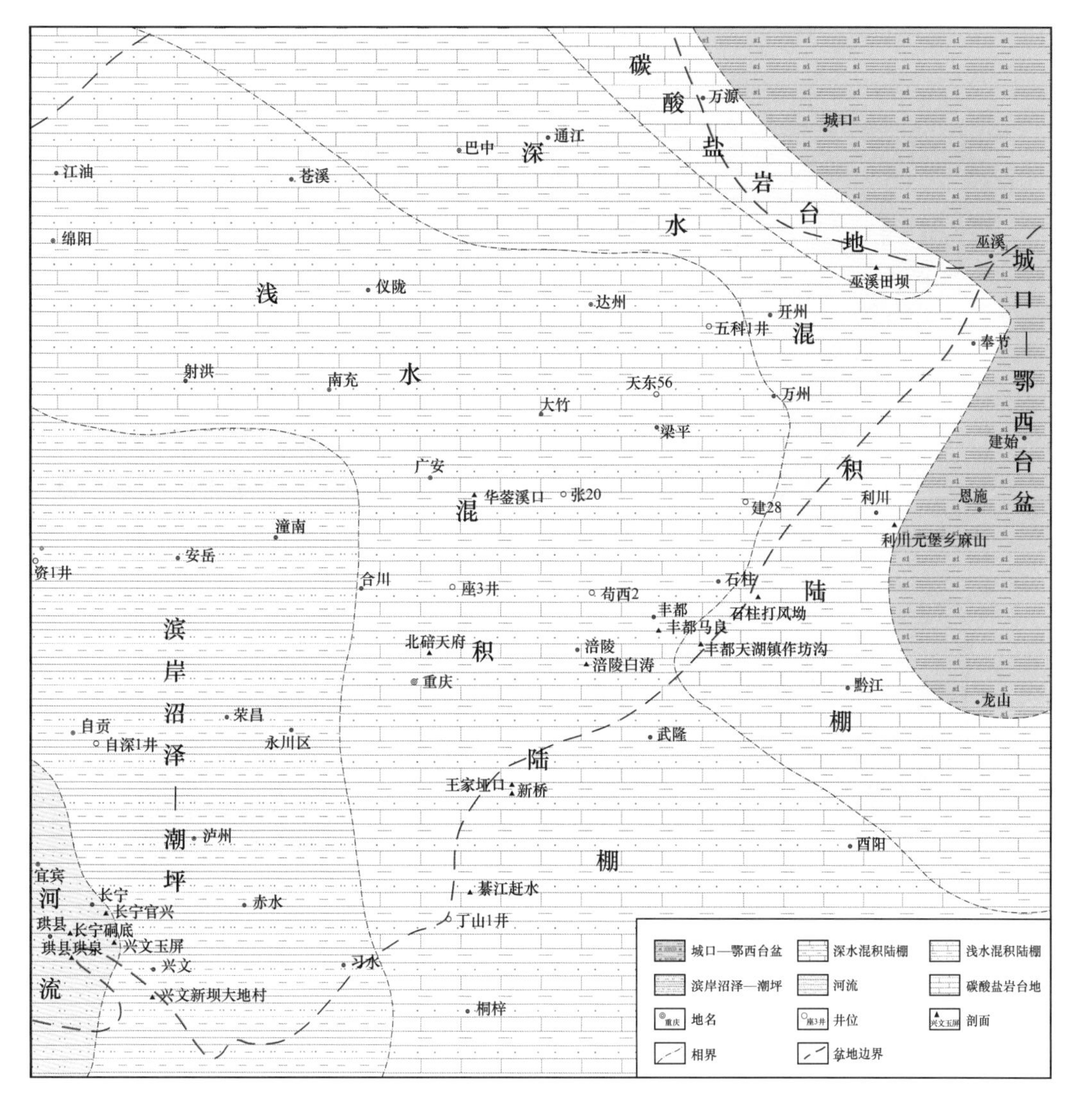

图 2–42 川东龙潭组 SQ3 岩相古地理

Fig. 2–42 SQ3 Lithofacies palaeogeography of Longtan Formation, easten Sichuan basin

2.2.2.3 沉积模式及演化

针对研究区龙潭组，根据钻井及野外剖面资料，建立起滨岸—潮坪—混积陆棚—台盆的沉积模式（图 2–43）。其沉积演化大致可以分为两个阶段。

1）SQ1 的 LST

东吴运动之后，龙潭组沉积早期（SQ1 的 LST），研究区以发育滨岸—潮坪相为主，岩性以铝土质泥岩为主，夹有煤线；研究区东部发育有城口—鄂西台盆相沉积，岩性以硅质岩、泥岩为主；研究区西南部长宁、珙县地区和研究区中部梁平地区均发育有玄武岩和辉绿岩（图 2–43a）。

2）SQ1 的 TST—SQ3

SQ1 的 TST 期、SQ1 的 HST 期、SQ2 期、SQ3 期沉积格局均由西南往东北方向，沉积相带由陆相到海相展布，即河流相—滨岸—潮坪相—浅水混积陆棚亚相—深水混积陆棚亚相—台盆相（图 2–43b）。

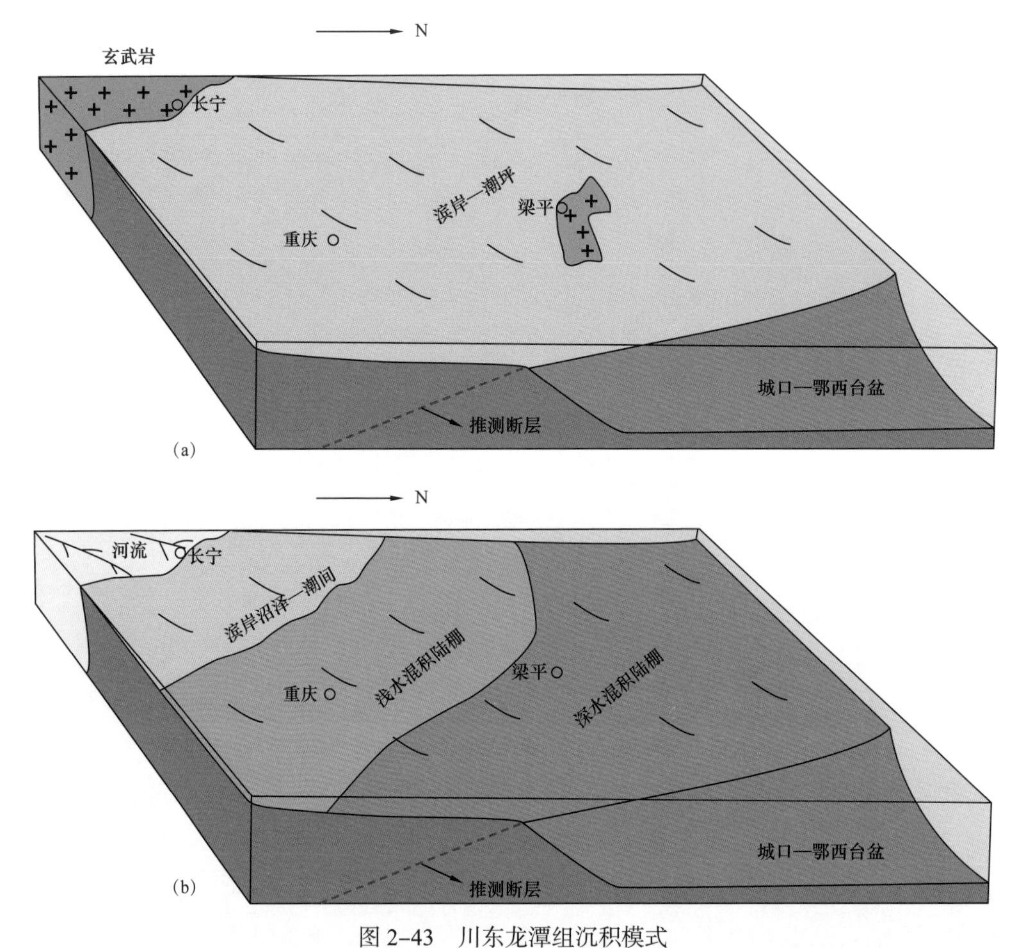

图 2–43　川东龙潭组沉积模式

（a）龙潭组 SQ1 的 LST 沉积模式；（b）龙潭组 SQ1 的 TST 至 SQ3 的 HST 沉积模式

Fig. 2–43　Sedimentary model of Longtan Formation，easten Sichuan basin

（a）SQ1 LST sedimentary model of Longtan Formation；（b）From SQ1 TST to SQ3 HST model of Longtan Formation

3 川东地区龙潭组泥页岩地质地球化学特征

泥页岩特征是其能否形成页岩气的基础，泥页岩有机质丰度、有机质类型、成熟度不仅是油气结构和资源规模的主控因素之一，而且也是泥页岩储集性能的主控因素，富有机质泥页岩厚度与分布决定了页岩气勘探前景，泥页岩矿物组成决定了其可压性。本章研究川东地区龙潭组泥页岩地质地球化学特征，探讨龙潭组页岩气成藏条件、矿物组成与可压性、纵横向分布特征及控制因素，为选区评价奠定基础。

3.1 川东地区龙潭组泥页岩特征

3.1.1 龙潭组泥页岩岩石学特征

3.1.1.1 利川袁家槽剖面

利川袁家槽剖面吴家坪组下段为硅质岩夹硅质泥岩，上段为硅质岩—硅质泥岩与碳质—硅质碳酸盐岩互层。往往发育水平层理，反映沉积时水体较深，属欠补偿盆地相沉积（图 3–1）。发育三类岩石，分别详述如下。

（1）黑色纹层碳质硅质岩：主要由硅质和有机质组成，含少量泥质、方解石和黄铁矿。薄片观察表明，硅质含量 50%～55%、平均 52%，有机质含量 33%～49%、平均 41.75%，泥质、方解石和黄铁矿含量一般小于 5%。硅质：以微晶石英和玉髓等为主，呈粒状、鲕状、球粒状和充填条带状等；鲕状和球粒硅质主要粒径分布区间为 0.02～0.1mm，较均匀分布。有机质：呈密集斑点状、不规则断续条带状和斑块状等；整体与硅质呈相间条带状较均匀分布，造成岩石具纹层结构（图 3–1a、图 3–1b）。

（2）黑色纹层含碳质硅质泥岩：主要由黏土矿物（45%）、硅质（35%）和有机质（20%）组成。黏土矿物以水云母为主，呈微粒状、土状，整体受硅质分割呈网格状；有机质强烈浸染。硅质以微晶石英和玉髓等为主，呈粒状、鲕状、纺锤状和球粒状等，多被有机质浸染；鲕状、纺锤状和球粒状硅质主要粒径分布区间为 0.02～0.1mm，较均匀分布；常见蜓等生物碎屑强烈硅化幻影，幻影生物体腔孔为硅质、生物壳壁为有机质。有机质呈浸染状（浸染硅质和泥质）、密集斑点状和斑块状等，整体呈网格状，较均匀分布（图 3–1c）。

（3）含碳质泥质白云岩：岩石主要由自形粉晶白云石（55%）和黏土矿物（42%）组成，有机质含量也高。白云石局部半自形—他形白云石呈团块状聚集分布。少量粉晶菱形方解石晶粒表面见白云石假象。岩片可见圆粒状颗粒分散分布，粒内主要充填有机质或隐晶硅质，部分颗粒边缘环绕分布隐晶硅质，颗粒可能为生屑蚀变而来。白云石晶间主要充填泥质，泥质混杂无定形碳质，色暗（图 3–1d）。

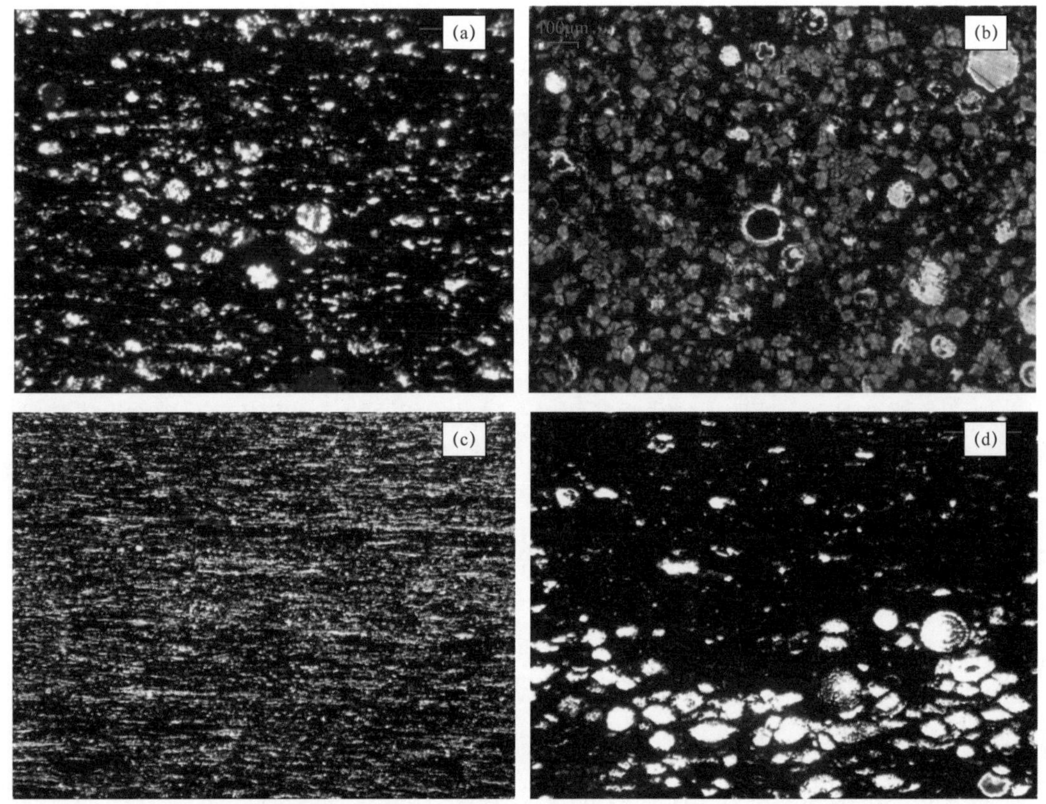

（a）黑色纹层碳质硅质岩，LC-2；（b）黑色纹层含泥质碳质硅质岩，LC-4；
（c）黑色纹层含碳质硅质泥岩，LC-5；（d）含碳质泥质白云岩，LC-8

图 3-1　利川袁家槽剖面吴家坪组岩石薄片

Fig. 3-1　Slices of Wujiaping Formation in Yuanjiacao section，Lichuan

3.1.1.2　华蓥山剖面

华蓥山剖面龙潭组岩性组合可分为三段，下段以泥质岩为主，中段为石灰岩夹泥质岩，上段以泥质岩为主，总体呈现为浅水混积陆棚相沉积特征。

华蓥山剖面龙潭组泥质岩主要由黏土矿物（45%～70%、平均 53.1%）、有机质（20%～45%、平均 34.1%）组成，往往含粉砂（6%～26%、平均 12.8%），局部层段含硅质（2%～10%），根据成分差异，可分为含粉砂碳质泥岩、粉砂质碳质泥岩和碳质泥岩（图 3-2）。

（1）含粉砂碳质泥岩：该类岩性最为发育。以 HYS2-19 号样为代表，黏土矿物含量 45%，有机质含量 40%，粉砂含量 15%。黏土矿物：以水云母为主，呈微粒状、极细小鳞片状和土状等。有机质：呈浸染状、不规则斑块状和条带状和充填状等，较均匀分布于岩石中。粉砂：主要粒径分布区间为 0.005～0.05mm，包括粗粉砂和细粉砂；成分以硅质变质岩为主，长轴具定向性排列，较均匀分布（图 3-2a、图 3-2b）。

（2）粉砂质碳质泥岩：该类岩石不发育。以 HYS2-16 号样品为代表，黏土矿物含量 46%，有机质含量 28%，粉砂含量 26%。黏土矿物：以水云母为主，呈微粒状、极细小鳞片状和土状等；具硅化特征。有机质：呈浸染状、不规则斑块状和条带状和充填状等，不均匀分布于岩石中。粉砂：粒径差异极大、分选差，主要粒径分布区间为 0.02～0.6mm，细—中砂为主，次为粗粉砂，少量细粉砂和粗砂；成分以硅质变质岩为主，多发生伊利石，分布不均匀（图 3-2c）。

（3）碳质泥岩：该类岩性相对也较少。以 HYS3-8 号样品为例，岩石主要由黏土矿物和有机质组成，少量黄铁矿和粉砂等。黏土矿物：以水云母和混层黏土矿物（伊蒙混层黏土矿物）为主，呈极细小鳞片状、土状和毡状等；具硅化特征。有机质：呈密集斑点状、不规则斑块状和条带状以及浸染状等，整体呈平行状，较均匀分布于岩石中。黄铁矿：呈粒状、集合体粒状和结核状等，和有机质共生，不均匀分布。粉砂：主要粒径分布区间为 0.01～0.1mm，包括细粉砂、粗粉砂和极细砂等；成分以硅质变质岩为主，较均匀分布（图 3-2d）。

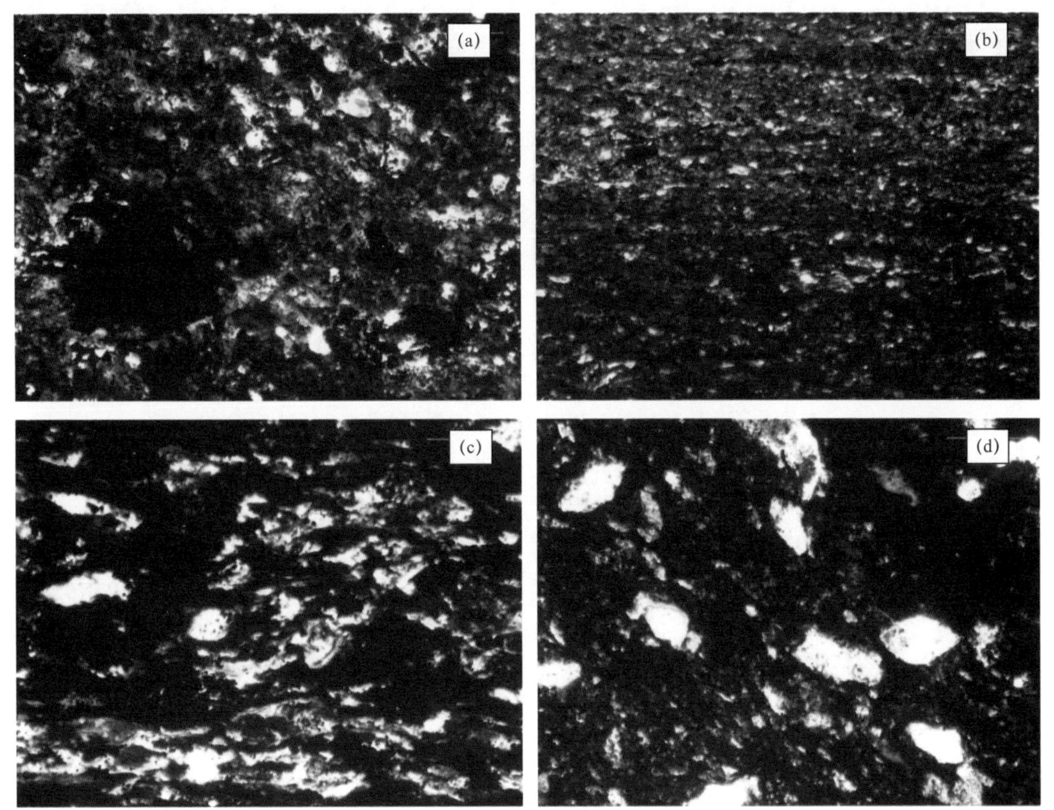

（a）黄褐色纹层含粉砂碳质泥岩，HYS2-19；（b）黑灰色含粉砂碳质泥岩，HYS3-4；（c）深灰色粉砂质碳质泥岩，HYS2-16；（d）黑灰色纹层碳质泥岩，HYS3-8

图 3-2　华蓥山剖面龙潭组岩石薄片

Fig. 3-2　Slices of Longtan Formation in Huayingshan section

3.1.1.3　兴文玉屏剖面

兴文玉屏剖面龙潭组岩性可分三段，下段以泥质岩为主，夹煤层和粉砂岩；中段为灰色粉砂岩夹泥质岩和煤；上段为黄灰色砂岩夹深灰色泥岩。泥质岩类黏土矿物含量 50%～83%、平均 67.4%，有机质含量 10%～23%、平均 15%，粉砂含量 2%～17%。可分为三种岩性：含粉砂含碳质泥岩、含碳质泥岩和含碳质菱铁矿质泥岩（图 3-3）。

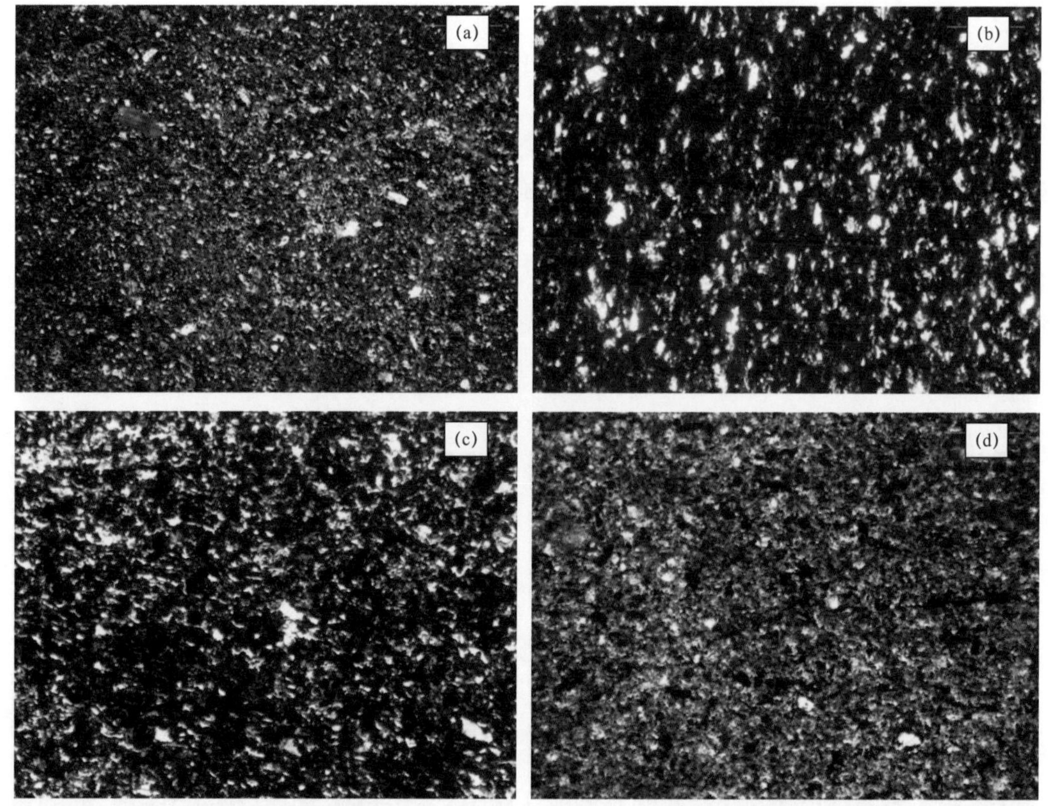

（a）深灰色含粉砂含碳质泥岩，HQ–5；（b）深灰色含粉砂含碳质泥岩，HQ–13；
（c）深灰色含碳质泥岩，HQ–19；（d）黑色含碳质菱铁矿质泥岩，HQ–16

图 3–3　兴文玉屏剖面龙潭组岩石薄片

Fig. 3–3　Slices of Longtan Formation in Yuping section，Xingwen

（1）含粉砂含碳质泥岩：以 HQ–5 号样品为例，岩石主要由黏土矿物组成（60%），次为有机质（23%）和粉砂（17%）等。黏土矿物：以水云母和混层黏土矿物（伊蒙混层黏土矿物）等为主，呈微粒状、土状和毡状等；单偏光下呈褐色，反射光呈乳白色—褐黄色；具较强硅化特征。有机质：碳质为主，呈不规则树皮撕裂状、密集斑块状等，大小主要分布区间为 0.02～0.08mm，少量可达 0.1mm 以上，较均匀分布于岩石中。粉砂：粒径主要分布区间为 0.005～0.03mm，细粉砂为主；成分以硅质变质岩为主，分布较均匀，长轴具定向性（图 3–3a、图 3–3b）。

（2）含碳质泥岩：以 HQ–19 号样品为例，岩石主要由黏土矿物组成（82%），次为有机质（15%），少量粉砂（3%）等。黏土矿物：以混层黏土矿物（伊蒙混层黏土矿物和绿蒙混层黏土矿物等）为主，呈土状和毡状等；具硅化特征。有机质：呈斑点状、不规则斑块状和条带状等，粒径多小于 0.1mm，较均匀分布于岩石中。粉砂：粒径主要分布区间为 0.005～0.05mm，细粉砂为主，少量粗粉砂；成分以硅质变质岩为主，分布较均匀（图 3–3c）。

（3）含碳质菱铁矿质泥岩：以 HQ–16 号样品为例，岩石主要由泥岩、石英岩和菱铁矿等组成，次为有机质，少量燧石等。菱铁矿：晶粒大小主要分布区间为 0.02～0.04mm，微粉晶为主；晶粒呈半自形—自形（菱形晶面）粒状等；单偏光下无色—浅褐色，常见褐色（氧化铁作用）外壳。岩屑：包括以石英岩为主的变质岩岩屑和以泥岩为主的沉积岩以及少量燧石等，呈粒状，以细砂为主，较均匀分布；岩屑长轴具定向性排列。有机质：呈不规则树皮撕裂状、斑块状等，大小主要分布区间为 0.02～0.4mm，较均匀分布于岩石中（图 3-3d）。

总体而言，深水陆棚相—盆地相泥页岩质纯，以硅质和有机质为主；浅水混积陆棚相泥页岩普遍含粉砂，以黏土矿物和有机质为主；沼泽—潮坪相泥页岩多含粉砂，黏土矿物含量最高，普遍富含有机质；此外，往往发育富菱铁矿质泥岩，反映沉积水体相对较浅，处于氧化环境。

3.1.2 龙潭组泥页岩矿物学特征

泥页岩全岩矿物组成特征不仅可以反映其形成环境，还可以反映其可压性，矿物组成含量法利用页岩中脆性矿物的含量占总矿物量的百分比来表征脆性指数，起初仅石英被当成脆性矿物，后经进一步的研究证明除石英外页岩储层中的脆性矿物还包括长石、云母和碳酸盐岩矿物等，可由下式计算，

$$Brit=(W_{QFR}+W_{Carb})/W_{Tot}$$

其中，W_{QFR} 为石英、长石和云母的总含量，W_{Carb} 为碳酸盐岩矿物含量（主要包括白云石、方解石和其他碳酸盐岩组分）；W_{Tot} 为总矿物量。

3.1.2.1 利川袁家槽剖面

利川袁家槽剖面吴家坪组矿物组成特征如图 3-4 所示。其以石英含量最高，分布于 57%～86%、平均为 75%（8 件样品，下同）；其次为黏土矿物，含量 5%～20%、平均 12%；再次为长石，含量 0～11%、平均为 6%；部分样品中见菱铁矿、黄铁矿、石膏和重晶石。

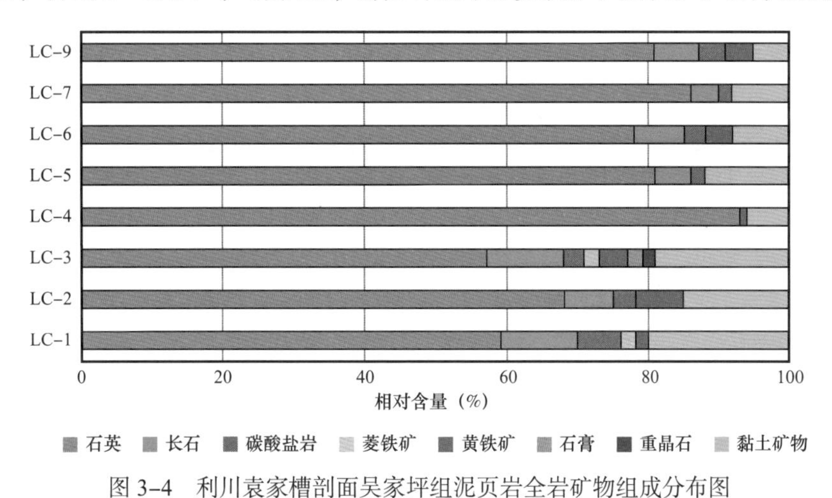

图 3-4 利川袁家槽剖面吴家坪组泥页岩全岩矿物组成分布图

Fig. 3-4 Distribution of mineral composition of shale whole rock for Wujiaping Formation in Yuanjiacao section, Lichuan

利川袁家槽剖面吴家坪组泥页岩矿物脆性指数分布于 0.77～0.95、平均值 0.88，脆性指数高，可压性好。

黏土矿物组成不仅与沉积环境、成岩演化程度相关，而且还与孔隙的发育、天然气吸附性能相关。利川袁家槽剖面吴家坪组泥页岩黏土矿物含量低，最大不超过 20%，以伊利石和伊 / 蒙混层矿物为主，不含高岭石，含少量绿泥石（图 3-5）。伊利石含量最高、平均为 50%，反映其成岩演化程度相对较高。

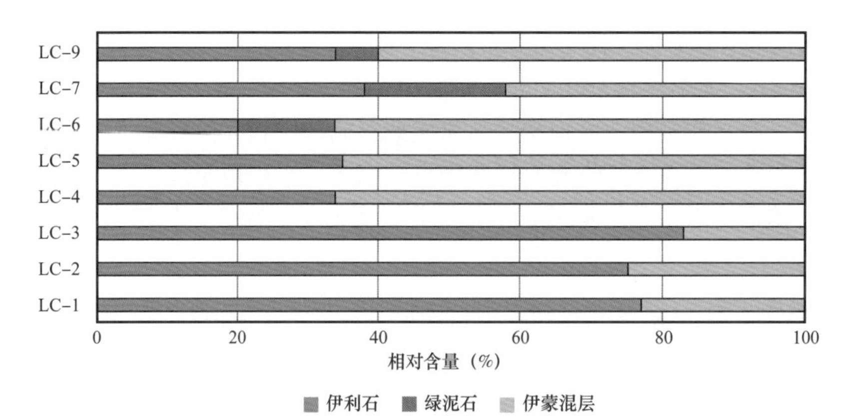

图 3-5　利川袁家槽剖面吴家坪组泥页岩黏土矿物组成分布图

Fig. 3-5　Distribution of minerals composition of shale clay in Wujiaping Formation，Yuanjiacao section，Lichuan

3.1.2.2　华蓥山剖面

华蓥山剖面龙潭组属浅水陆棚相沉积，矿物组成特征如图 3-6 所示。其明显不同于欠补偿盆地相，矿物组成以黏土矿物为主，含量分布于 41%～87%、平均 67%（样品数：18）；其次为石英，含量分布于 12%～35%、平均 23%；再次为长石，含量分布于 0～18%、平均 6%；普遍发育黄铁矿（0～9%），少量样品中见重晶石。

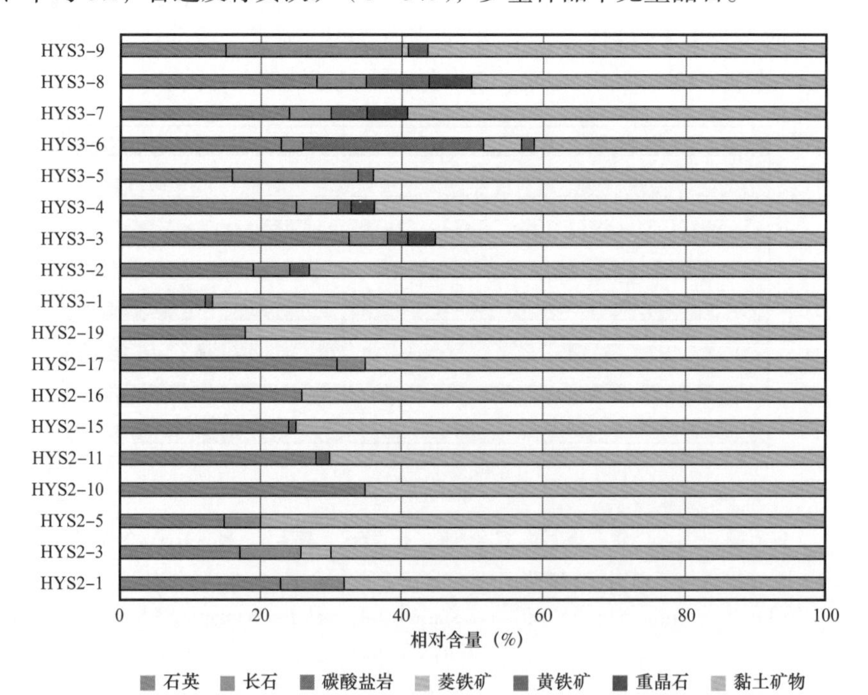

图 3-6　华蓥山剖面龙潭组泥页岩全岩矿物组成分布图

Fig. 3-6　Distribution of mineral composition of shale in Longtan Formation，Huayingshan Section

总体而言，脆性矿物含量低，脆性指数分布于 0.13～0.59，平均值 0.32，可压性相对较差。

黏土矿物组成中以伊蒙混层矿物为主，相对含量分布于 48%～74%、平均 62%；其次为伊利石，相对含量分布于17%～46%、平均29%；高岭石仅个别样品达19%～23%，普遍小于10%；绿泥石含量普遍较低（图3-7），其成岩演化程度较利川吴家坪组要低一些。

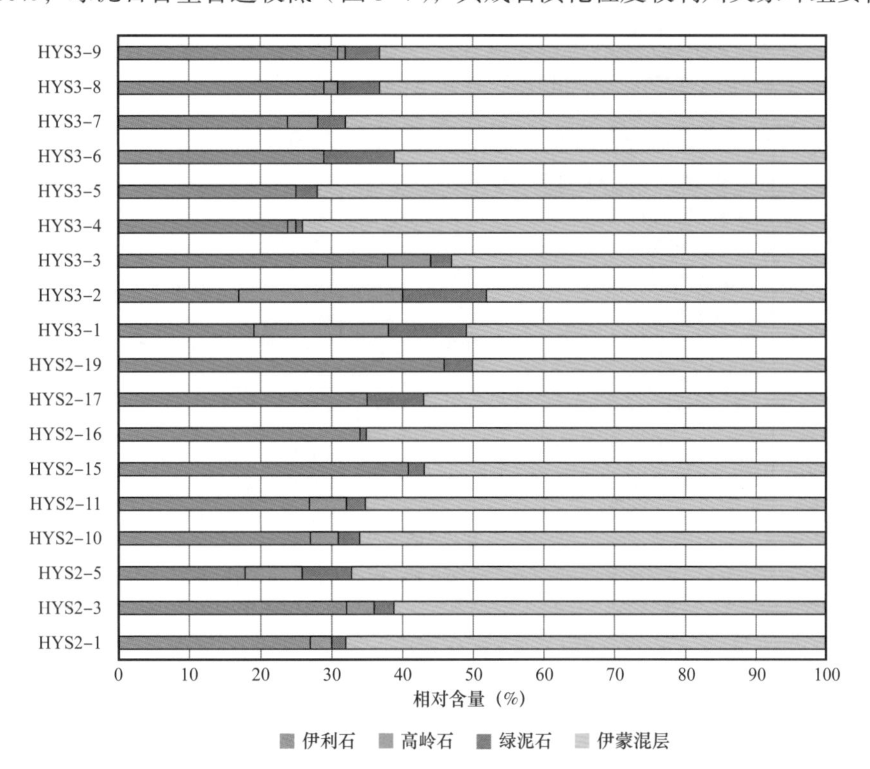

图3-7　华蓥山剖面龙潭组泥页岩黏土矿物组成分布图

Fig. 3-7　Distribution of shale clay minerals composition in Longtan Formation，Huayingshan Section

3.1.2.3　綦江赶水剖面

綦江赶水剖面龙潭组泥页岩矿物组成变化较大。下段泥岩硅质含量较高，分布于36%～60%、平均49%；黏土矿物含量也较高，分布于40%～55%、平均48%；其他矿物含量较低。上泥岩段以黏土矿物为主（80%），其次为石英（20%）（图3-8）。下泥岩段脆性指数0.45～0.6、平均0.50，可压性较好，上泥岩段脆性指数低（0.20），可压性较差。

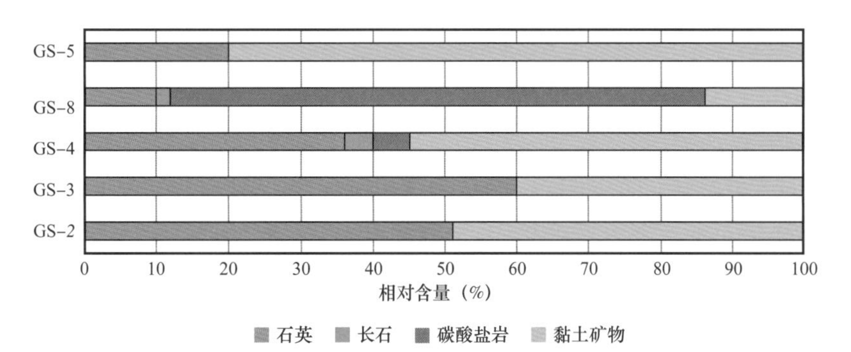

图3-8　綦江赶水剖面龙潭组泥页岩全岩矿物组成分布图

Fig. 3-8　Distribution of mineral composition of shale in Longtan Formation，Ganshui Section，Qijiang

下泥岩段黏土矿物以伊/蒙混层矿物，含量44%～61%、平均50%；其次为伊利石，含量37%～51%、平均46%，高岭石，绿泥石等含量较低。总体反映为成岩演化程度中等。

3.1.2.4 兴文玉屏剖面

兴文玉屏剖面龙潭组泥页岩矿物组成以黏土矿物为主，含量分布于52%～90%、平均73%（样品数11）；其次为石英，含量分布于10%～33%、平均21%，部分样品中见较高含量的菱铁矿（最高达27%），少量样品中见重晶石（图3-9）。

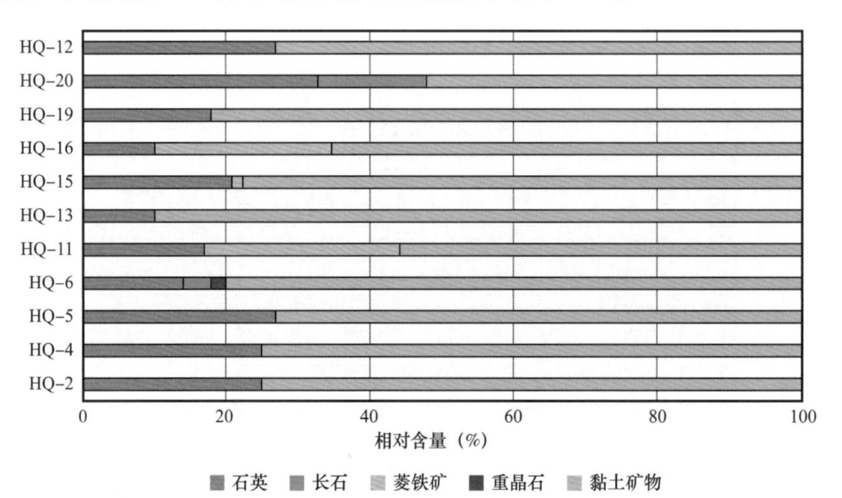

图3-9 兴文玉屏剖面龙潭组泥页岩全岩矿物组成分布图

Fig. 3-9 Distribution of mineral composition of shale in Longtan Formation，Yuping Section，Xingwen

兴文玉屏剖面龙潭组泥页岩脆性矿物含量总体较低，矿物脆性指数分布于0.10～0.48、平均0.27，可压性相对较差。

黏土矿物组成明显不同于其他剖面龙潭组泥页岩。其具有较高含量的高岭石，多分布于30%～54%、平均38%；其次为伊/蒙混层矿物，含量分布于23%～60%、平均37%；再次为伊利石，含量2%～34%、平均13%；绿泥石也有一定含量，3%～41%、平均12%（图3-10）。从黏土矿物组成上反映出其成岩演化程度相对最低。

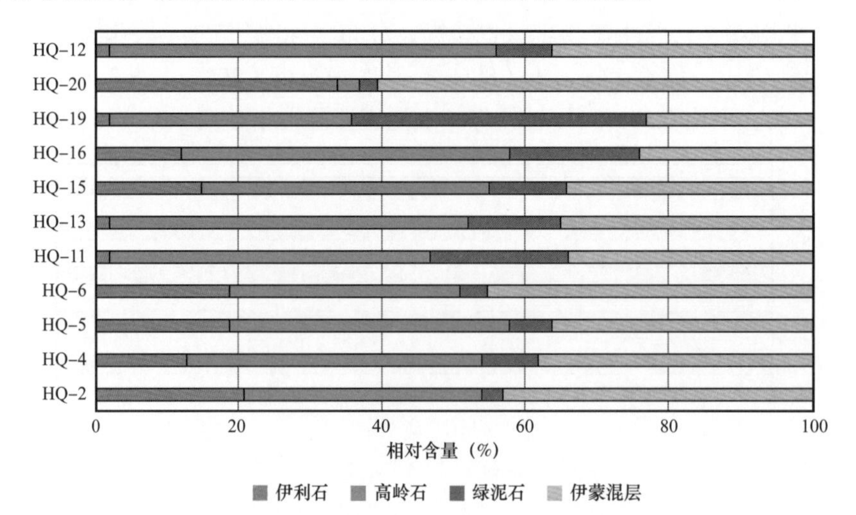

图3-10 兴文玉屏剖面龙潭组泥页岩黏土矿物组成分布图

Fig. 3-10 Distribution of clay minerals composition of shale in Longtan Formation，Yuping Section，Xingwen

3.1.3 龙潭组泥页岩有机地球化学特征

3.1.3.1 龙潭组泥页岩有机质丰度

通过对河坝1、普光5、云安19、川岳84、新场2、黄金1、西门1、官深1、丁山1、资阳1、威页1等钻井岩屑TOC分析及对南江桥亭、通江诺水河、利川袁家槽、石柱打风坳、华蓥山、丰都狗子水、兴文玉屏等吴家坪组/龙潭组剖面样品TOC分析表明，其有机质丰度（TOC）总体较高。在1007件样品中碳酸盐岩390件，泥质岩样品619件，各级丰度分布频率如图3–11所示。泥质岩TOC含量普遍大于0.5%，平均值3.41%（556件），TOC含量大于2.0%的样品占泥质岩样品的59.5%，具备页岩气形成的烃源条件。

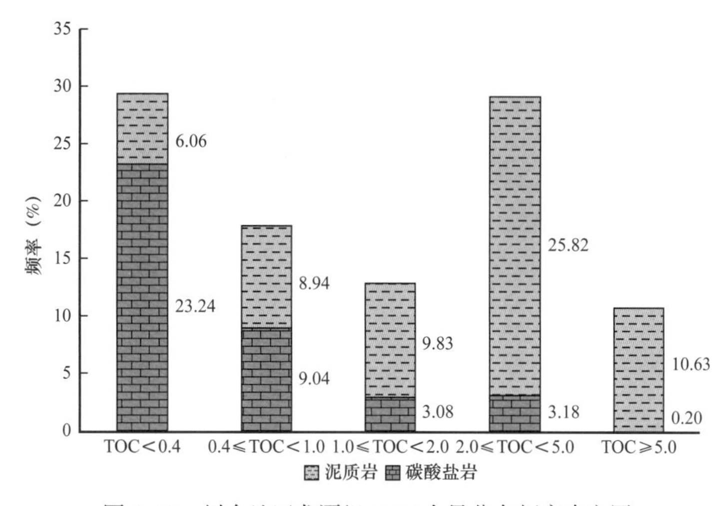

图3–11 川东地区龙潭组TOC含量分布频率直方图

Fig. 3–11 Frequency histogram distribution of TOC in Longtan Formation，easten Sichuan basin

3.1.3.2 龙潭组泥页岩有机岩石学特征

泥页岩有机质类型是决定其生烃量大小的关键参数之一，在相同演化程度下，有机质类型越好，单位体积有机质生烃量越大。确定烃源岩有机质类型的方法包括有机岩石学法和有机地球化学法。由于川东地区龙潭组有机质演化程度普遍较高，有机地球化学法中的有机元素分析法、热解法（S_1+S_2、HI）、生标法等难以反映有机质的类型，干酪根碳同位素具较好的继承性，是高—过成熟有机质类型判别较好的参数。另外，通过有机质形貌及光学特征对有机显微组分的识别进而判别有机质类型也是行之有效的方法之一。

对城口木瓜口、南江桥亭、利川袁家槽、新场2、黄金1、资阳1、官深1、兴文玉屏、华蓥山等龙潭组泥质岩有机岩石学研究表明，川东北区深水陆棚相—盆地相泥页岩中有机显微组分以藻屑体（Al）和沥青（Bi）为主（图3–12），类型指数（TI）分布于70～95，有机质类型为II_1—Ⅰ型，属倾油性烃源岩。浅水陆棚相泥页岩有机显微组分以陆源高等植物为主，镜质组（V）占绝对优势，次为惰质组（Fu），见少量壳质组（Li）——孢子体（SP）和树脂体（Re），含较多矿物沥青基质（Mbm）和微粒体（Mi），类型指数小于0，属Ⅲ型干酪根，生烃能力较差（图3–13）。滨岸—沼泽相泥页岩有机显微组分以镜质组和惰质组为主，其他有机显微组分含量甚微，生烃潜力相对最差，类型指数小于0，有机质类型属Ⅲ型（图3–14）。

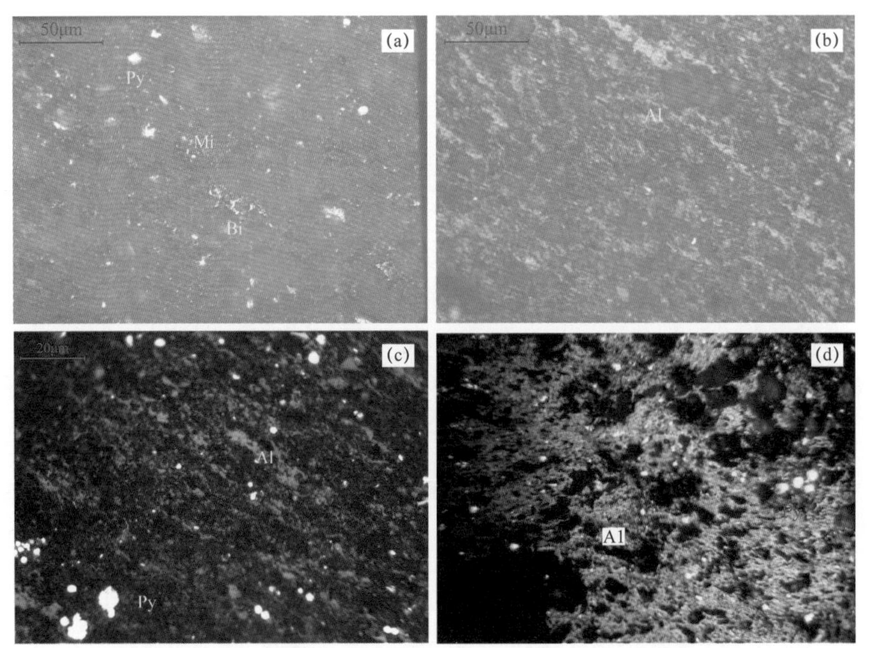

（a）灰黑色硅质岩，P_3w，有机显微组分以矿物沥青基质（Mi）为主，孔隙中见少量固体沥青（Bi），TI=95，TOC=1.01%，SCCK–19；（b）黑色碳质泥岩，P_3w，有机显微组分以顺层分布的藻屑体（Al）为主，见少量镜屑体，TI=83，TOC=11.16%，SCNJ–58；（c）灰黑色硅质碳质泥岩，P_3w，有机显微组分以层状藻（Al）为主，孔隙中见固体沥青（Bi），TI=89，$\delta^{13}C_{干}$=–26.9‰，TOC=11.23%，LC–2；（d）黑色页岩，P_3w，密集分布的层状藻（Al），草莓状黄铁矿（Py）发育，新场 2–19

图 3–12　川东北区深水陆棚相—盆地相泥页岩有机显微组分照片

Fig. 3–12　Photographs of organic macerals in deep–water shelf–basin facies shale, northeastern Sichuan

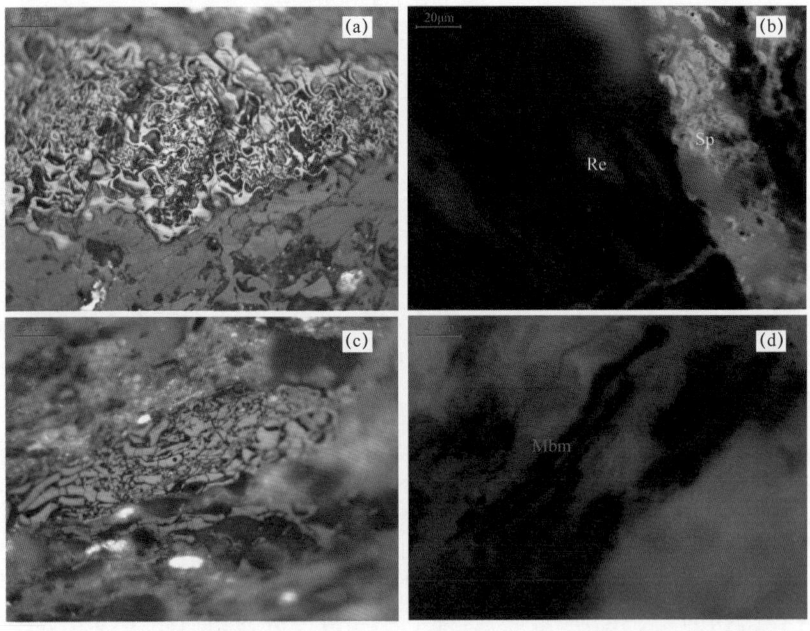

（a）黑色泥岩，P_3l，丝质组（Fu）和镜质组（V），HYS1–4；（b）黑色泥岩，P_3l，见孢子体（Sp）和树脂体（Re），见荧光，TI=–78，$\delta^{13}C_{干}$=–22.4，TOC=10.75%，HYS1–4；（c）黑色钙质泥岩，P_3l，有机显微组分以镜质组（V）为主，见少量丝质组（Fu）和少量壳质组（Li），HYS2–1；（d）矿物沥青基质（Mbm）发弱荧光，TI=–81，$\delta^{13}C_{干}$=–22.9‰，TOC=2.71%

图 3–13　浅水陆棚相泥页岩有机显微组分照片

Fig. 3–13　Photographs of organic macerals in shallow shelf–basin facies shale

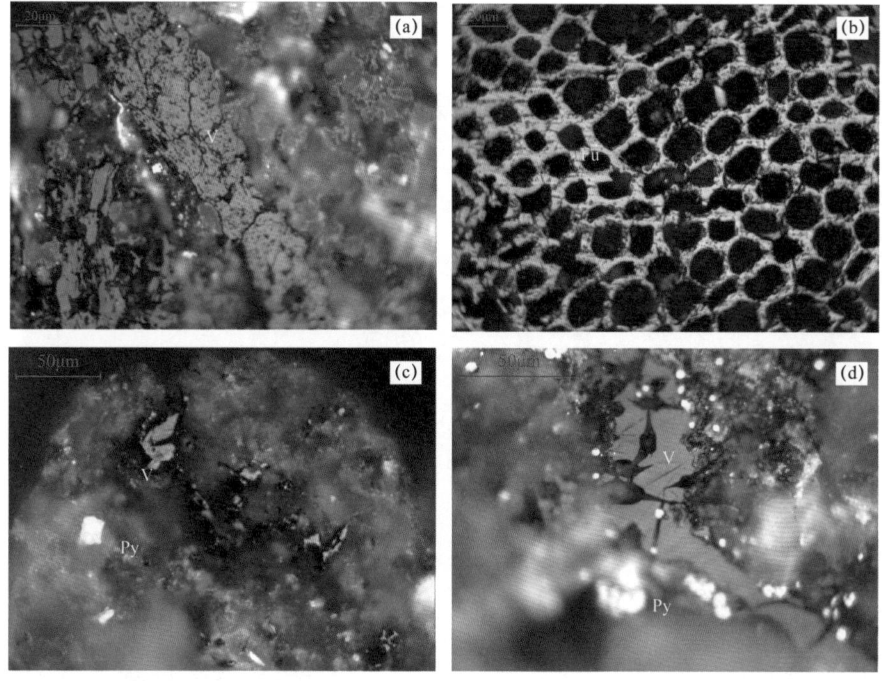

（a）碳质泥岩，P_3l，有机显微组分以镜质组（V）为主，次为半丝质组（SFu），见少量壳质组（Li），TI=–74，$\delta^{13}C_{干}$=–23.9‰，TOC=3.56%，HQ–11；（b）煤，P_3l，有机显微组分以镜质组（V）为主，次为丝质组（Fu），壳质组含量较高，TI=–68，$\delta^{13}C_{干}$=–23.8‰，TOC=31.08%，HQ–14；（c）灰黑色泥岩，P_3l，有机显微组分镜质组（V）和固体沥青（Bi）各占一半，TI=4，$\delta^{13}C_{干}$=–24.2‰，TOC=1.09%，R_o=2.14%，Gs1–3689；（d）黑色页岩，P_3l，有机显微组分以镜质组（V）为主，见少量惰性组（Fu）和微粒体（Mi），TI=–50，$\delta^{13}C_{干}$=–22.9‰，TOC=3.12%，R_o=1.87%，Zy1–3599

图 3–14　滨岸沼泽—潮坪相泥页岩有机显微组分照片

Fig. 3–14　Photographs of organic macerals in coastal marsh–tidal flat facies

3.1.3.3　龙潭组泥页岩干酪根碳同位素组成特征

龙潭组泥页岩干酪根碳同位素变化较大，在 –22‰～–27.8‰之间，按照三类四型划分标准，干酪根类型属Ⅲ—$Ⅱ_1$ 型。从平面变化趋势看，川北地区盆地相及深水陆棚相泥页岩干酪根碳同位素偏负，一般轻于 –26‰，干酪根类型属腐殖腐泥型，易于生油，这与有机岩石学特征反映的基本相吻合。龙潭组浅水陆棚相泥页岩干酪根碳同位素明显偏重，涪陵白涛、邻水华蓥山等剖面龙潭组泥页岩干酪根碳同位素分布于 –22‰～–25.2‰，有机质类型为Ⅲ—$Ⅱ_2$ 型，主体以腐殖型为主，少量呈现为腐泥腐殖型。沼泽相—潮坪相泥页岩干酪根碳同位素最重，分布于 –22‰～–24.7‰，反映为Ⅲ—$Ⅱ_1$ 型有机质，从分布频率看，多数呈现为腐殖型，仅少量样品呈现为腐泥腐殖型，总反映为气倾性烃源岩（图 3–15）。干酪根碳同位素反映的有机质类型与有机岩石学反映的类型基本一致。龙潭组泥页岩干酪根碳同位素平面变化的另一变化趋势是东部泥页岩偏轻，往西变重，总体呈现出北部、东部深水陆棚相泥页岩干酪根碳同位素轻，而往南西区变重。川东北区泥页岩中碳酸盐岩夹层干酪根碳同位素与相邻泥页岩干酪根碳同位素相近，川西南区泥页岩所夹煤层碳同位素与邻层泥页岩干酪根碳同位素相近。

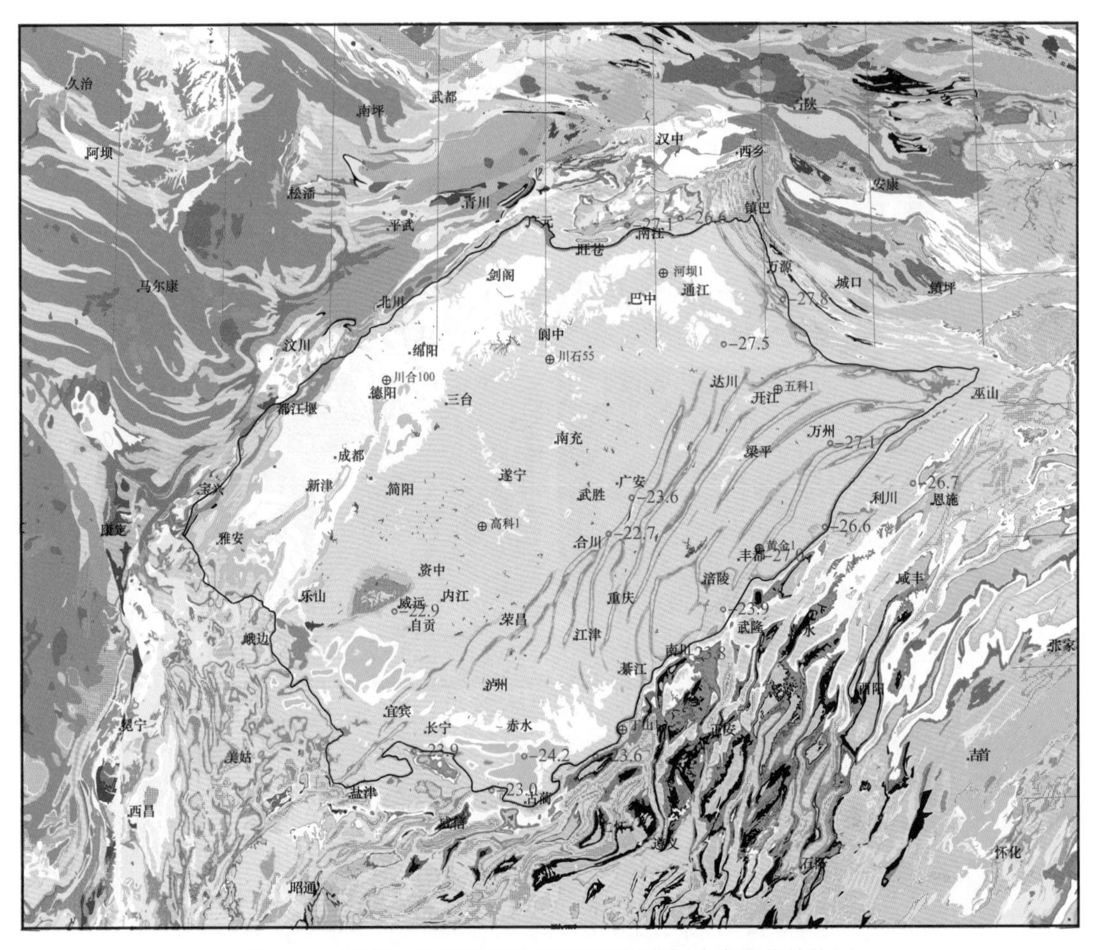

图 3–15 川东地区龙潭组泥页岩干酪根碳同位素变化趋势图

Fig. 3–15 Trend chart of carbon isotope change of kerogen in Longtan Formation, easten Sichuan basin

3.1.3.4 龙潭组泥页岩可溶有机质特征

烃源岩可溶有机质包含了烃源岩生源组合特征、烃源岩发育环境、热演化程度等诸多信息，研究烃源岩可溶有机质特征，有助于判识烃源岩有机质类型、有机质丰度和成熟度，准确评价生烃潜力，并为岩—岩、油—源、气—源对比提供参数。

1）族组分碳同位素特征

龙潭组氯仿沥青“A”及其馏分碳同位素变化幅度最大，构成特征较为复杂，由图 3–16 可见，其大致可分为三类。第一类（仅 1 件样品）氯仿沥青“A”及其馏分碳同位素最轻，反映烃源岩母质类型最好。第二类（14 件样品）氯仿沥青“A”碳同位素分布于 –26.5‰～–29.9‰（平均 –27.6‰），饱和烃碳同位素分布于 –26.1‰～–28.9‰（平均 –27.4‰），芳香烃碳同位素分布于 –25.2‰～–30.0‰（平均 –27.0‰），非烃碳同位素分布于 –26.1～–29.9‰（平均 –27.8‰），沥青质碳同位素分布于 –25.4‰～–30.0‰（平均 –28.2‰），可能反映有机质类型为混合型。第三类（3 件样品）氯仿沥青“A”及其馏分碳同位素明显较重，其氯仿沥青“A”碳同位素分布于 –22.4‰～–24.2‰（平均 –23.3‰），饱和烃碳同位素分布于 –22.8‰～–27.0‰（平均 –25.5‰），芳香烃碳同位素分布于 –22.3‰～–23.4‰（平均 –22.8‰），非烃碳同位素分布于 –22.5‰～–24.2‰（平均 –23.3‰），沥青质碳同位素分布于 –22.4‰～–24.5‰（平均 –23.6‰），母质类型属Ⅲ型。

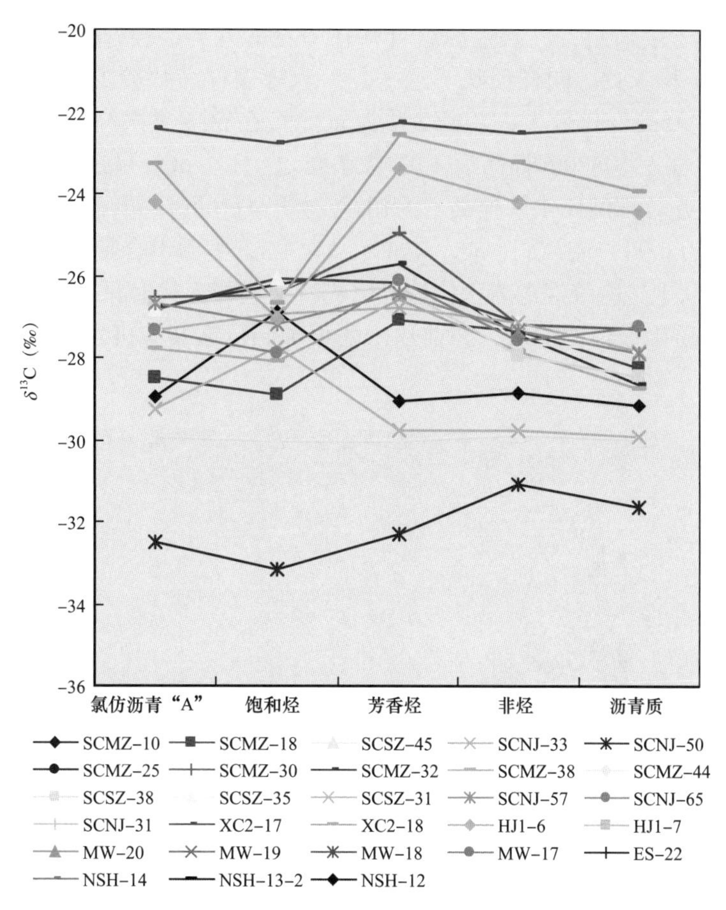

图 3-16　龙潭组烃源岩氯仿沥青“A”及其馏分碳同位素构成曲线

Fig. 3-16　Carbon isotope composition curves of chloroform asphalt “A” and its fractions of source rocks in Longtan Formation

2）饱和烃结构组成特征

烃源岩抽提物中饱和烃的分布特征可以反映有机母质的组成特征、沉积环境和成熟度等信息，但是对于高成熟、过成熟的烃源岩这些信息所代表的含义的可靠性就大大降低。例如，以往大量的研究表明 Pr/Ph 比值可以反映烃源岩的沉积环境，但是 Pr/Ph 比值也随成熟度改变；在生油窗以后演化阶段，Pr/Ph 比值逐渐降低，至过成熟演化阶段 Pr/Ph 值将趋于 1.0 左右。四川盆地二叠系烃源岩的演化程度一般均较高，因此饱和烃的分布特征应该受到很大的影响，不能完全反映有机质及其沉积环境的本来面貌，但通过对比分析仍可获取一些信息。

大量的分析业已表明，正构烷烃化学性质在饱和烃中最不稳定，其对细菌降解和热力作用最为敏感，因此，正构烷烃指标一般只对低—中等成熟度、生物降解作用不明显的烃源岩和原油才有较好的应用效果。尽管分析样品演化程度普遍较高，但氯仿沥青“A”正构烷烃组成特征仍有一定的规律。

上二叠统烃源岩正构烷烃碳数分布于 11～39，正构烷烃构成曲线可分为单前峰型、双峰型和近对称型三类（图 3-17）。单前峰型占样品总数的 82.76%，主峰碳为 nC_{14}、nC_{15}、nC_{16}、nC_{18}、nC_{19} 均有分布，轻 / 重比 nC_{21-}/nC_{22+} 分布于 1.24～6.8、平均 3.28，较栖霞组的高而低于茅口组，反映生源组合存在一定的差异；轻/重比 nC_{21+22}/nC_{28+29} 分布于1.67～7.25，平均4.12，同样反映了这一点。双峰型样品数较少（4件），前主峰碳为 nC_{16}、nC_{17}，后主峰碳变化较大，新场2井为 nC_{20} 且在 nC_{25} 呈次高峰，川岳84井4655m样品后主峰碳为 nC_{25}，4680m样品后主峰碳为 nC_{29}，且在 nC_{33} 呈次高峰等，反映生源组合仍存在差异。近对称型仅1件样品，为川岳84井4810m样品，其主峰碳为 nC_{20}，轻/重比 nC_{21}^{-}/nC_{22}^{+} 为0.96，轻/重比 nC_{21+22}/nC_{28+29} 为1.3，生源组合特点与川岳84井茅口组样品基本一致。从上二叠统烃源岩正构烷烃组成特征上看，其生源组合较为复杂，主体反映为混合型有机质生成烃的面貌，与前述干酪根碳同位素及有机岩石学特征分析结论相吻合。

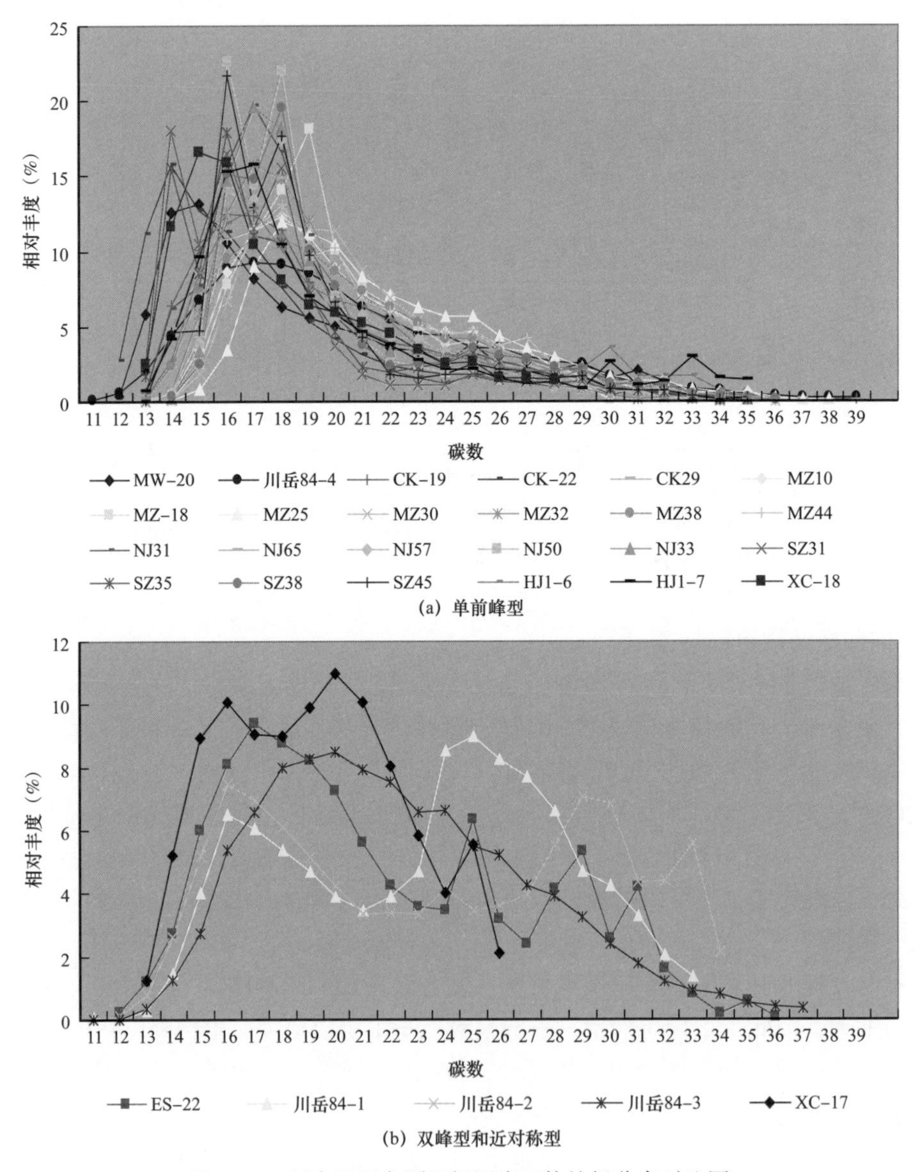

图3-17 川东地区龙潭组烃源岩正构烷烃分布对比图

Fig. 3-17 Distribution contrast of n-alkanes of source rocks in Longtan Formation, easten Sichuan basin

3）甾烷、萜烷生物标志特征

已有的研究业已表明，甾类和萜类化合物因其具有环状分子结构特征，性质稳定，尤其是可以抵抗生物降解，它所包含的生源信息、热演化程度信息参数在油—油、油—岩、岩—岩对比中广泛应用，并取得了较好的效果。

龙潭组泥页岩 ααα-20R-C_{27}、ααα-20R-C_{28}、ααα-20R-C_{29} 规则甾烷分布可分为三类（图 3-18），第一类为 ααα-20R-C_{27} 胆甾烷含量（平均 39.7%）略高于 ααα-20R-C_{29} 谷甾烷（平均 37.27%），ααα-20R-C_{28} 麦角甾烷含量（平均 23.02%）最低的近对称“V”字形，其占样品数的 11.11%。第二类为反“L”形，ααα-20R-C_{29} 谷甾烷含量平均为 46.09%，ααα-20R-C_{27} 胆甾烷含量平均为 32.42%，ααα-20R-C_{28} 麦角甾烷含量平均为 21.36%，占样品数的 71.43%。第三类为“/”形，占样品数的 21.43%。各类型曲线所占比例总体反映出龙潭组泥页岩有机质类型以混合型为主，陆源高等植物输入较多。

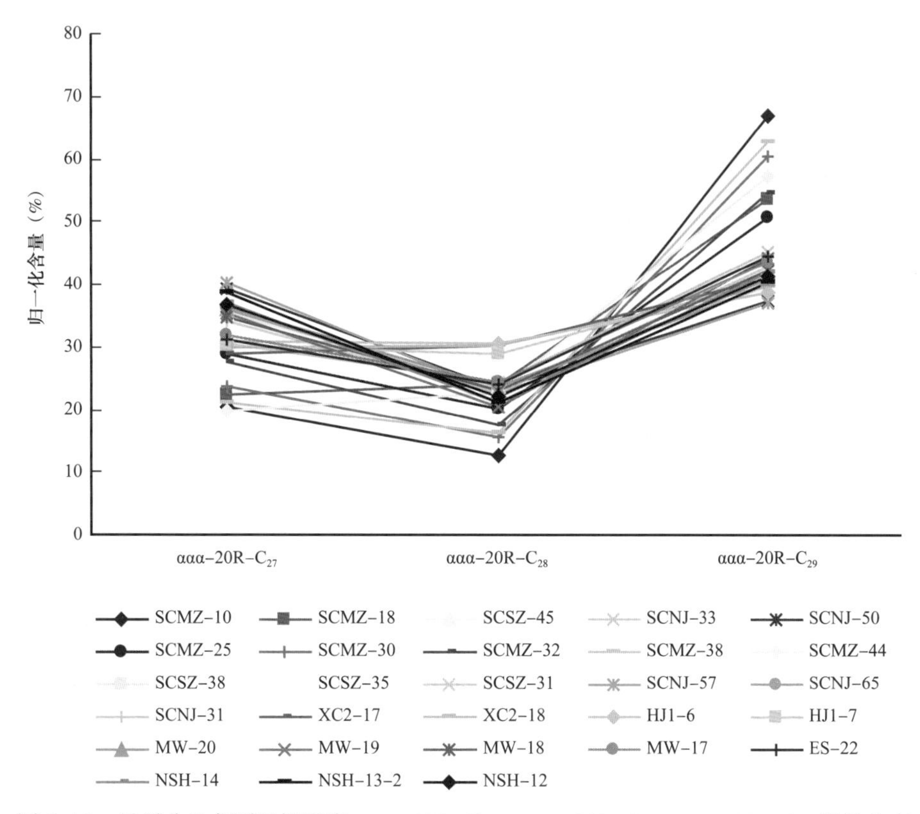

图 3-18　四川盆地龙潭组烃源岩 ααα-20R-C_{27}、ααα-20R-C_{28}、ααα-20R-C_{29} 甾烷分布

Fig. 3-18　Sterane distribution of ααα-20R-C_{27}、ααα-20R-C_{28}、ααα-20R-C_{29} of source rocks in Longtan Formation，Sichuan basin

3.1.4　龙潭组泥页岩无机地球化学特征

3.1.4.1　微量元素

在氧化还原反应中元素不同价态发生分离和重新分配，因此微量元素在页岩中的富集程度受沉积时水体氧化还原条件控制，这些氧化还原敏感元素是确定古海洋氧化—还原条件的重要指标。常用的微量元素比值有 Th/U、V/Sc、V/Cr、Ni/Co 等（Crusius 等，1996；

Abanda 和 Hannigan，2006）。

（1）Th/U 和 δU：在强还原条件下可造成沉积物中 U 的富集，Th 不受水体氧化还原条件的影响，因此 Th/U 值可反映沉积氧化还原条件（Myers，1987；Wignall，1994）。一般 Th/U 值在 0～2 代表缺氧环境，氧化环境下可达到 8（Wignall 和 Twitchett，1996）。Wignall（1987）提出 δU=U/［1/2（U+Th/3）］，δU 大于 1 指示缺氧环境，δU 小于 1 为正常海水沉积环境。

（2）Cr 和 V/Sc：一般 V/Cr 小于 2 为含氧环境，V/Cr 值在 2～4.25 为贫氧条件，而 V/Cr 大于 4.25 为次氧至缺氧条件（Jones 和 Manning，1994）。由于 V 和 Sc 都具不可溶性，V 随 Sc 呈正相关变化，因此缺氧环境下 V/Sc 值较高，氧化环境下则较低（Emerson 和 Huested，1991）。

（3）Ni/Co：一般 Ni/Co 小于 5 为氧化环境，Ni/Co 值在 5～7 为贫氧环境，Ni/Co 大于 7 为次氧至缺氧环境（Jones 和 Manning，1994）。

（4）V/Mo、U/Mo 和 Re/Mo：Mo 可作为缺氧环境的指标（Wilkin 等，1997），高 Mo 含量代表缺氧环境。V/Mo、Re/Mo 和 U/Mo 可用来区分缺氧和次氧沉积环境（Crusius 等，1996），低 Re/Mo 值和高 Mo 含量指示静海条件，缺氧或硫化环境的底水具有低的 Re/Mo 值（$<9\times10^{-3}$）（Crusius 等，1996）。

由于铁和钛在搬运中稳定性相对较弱，而锰稳定性较好，可发生长距离运移，因此锰、铁和钛的含量变化可以反映沉积物搬运距离和水深，距离物源越近，Mn/Ti 和 Mn/Fe 值越小，可作为离岸距离的标志。

3.1.4.2 稀土元素

稀土元素具有极其相似的化学性质，稳定性好，溶解度普遍较低。而在风化、剥蚀、搬运、再沉积及成岩作用过程中，由于稀土元素性质的微弱差异又可以发生元素的富集与亏损，可以显示不同的配分特点。因此稀土元素可以作为一种良好的指示剂和示踪剂，在反演沉积岩的形成环境和形成条件，示踪沉积岩成岩物质来源，说明沉积岩的形成原因等方面有着重要的意义。一般认为，沉积岩中稀土元素含量的变化与物源区的成分、沉积环境中的交换反应密切相关。因此，研究稀土元素的化学特征对揭示沉积岩的物源特征、沉积环境变化、大地构造背景等具有重要意义。近年来，国内外学者应用 REE 进行了沉积物物源示踪、沉积环境及沉积介质等方面的研究，都取得了显著成果。

（1）氧化—还原条件：Elderfield 和 Greaves 提出了 Ce_{anom} 数，Ce_{anom} 值反映 Ce 富集和亏损的情况，在海水及沉积物中稀土元素主要呈 Ce^{3+} 形式存在。但由于原子结构的差异和沉积环境氧化—还原条件的变化，Ce 可以呈 Ce^{4+} 离子形式存在于海水及沉积物中，其他三价稀土元素也发生分离，出现 Ce 负异常。在一定的 pH 值条件下，若水体为氧化环境，Ce^{3+} 会被氧化成 Ce^{4+}，Ce^{3+} 浓度就降低；反之，若水体缺氧，Ce^{3+} 的浓度就会增大。尤其在海水的 Eh、pH 范围内，Ce^{3+} 更容易转变为 Ce^{4+} 而发生沉淀，故 Ce 负异常的存在是海相环境特点一个指标；但在边缘海、浅海区、被陆地封闭的海中，Ce 浓度基本正常；而在外海、开阔海域，Ce 亏损严重。因此，沉积体系中的 Ce 异常可以用来反映沉积介质的氧化—还原条件及水深条件的变化。Elderfield 把稀土元素中的 Ce 与邻近的 La 和 Nd 元素相关的变化称为铈异常（Ce_{anom}），其公式为 $Ce_{anom}=\lg[3Ce_n/(2La_n+Nd_n)]$（n 为北美页岩标准化)。$Ce_{anom}$ 值可以作为判断古海水氧化、还原条件的标志，大于 –0.1 表示 Ce 富集，反映水体为缺氧环境，小于 –0.1 表示 Ce 负异常，反映水体为氧化环境。

（2）沉积速率：前人研究表明，稀土元素中各元素在电价、被吸附能力等性质上仍有一定的差异，随着环境的改变会发生分异，在海洋环境中尤为明显。主要表现为轻稀土元素与重稀土元素、Ce 和 Eu 与其他元素间的分离。REE 大部分被结合于碎屑矿物或以悬浮物入海，碎屑或悬浮颗粒在海水中停留时间的差异是造成 REE 分异程度不同的重要原因之一。当悬浮物在海水中停留时间较短时，REE 随其快速沉积下来，与海水发生交换的机会少，分异弱，这种沉积物的页岩标准化的 REE 配分模式比较平缓，Ce 呈正常型或弱负异常，曲线斜率（La/Yb）$_n$ 值为 1 左右。当悬浮颗粒在海水中停留时间较长，即其沉降缓慢，促进了更细颗粒中的 REE 分解作用，使带入海水中的 REE 有足够的时间被黏土吸附、与有机质络合和进行相关的化学反应，导致 REE 的强烈分异，沉积物中页岩标准化稀土配分模式发生显著变化，含量上轻、重稀土元素出现亏损或富集，（La/Yb）$_n$ 值明显大于 1 或小于 1，Ce 也发生选择性分异，氧化环境中易呈 Ce^{4+} 沉淀，为显著负异常，而缺氧条件下负异常消失，甚至出现正异常。因此，可以认为 REE 的分异程度是沉积颗粒降速率快慢的响应。基于海水中黏土等细碎屑悬浮物是有机质和 REE 共同的“宿主”，有机质又是 REE 最强的吸附剂之一,二者具有共同的沉降降速率。

从川东地区龙潭组各剖面泥页岩 Al、Ca、Fe、K、Na、Mg、Mn、Ti 等金属元素氧化物平均含量看，Al_2O_3 相对含量最高，其次是 Fe_2O_3，而 MgO、MnO、Na_2O 相对含量最低，CaO 相对含量变化最大，越靠近碳酸盐岩台地相中的泥页岩 CaO 相对含量越高（图 3-19）；另一显著的特点是利川袁家槽剖面上述元素氧化相对含量最低，这与其石英含量高相对应，反映了其沉积环境间的巨大差异。

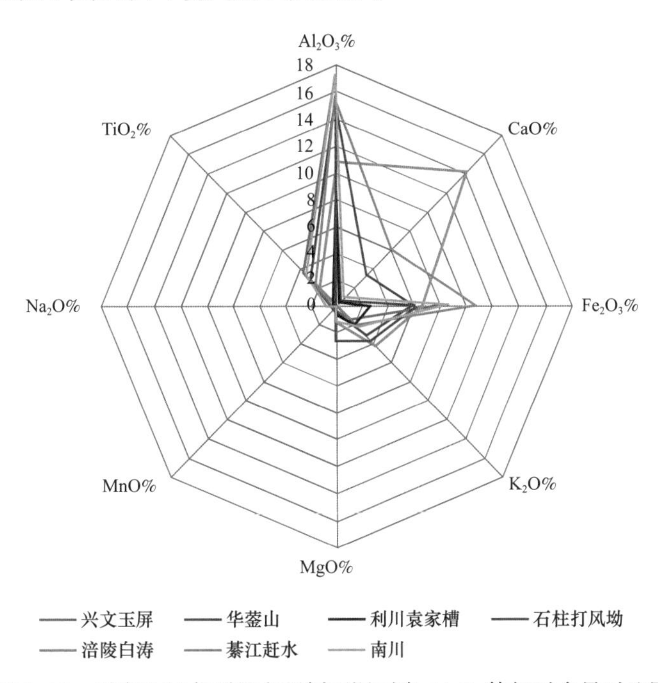

图 3-19　川东地区龙潭组主要剖面泥页岩 Al_2O_3 等相对含量对比图

Fig. 3-19　Contrast of Al_2O_3 and other relative contents of shales in major sections，Longtan Formation，easten Sichuan basin

微量元素Ba、V、Ni、Zn等金属元素含量星状对比如图3–20所示。总体而言，各剖面这些元素含量变化较大，利川袁家槽剖面以高含量的钒为特征，分布于1175.0～1689.6μg/g、平均含量1390.1μg/g，其次为铬元素，平均含量298.1μg/g，再次为钡元素，平均含量145.6μg/g，其他元素相对含量较低。华蓥山剖面以高含量Zr为特征，涪陵白涛、綦江赶水Sr含量相对较高，南川Zn含量相对较高。微量元素组成的差异，反映了其沉积环境的差异。

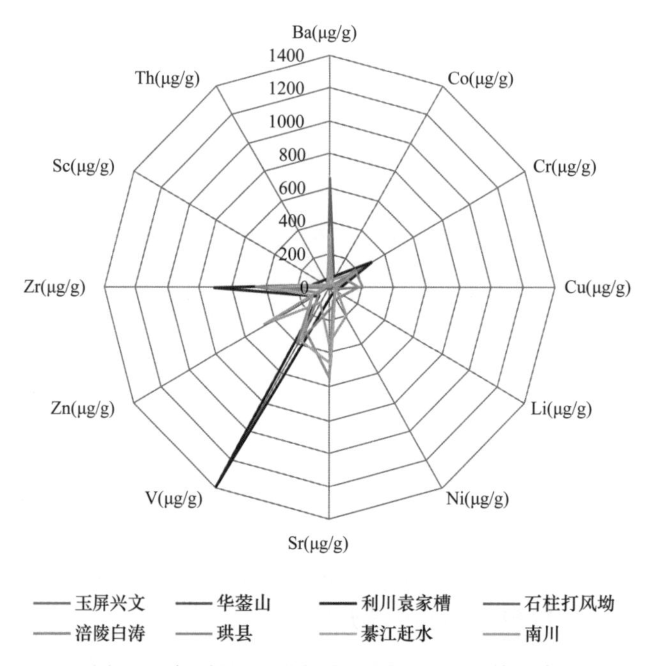

图3–20 川东地区龙潭组主要剖面泥页岩Ba、Co等元素含量对比图

Fig.3–20 Content contrast of Ba, Co and other elements of shales in major sections, Longtan Formation, easten Sichuan basin

（1）利川袁家槽剖面吴家坪组泥页岩微量元素V/Sc分布于10.91～20.76、平均16.97，V/Cr分布于3.04～7.32、平均5.12，均大于4.25，反映形成于贫氧环境，Ni/Co分布于28.74～60.71，平均42.38，远大于7，揭示出强还原沉积环境。Mn/Fe、Mn/Ti比值相对最低，反映其距物源区最远。从纵向序列变化，水体有逐渐变深的趋势。

（2）华蓥山剖面（HYS2）V/Sc变化较大，分布于1.66～41.23、平均13.76，表明氧化—还原条件变化较大，V/Cr分布于1.29～3.43、平均1.89，多形成于氧化环境，Ni/Co分布于0.47～13.81、平均5.16，极差大，同样反映的氧化—还原条件纵向变化大，总体反映为含氧—缺氧的条件。Mn/Fe、Mn/Ti比值较利川高，距离物源区略近（图3–21）。

（3）綦江赶水剖面龙潭组泥页岩V/Sc分布于2.34～10.29、平均5.89，V/Cr分布于2.04～3.2、平均2.53，Ni/Co分布于0.59～5.16、平均1.98，总体反映出含氧—缺氧的沉积环境。Mn/Fe、Mn/Ti比值相对较高，反映物源区更近。

（4）兴文玉屏剖面龙潭组泥页岩V/Sc分布于1.64～29.52、平均8.65，V/Cr分布于2.00～6.16、平均3.76，Ni/Co分布于1.16～15.91、平均4.95，总体反映出缺氧的沉积环境，在纵向序列上，下部泥页岩段形成于还原环境，上部泥页岩形成于含氧—缺氧环境。Mn/Fe、Mn/Ti 比值相对最高，反映距离物源区最近。

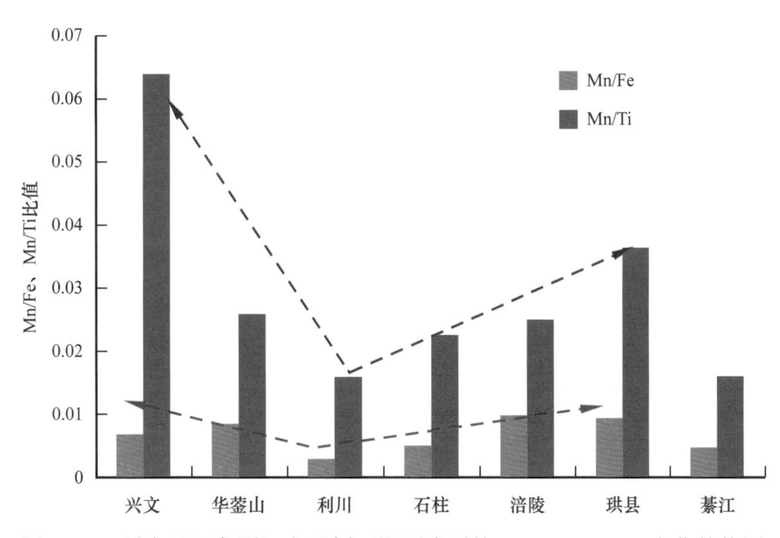

图 3–21　川东地区龙潭组主要剖面泥页岩平均 Mn/Fe、Mn/Ti 变化趋势图

Fig. 3–21　Variable trend graph of Mn/Fe、Mn/Ti of shales in major sections，Longtan Formation，easten Sichuan basin

总体而言，利川吴家坪组泥页岩形成于强还原环境，距离物源远；华蓥山、涪陵白涛、綦江赶水泥页岩形成于含氧—缺氧环境，距离物源区较近；珙县、兴文龙潭组泥页岩形成于缺氧环境，距离物源区最近。这与区域沉积相研究结果相一致。

川东地区龙潭组泥页岩各剖面稀土元素，相关参数统计见表 3–1。各剖面泥页岩铈异常（Ce_{anom}）普遍大于 –0.1，总体反映为缺氧环境，与微量元素比值反映的氧化—还原条件略有差异（含氧—缺氧环境）。巫溪田坝剖面龙潭组以碳酸盐岩为主，呈现出明显的铈负异，反映为开阔台地相沉积，沉积岩性、岩相、岩石组合类型、地层厚度明显不同于北部盆地相和其南侧的深水陆棚相。台地相—深（浅）水陆棚相的石灰岩层也往往出现铈的负异，不仅反映了纵向上氧化—还原条件的变化，而且也反映了横向上氧化—还原条件的逐渐变化的趋势。

从（La/Yb）$_n$ 分析，欠补偿盆地相硅质岩、硅质页岩最低（平均 0.53），反映轻稀土元素和重稀土元素分异显著，沉积速率低；浅水陆棚相—潮坪相泥页岩（La/Yb）$_n$ 分布于 1.25～1.68，平均 1.41，明显大于 1，揭示出泥页岩沉积时沉积速率较低；而兴文玉屏、珙县珙泉泥页岩（La/Yb）$_n$ 更高（1.74），也反映出低的沉积速率。

从稀土元素总含量上看：（1）碎屑岩（泥质岩）明显高于化学沉积岩（石灰岩和硅质岩）；（2）稀土总含量由北东往南西有逐渐增高的趋势（图 3–22），其与沉积相、岩石组合类型和泥质岩黏土矿物含量变化趋势相一致。

总体而言，龙潭组 / 吴家坪组稀土元素分配具富轻稀土元素，亏重稀土元素元素的特点。从其∑ LREE/ ∑ HREE 平均比值看，深水陆棚相—盆地相比值最低，分布于 4.69～6.96、平均 5.82；浅水陆棚相—潮坪相较高，分布于 7.62～9.75、平均 8.62；沼泽相—潮坪相最高，平均为 9.65（图 3–23）。

表 3–1　川东地区龙潭组 / 吴家坪组稀土元素相关参数统计表

Table 3–1 Statistical table of related parameters of REE in Longtan/Wujiaping Formation, eastern Sichuan basin

位置	岩性	层位	∑REE（μg/g）	∑LREE/∑HREE	$(La/Yb)_N$	$(La/Sm)_N$	$(Gd/Yb)_N$	δCe_N	δEu_N	δCe_{anom}	$(La/Yb)_n$
巫溪田坝	石灰岩	P_3w	4.34～106.54 31.07（7）	3.95～6.85 5.70（7）	4.77～12.3 8.31（7）	1.40～4.96 3.70（7）	1.44～2.75 2.02（7）	0.32～1.04 0.61（7）	0.56～0.76 0.65（7）	–0.456～0.001 –0.234（7）	0.68～1.77 1.19（7）
南江剖面	页岩	P_3w	91.50	10.61	2.57	1.23	1.20	1.06	0.50	0.318	0.37
宣汉羊鼓洞	硅质岩	P_3w	6.41～58.87 23.24（8）	3.01～7.28 4.69（8）	0.85～4.19 1.69（8）	0.23～0.65 0.41（8）	1.74～3.86 2.61（8）	0.69～1.12 0.92（8）	0.48～0.50 0.49（8）	0.33～0.64 0.442（8）	0.12～0.60 0.24（8）
利川袁家槽	泥岩	P_3w	36.99～178.82 90.31（3）	6.14～8.17 6.96（3）	5.53～7.03 6.27（3）	3.68～4.99 4.32（3）	1.12～1.43 1.23（3）	0.97～1.04 1.00（3）	0.52～0.58 0.55（3）	–0.033～0.001 –0.016（3）	0.79～1.01 0.90（3）
石柱打风坳	泥岩	P_3w	141.18～309.30 207.26（7）	6.62～8.89 8.23（7）	9.19～11.63 9.83（7）	3.50～5.69 4.09（7）	1.30～2.27 1.92（7）	0.69～1.01 0.87（7）	0.55～0.95 0.64（7）	–0.167～0.007 –0.074（7）	1.31～1.67 1.41（7）
	泥灰岩	P_3w	70.10～183.85 143.75（3）	8.14～10.17 8.97（3）	8.82～11.17 10.35（3）	3.73～4.62 4.04（3）	1.72～2.12 1.92（3）	0.80～1.11 0.94（3）	0.52～0.69 0.58（3）	–0.112～0.038 –0.043（3）	1.27～1.60 1.49（3）
华蓥山	泥岩	P_3l	237.65～723.78 430.83（22）	7.68～11.01 9.37（22）	7.43～13.76 10.03（22）	1.79～4.31 3.58（22）	1.57～2.79 2.10（22）	1.02～1.26 1.13（22）	0.35～0.74 0.55（22）	–0.004～0.110 0.045（22）	1.17～1.98 1.44（22）
涪陵白涛	泥岩	P_3w	119.52～458.75 329.00（4）	8.65～11.10 9.75（4）	9.75～14.20 11.71（4）	3.04～4.10 3.62（4）	2.00～2.61 2.38（4）	0.98～1.17 1.08（4）	0.41～0.87 0.63（4）	–0.005～0.066 0.028（4）	1.40～2.04 1.68（4）
	石灰岩	P_3w	3.84～95.85 34.15（10）	4.81～12.2 7.84（10）	4.34～17.24 9.87（10）	2.61～3.99 3.45（10）	1.16～3.96 2.27（10）	0.72～1.25 0.99（10）	0.49～0.69 0.62（10）	–0.167～0.094 –0.027（10）	0.62～2.48 1.42（10）
南川新桥	泥岩	P_3l	200.84～291.82 251.48（3）	6.86～9.02 8.13（3）	7.47～10.67 8.93（3）	2.81～5.11 3.72（3）	1.71～2.84 2.16（3）	1.11～1.18 1.14（3）	0.68～0.78 0.74（3）	0.038～0.073 0.055（3）	1.07～1.53 1.28（3）
	灰岩	P_3l	98.92～154.19 126.56（2）	6.60～8.77 7.68（2）	6.96～10.54 8.75（2）	2.59～2.60 2.59（2）	2.10～3.01 2.56（2）	1.08～1.08 1.08（2）	0.73～0.73 0.73（2）	0.031～0.038 0.035（2）	1.01～1.52 1.26（2）

续表

位置	岩性	层位	∑REE（μg/g）	∑LREE/∑HREE	（La/Yb）$_N$	（La/Sm）$_N$	（Gd/Yb）$_N$	δCe_N	δEu_N	δCe_{anom}	（La/Yb）$_n$
綦江赶水	泥岩	P_3l	115.98～627.26 290.94（7）	7.58～9.03 7.62（7）	6.12～11.63 8.69（7）	1.23～4.68 3.22（7）	1.66～3.88 2.35（7）	0.98～1.07 1.03（7）	0.57～0.97 0.75（7）	−0.016～0.028 0.009（7）	0.88～1.67 1.25（7）
兴文玉屏	泥岩	P_3l	410.45～1187.73 633.65（10）	8.18～10.85 9.65（10）	9.8～14.06 11.54（10）	1.96～6.59 3.91（10）	1.35～3.67 2.59（10）	1.03～1.31 1.13（10）	0.52～0.92 0.71（10）	−0.002～0.108 0.039（10）	1.41～2.02 1.66（10）
珙县	泥岩	P_3l	254.91～515.41 379.16（7）	7.89～12.32 9.65（7）	9.42～18.85 12.57（7）	3.12～4.27 3.39（7）	1.80～3.34 2.56（7）	0.87～0.98 0.93（7）	0.60～0.81 0.72（6）	−0.068～0.009 −0.032（7）	1.35～2.71 1.81（7）

注：$\frac{4.34\sim106.54}{31.07（7）}$为$\frac{最小值\sim最大值}{平均值（样品数）}$。

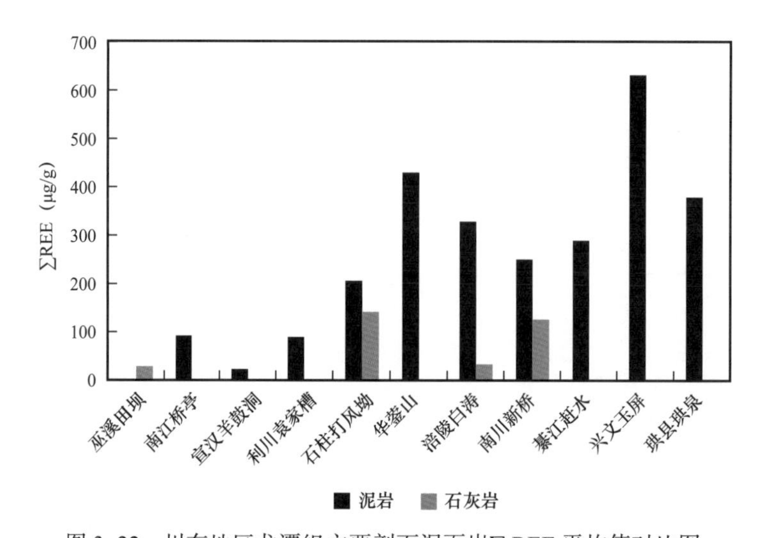

图 3–22　川东地区龙潭组主要剖面泥页岩∑ REE 平均值对比图

Fig. 3–22　Average contrast chart of ∑ REE in Longtan/Wujiaping Formation，easten Sichuan basin

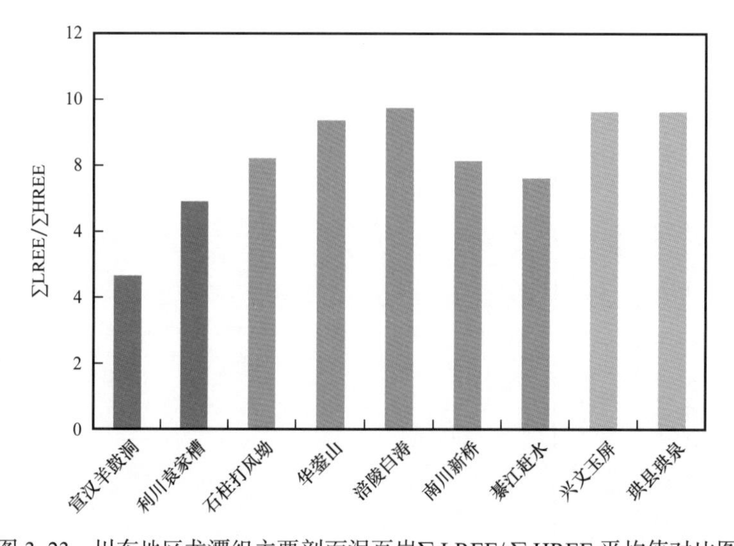

图 3–23　川东地区龙潭组主要剖面泥页岩∑ LREE/ ∑ HREE 平均值对比图

Fig. 3–23　Average contrast chart of ∑ LREE/ ∑ HREE of shales in major sections，Longtan Formation，easten Sichuan basin

图 3–24 揭示出，龙潭组不同沉积相带泥页岩轻稀土元素分异显著，陨石球粒化配分曲线具较大的斜率。利川袁家槽剖面（La/Sm）$_n$ 为 4.32；华蓥山、南川、綦江等剖面分布于 3.22～4.09、平均 3.65；兴文玉屏、珙县等剖面平均为 3.65。重稀土元素分异度上则存在较为明显的差异，利川袁家槽剖面重稀土配分曲线平直，（Gd/Yb）$_n$ 最小，浅水陆棚相（Gd/Yb）$_n$ 增加，沼泽相最大（图 3–25）。

兴文玉屏剖面 HQ–8 号样品球粒陨石化配分模式明显不同于其他样品，其具典型的正 Eu 异常，反映了热液流体的蚀变与改造。

图 3–26 揭示出，川西南区的兴文玉屏、珙县珙泉、官兴、綦江赶水、南川新桥等剖面普遍出现 Eu 的正异常，反映了龙潭组经历了后期热液流体的改造，而往北的涪陵白涛、

华蓥山、石柱打风坳、利川袁家槽为负 Eu 异常。从 Eu 正异常幅度及出异的频率看，兴文玉屏剖面龙潭组热液流体改造最强，影响的厚度最大，綦江剖面、官兴剖面局部层段改造强烈，大多数样品呈弱的正 Eu 异常，可能反映了热液流体作用强弱的差异。

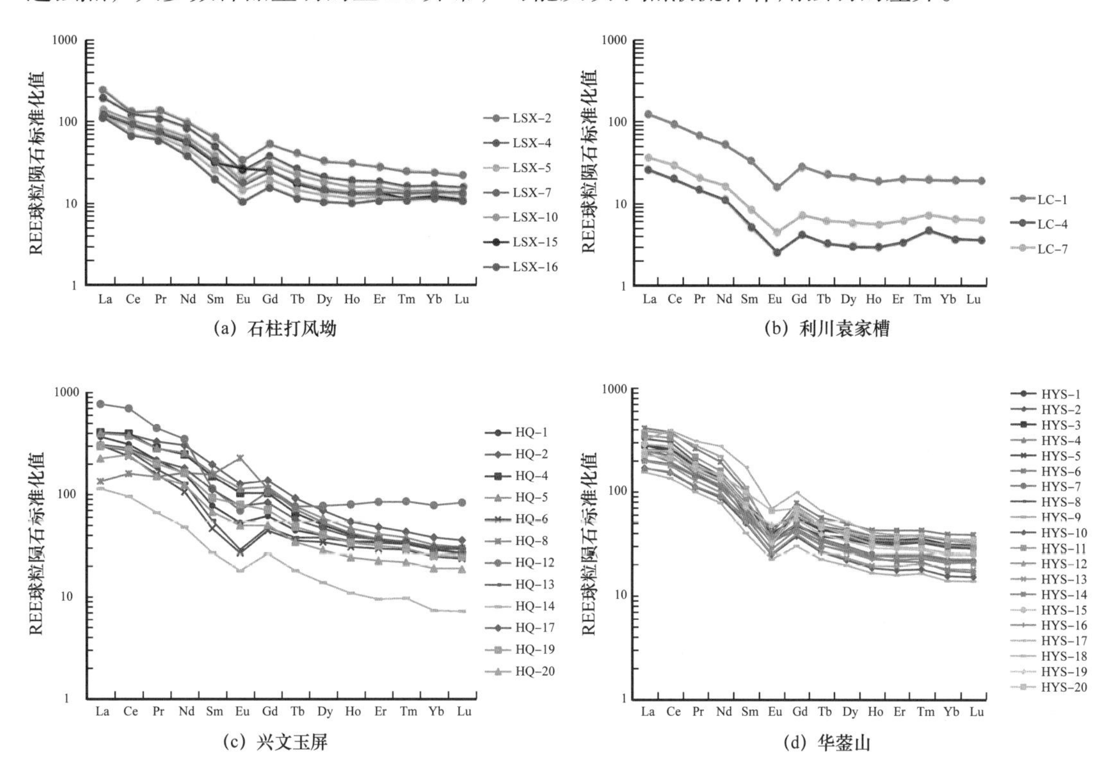

图 3-24 川东地区龙潭组主要剖面泥页岩稀土元素球粒陨石化配分模式

Fig. 3-24 Distribution pattern of REE chondrites of shales in major sections, Longtan Formation, easten Sichuan basin

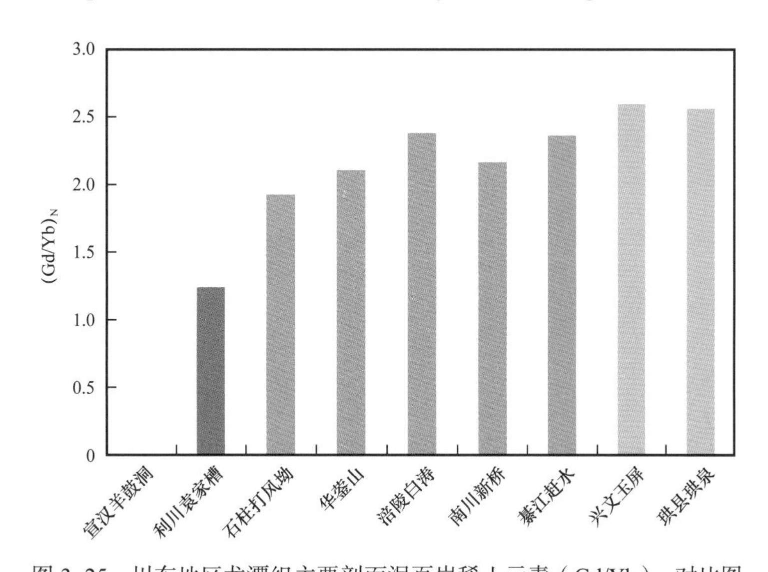

图 3-25 川东地区龙潭组主要剖面泥页岩稀土元素（Gd/Yb）$_N$ 对比图

Fig. 3-25（Gd/Yb）$_n$ comparison map of REE of shales in major sections, Longtan Formation, easten Sichuan basin

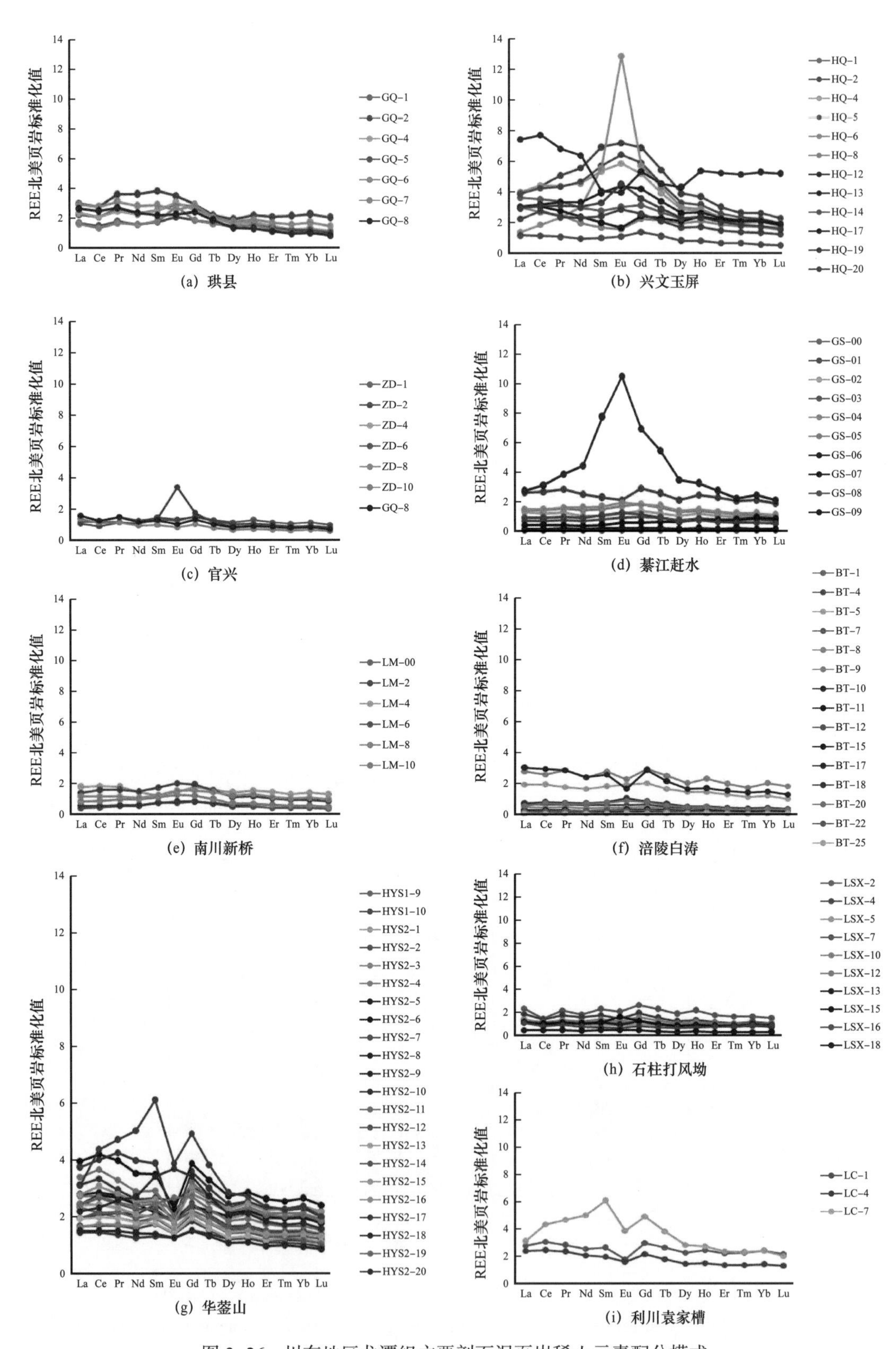

图 3-26 川东地区龙潭组主要剖面泥页岩稀土元素配分模式

Fig. 3-26 Distribution pattern of REE of shales in major sections, Longtan Formation in easten Sichuan basin

3.2 川东地区龙潭组泥页岩特征纵横向变化

3.2.1 龙潭组富有机质泥页岩纵向分布特征

龙潭组/吴家坪组岩性组合纵横向变化较大，其中不乏厚度较大的石灰岩、砂岩夹层，按照页岩气勘探需求，夹层厚度大于4m时，应分层给予评价。

对于泥页岩勘探层系有效厚度的统计，在纯泥页岩段，直接读取其厚度，且要求泥页岩连续厚度大于9m，TOC平均含量大于0.5%；在砂（灰）泥页岩互层中，其连续厚度大于9m，泥页岩TOC平均含量大于0.5%，且砂（灰）岩夹层连续厚度小于4m、孔隙度值大于3%。如若有砂（灰）岩夹层的孔隙度小于3%，则将其作为非渗透层剔除，不计入泥页岩系统中。

以茅口组顶界为底向上找出首次出现泥页岩的位置，若泥页岩之上出现的第一套石灰岩、砂岩夹层不小于4m（以首次出现为准），则此夹层之下划分为下段，其上划为上段。上、下段泥页岩有效厚度统计标准不变。

以建深1井为例（图3-27），茅口组顶界深度为3331m，其上为8m厚的泥页岩夹煤层，页岩之上为11m厚的石灰岩，厚度远大于4m，故而此夹层之下为下段，夹层之上为上段。下段泥页岩夹煤层的TOC平均含量大于0.5%，但其连续厚度小于9m，故而不计入泥页岩层有效厚度，即泥页岩有效厚度为0；上段3300～3312m为泥页岩夹石灰岩，泥页岩TOC平均含量大于0.5%，石灰岩厚度为2m且孔隙度值大于3%，符合泥页岩层有效厚度统计标准，故而将其计入有效厚度，即上段泥页岩有效厚度为12m。综合上、下段数据可知，建深1井泥页岩层有效厚度为12m。

3.2.1.1 上泥页岩段

由兴文玉屏—云安19井连井剖面可见（图3-28），上泥页岩段主要发育于川东北区，岩石组合为泥页岩夹石灰岩，云安19井上泥页岩段最厚，达75.1m，由北东往南西减薄，至池11井上泥页岩段厚度仅7.8m，焦页1井更薄，小于9m，无页岩气勘探潜力；随后往南西则变厚，隆盛1井上泥岩段厚度为58.1m，岩石组合也发生变化，为泥页岩夹煤层和石灰岩，至官深1井上泥岩段厚度为69.8m，岩石组合为泥页岩夹煤和砂岩，兴文玉屏剖面顶部为砂岩夹泥岩，泥页岩厚度略有减薄。

由资1井—女基井—天西2井—普光5井连井剖面可见（图3-29），上泥岩段也呈现出南部和北部厚、中部薄的特点，岩性组合普光5井为泥页岩夹石灰岩，天西2井为纯泥页岩，但厚度较薄（17.8m），女基井为泥页岩夹煤层，资1井为泥页岩夹砂岩。

由川岳84井—普光5井—峰7井—建深1井连井剖面可见（图3-30），上泥页岩段在普光5井最厚，往北西和南东均有减薄的变化趋势。岩石组合为泥页岩夹石灰岩。

由女基井—华蓥山剖面—月东2井—草10井—焦页1井连井剖面可见（图3-31），上泥页岩段在研究区中部存在西部厚，东部薄，甚至不发育的变化趋势。

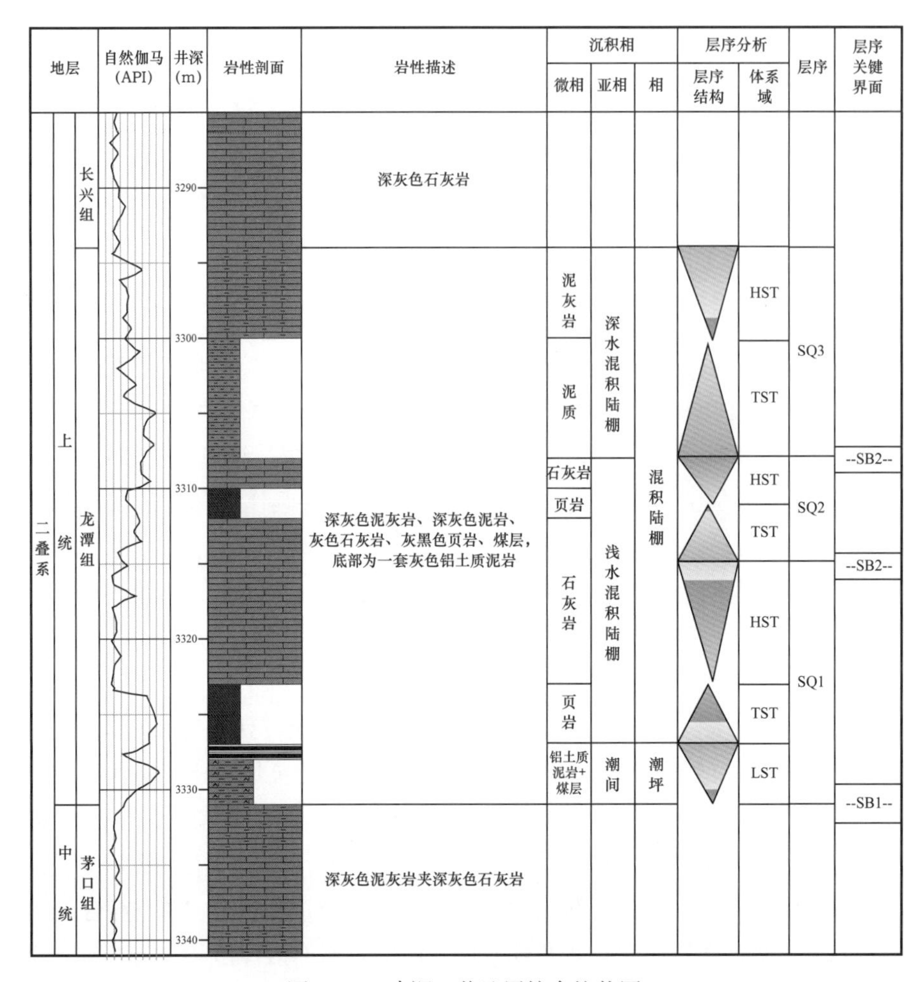

图 3–27　建深 1 井地层综合柱状图

Fig.3–27　Comprehensive stratigraphic column of well Jianshen 1

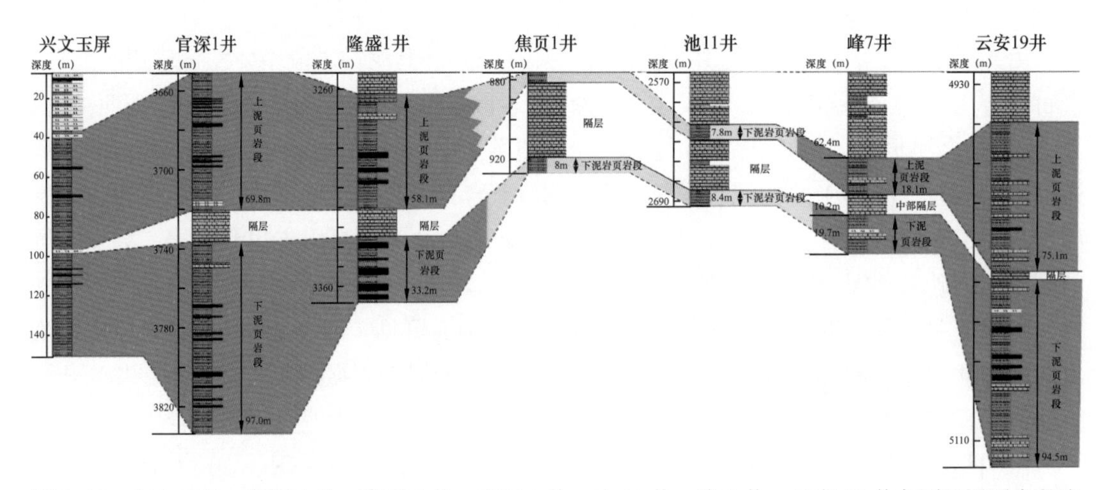

图 3–28　兴文玉屏—官深 1 井—隆盛 1 井—焦页 1 井—池 11 井—峰 7 井—云安 19 井龙潭组泥页岩段连井对比图

Fig. 3–28　Well–tie comparison of shale section in Longtan Formation of Yuping，Xingwen–Well Guanshen 1–Well Longsheng 1–Well Jiaoye 1–Well Chi 11–Well Feng 7–Well Yu′nan 19

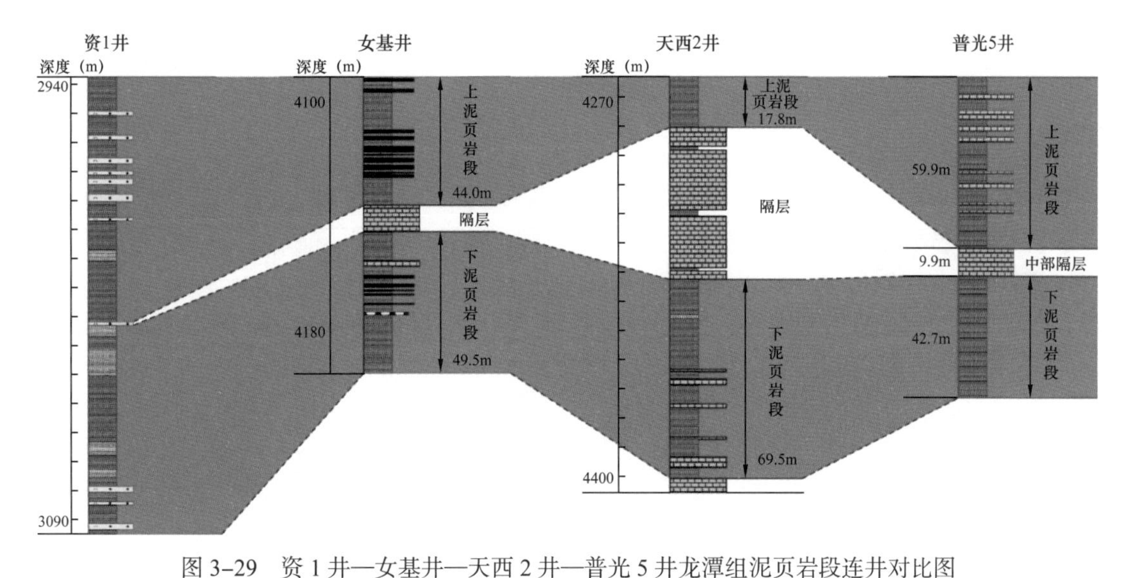

图 3-29　资 1 井—女基井—天西 2 井—普光 5 井龙潭组泥页岩段连井对比图

Fig. 3-29　Well-tie comparison of shale section in Longtan Formation of Well Zi 1-Well Nvji-Well Tianxi 2-Well Puguang 5

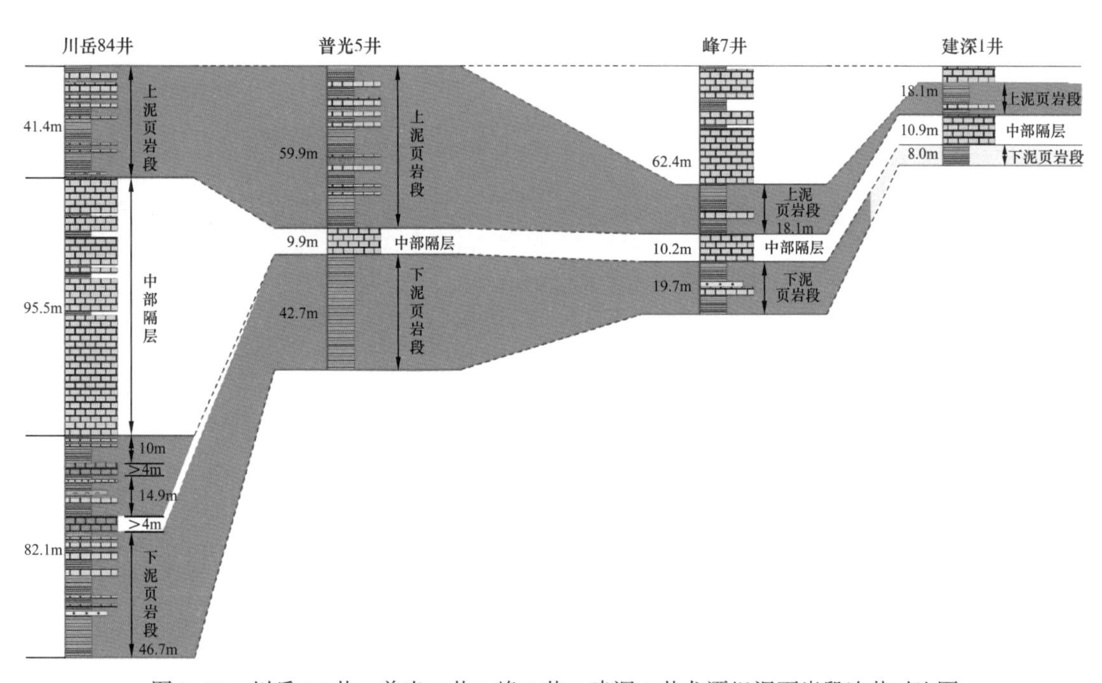

图 3-30　川岳 84 井—普光 5 井—峰 7 井—建深 1 井龙潭组泥页岩段连井对比图

Fig. 3-30　Well-tie comparison of shale section in Longtan Formation of Well Chuanyue 84-Well Puguang 5-Well Feng 7-Well Jianshen 1

由资 1 井—自深 1 井—盘 1 井—隆盛 1 井—丁山 1 井连井剖面可见（图 3-32），在西南部，西部地区上泥页岩段厚度分布相对稳定，约 60 余米，岩石组合以泥页岩夹砂岩为主。

3.2.1.2　下泥页岩段

在研究区西南部厚度较大，分布稳定，岩石组合为泥岩夹砂岩，较上泥页岩段岩言，砂岩夹层减少，单层泥岩厚度更大，但往往夹低丰度的黏土岩。往东变为泥岩夹煤层（隆盛 1 井），至盆缘的丁山 1 井已不具备页岩气形成的条件。

研究区中部下泥页岩段以泥页岩为主，厚度普遍小于 10m，不具备页岩气形成条件。

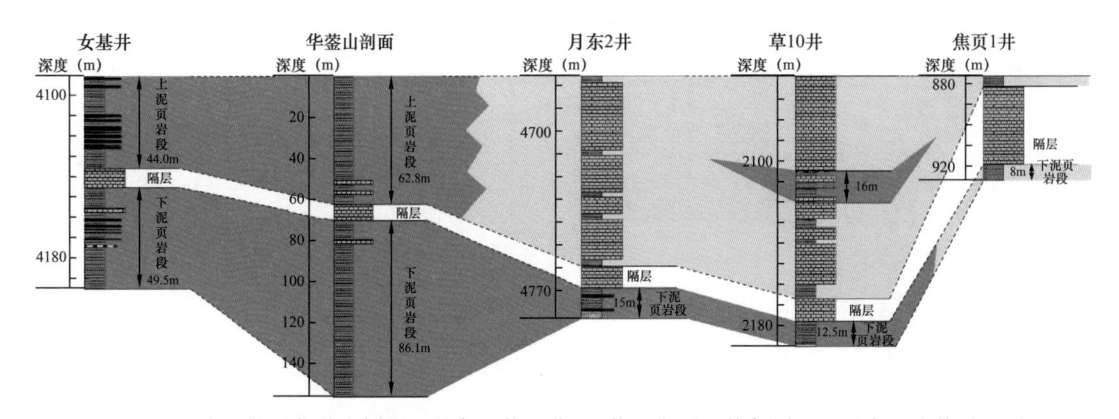

图 3-31　女基井—华蓥山剖面—月东 2 井—草 10 井—焦页 1 井龙潭组泥页岩段连井对比图

Fig. 3-31　Well-tie comparison of shale section in Longtan Formation of Well Nvji-Profile Huayingshan-Well Yuedong 2-Well Cao 10-Well Jiaoye 1

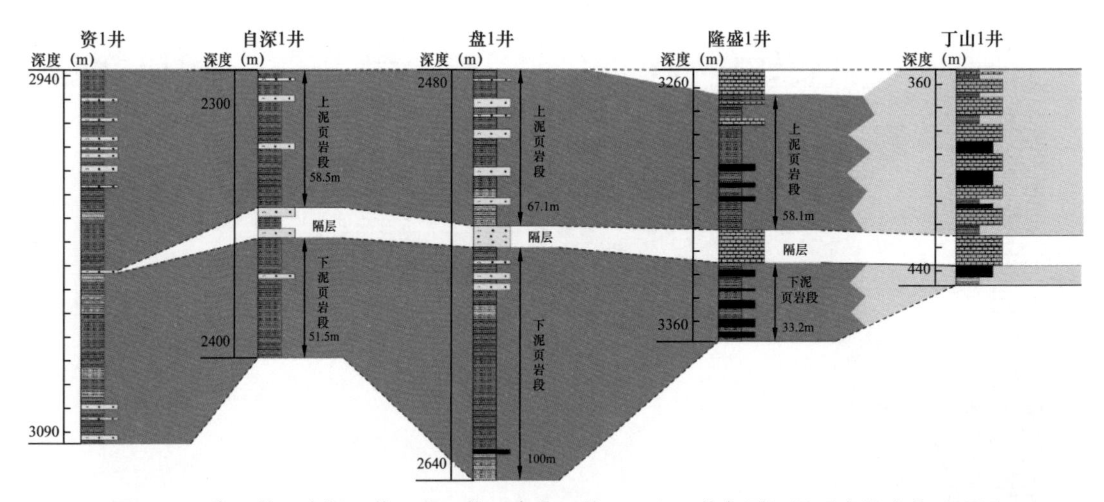

图 3-32　资 1 井—自深 1 井—盘 1 井—隆盛 1 井—丁山 1 井龙潭组泥页岩段连井对比图

Fig. 3-32　Well-tie comparison map of shale section in Longtan Formation of Well Zi 1-Well Zishen 1-Well Pan 1-Well Longsheng 1-Well Dingshan 1

研究区北部下泥页岩段仍以云安 19 井区最厚，岩性组合以泥页岩夹石灰岩和煤，普光 5 井区次之，岩石组合以泥页岩夹石灰岩为主。

3.2.2　龙潭组富有机质泥页岩特征横向变化

3.2.2.1　泥页岩横向分布特征

根据钻井、露头剖面确定的上、下泥页岩段厚度编制的泥页岩厚度图分别如图 3-33、图 3-34 所示。上泥页岩段发育两大厚度中心（图 3-33），第一个厚度中心位于川东北区，泥岩厚度 20～76m，整体呈北西向展布，可分为三个次级厚度中心：分别为云安 19

井区、普光 5 井区（达州—宣汉区，厚度 20～40m）、七里 18 井—福 12 井一带（涪陵区块北部：泥页岩厚度 20～40m）。第二个厚度中心分布于川西南区，具三个次级厚度中心：分别为高科井一带（泥页岩厚度最大为 111m）、隆盛 1 井—官深 1 井（泥页岩厚度 60～70m）、永页 1 井—资 1 井一带。从中国石化矿权区泥页岩发育状况看，威远—荣县区块厚度 50～70m，荣晶—永川区块厚度约 70m，资阳区块厚度 50～70m，赤水区块厚度 30～70m，綦江区块厚度 20～70m。其他区块厚度较小。

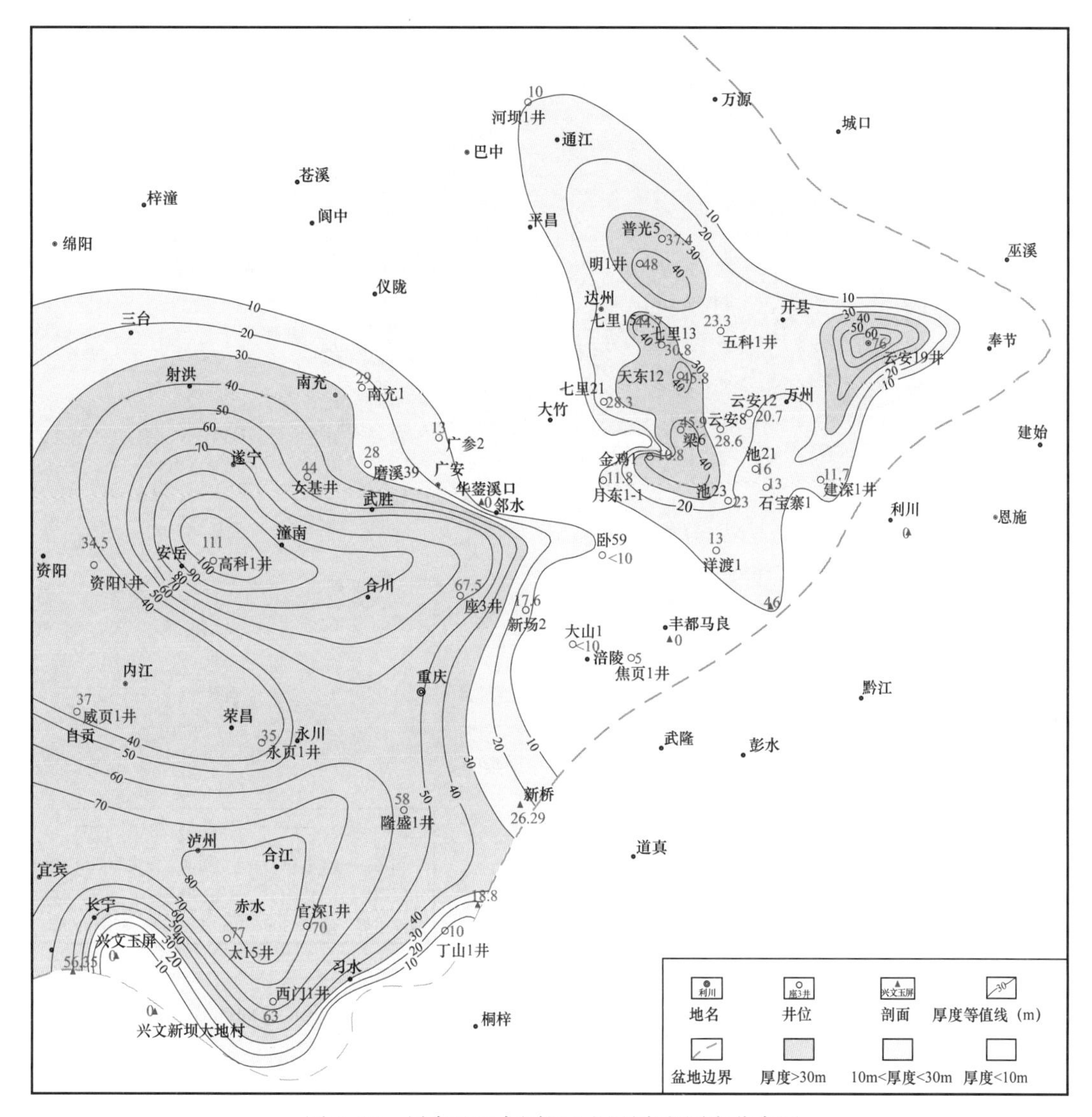

图 3–33　川东地区龙潭组上泥页岩段厚度分布图

Fig. 3–33　Thickness distribution of upper shale section in Longtan Formation, easten Sichuan basin

下泥页岩段厚度分布如图 3–34 所示，分布趋势与上泥页岩段大体相似，也可分为川东北区和川西南区两大泥页岩发育区；但对于中国石化矿权区而言，则变化较大，尤其是赤水、綦江探区。达州—宣汉探区 20～50m，鄂西渝东区局部 20～60m，涪陵探区局部 10～20m，綦江探区大部 10～30m，局部 30～50m，赤水探区 10～30m，綦江探区南部小于 10m，荣昌—永川探区 80～105m，威远—荣县探区 40～90m，资阳探区 40～80m。

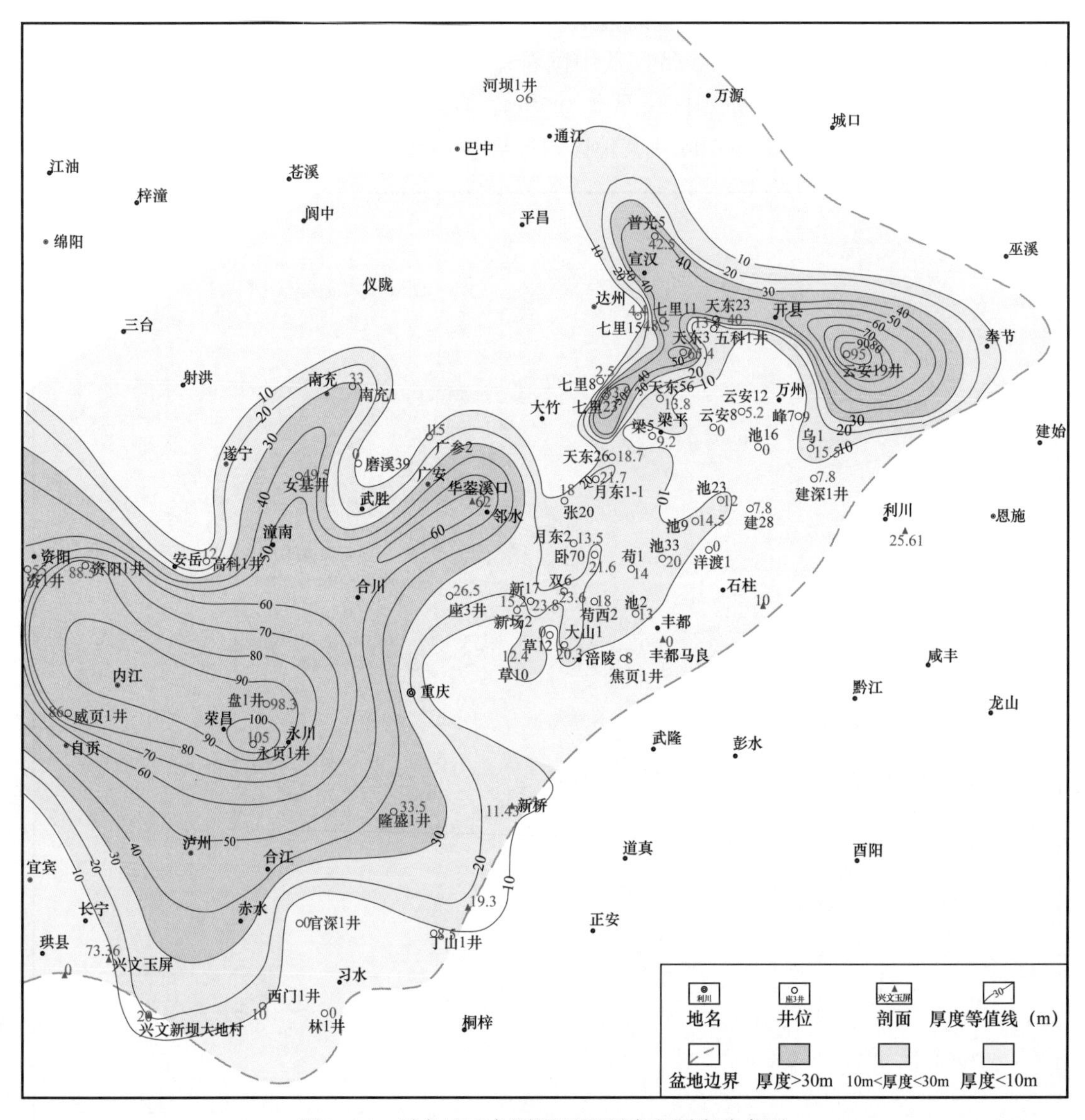

图 3–34　川东地区龙潭组下泥页岩段厚度分布图

Fig. 3–34　Thickness distribution of lower shale section in Longtan Formation，easten Sichuan basin

3.2.2.2　龙潭组泥页岩有机质丰度分布特征

从龙潭组上泥页岩段 TOC 平均含量分布图看，泥页岩发育区残余有机碳普遍大于 2.0%，仅局部地区 TOC 含量分布于 1.0%～2.0%，TOC 含量小于 1.0% 的分布范围有限，有利于页岩气形成。

下泥页岩段 TOC 含量普遍也大于 2.0%，局部地区高达 6.0%，仅小范围内泥页岩有机质丰度较低，总体而言，泥页岩有机质丰度高，有利于页岩气形成（图 3–35）。

3.2.2.3　泥页岩有机质成熟度

在有机质丰度、有机质类型确定的情况下，烃源岩有机质成熟度决定油气生成的多

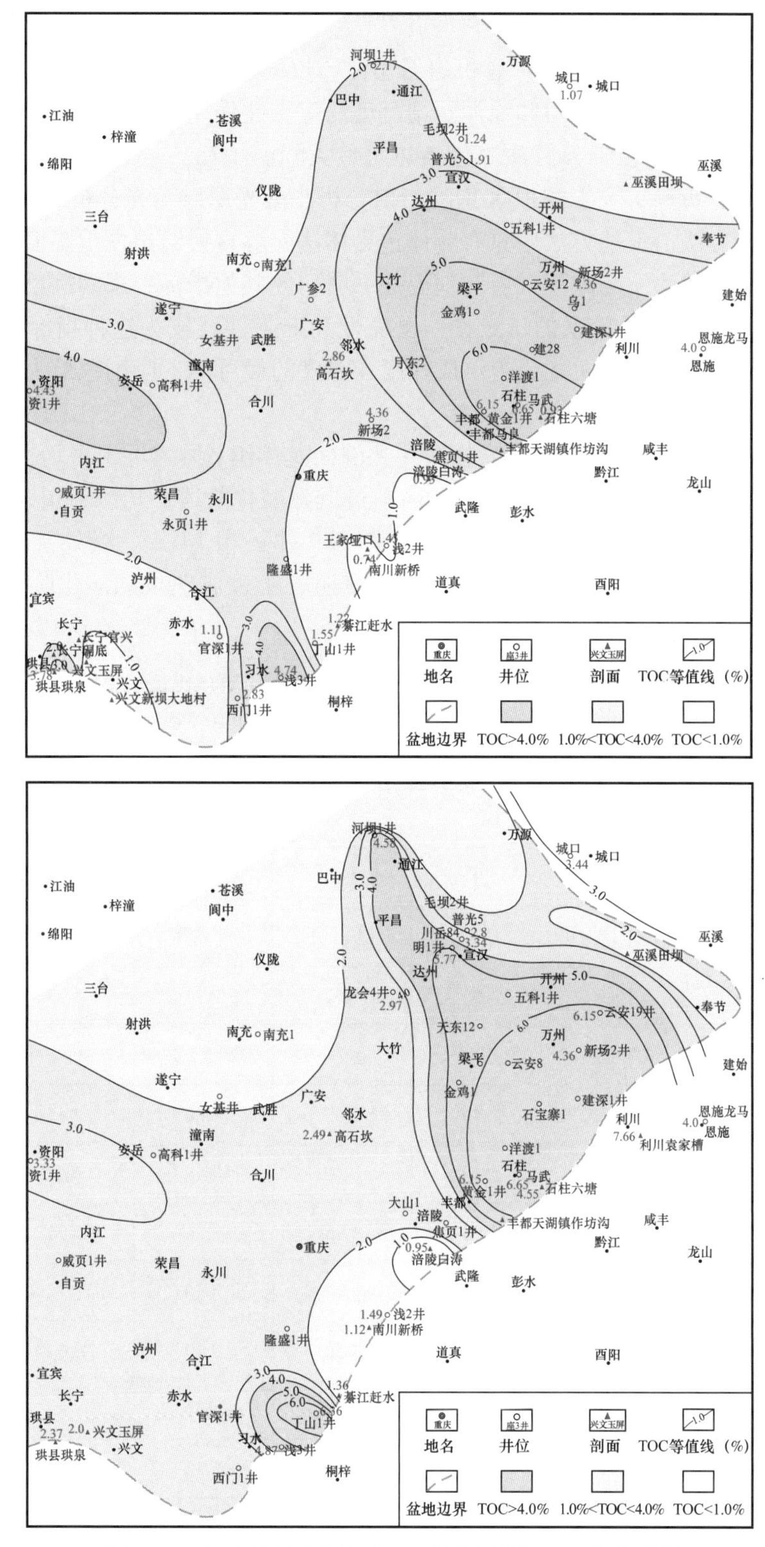

图 3-35　川东地区龙潭组上、下泥页岩段 TOC 等值线图

Fig. 3-35　TOC contour map of upper and lower shale section Upper Permiation in Longtan Formation, easten Sichuan basin

少、油气结构特征及孔隙发育面貌，它是页岩气勘探潜力评价的基本参数之一。确定有机质成熟度的方法较多，主要包括：有机岩石学法（反射率法）、自生矿物法、流体包裹体法、磷灰石裂变径迹法、伊利石和绿泥石结晶度法等。此外用于盆地地温研究的还有井中直接测量法、有机地球化学参数法（包括热解最大峰温（T_{max}，℃）、甾萜烷异构体比值参数、有机元素分析等）及干酪根X射线衍射分析、激光诱导荧光分析、固体^{13}C核磁共振分析等技术和方法。上述方法中只有流体包裹体法能够直接给出古地温值，其他方法均需要依赖一种相关关系（与地温或者与地温关系密切的其他指标）来间接反映样品所经历的温度。因此，这种相关关系的稳定性、可靠性和准确性就成为这种指标或方法应用的关键。镜质组反射率（R_o）无疑是指示成熟度和温度的最可信、应用也最为广泛和普及的指标。

表3-2展示了四川盆地及邻区部分钻井和剖面龙潭组/吴家坪组平均镜质组反射率。总体而言，川东地区龙潭组有机质普遍达高—过成熟演化阶段，川东、川东北相对最高，普遍达过成熟中—晚期（图3-36）；马边—阳深2井—相14井一线处于高成熟演化阶段，R_o分布于1.36%～2.0%；赤水—綦江地区普遍处于过成熟早期演化阶段，R_o分布于2.0%～2.5%，局部达过成熟中—晚期。

表3-2　四川盆地及邻区上二叠统有机质（等效）镜质组反射率统计表

Table 3-2 （Equivalent）Vitrinite reflectance statistics table of Upper Permian，Sichuan Basin and Its Adjacent Areas

剖面	金沙岩孔	古宋	硐底	赤水	良村	韩家店	鹿7井
R_o（%）	1.67	2.20	2.34	2.50	2.60	2.16	2.53
剖面	道真平村	重庆	涪陵	相14井	女基井	李子垭	南充
R_o（%）	1.20	1.65	1.90	1.72	2.76	1.75	2.30
剖面	石柱六塘	咸丰把界	恩施龙马	池7井	新场2井	五科1井	普光5井
R_o（%）	2.00	1.57	2.40	2.63	1.80	2.43	3.00
剖面	田坝	白鹿	城口	双河	河坝1井	观音	诺水河
R_o（%）	2.73	2.60	1.50	1.95	2.80	1.96	2.50
剖面	南江桥亭	旺苍	矿山梁	射1井	北川通口	绵竹汉旺	关基井
R_o（%）	2.30	2.18	0.75	1.50	0.79	0.60	3.16
剖面	宝兴	油1井	威28井	宋15井	沿河沙子		
R_o（%）	3.20	2.09	1.84	1.70	1.35		

对于川东—川东北地区而言，吴家坪组泥页岩中有机质普遍达过成熟中—晚期，生成原油裂解为气，为页岩气的形成提供了条件。而川西南区龙潭组有机质演化程度相对低一些，但也达到腐殖型干酪根生气高峰，也为页岩气的形成提供了条件（这些地区有机质组

成以镜质组等为主，为腐殖型干酪根）。

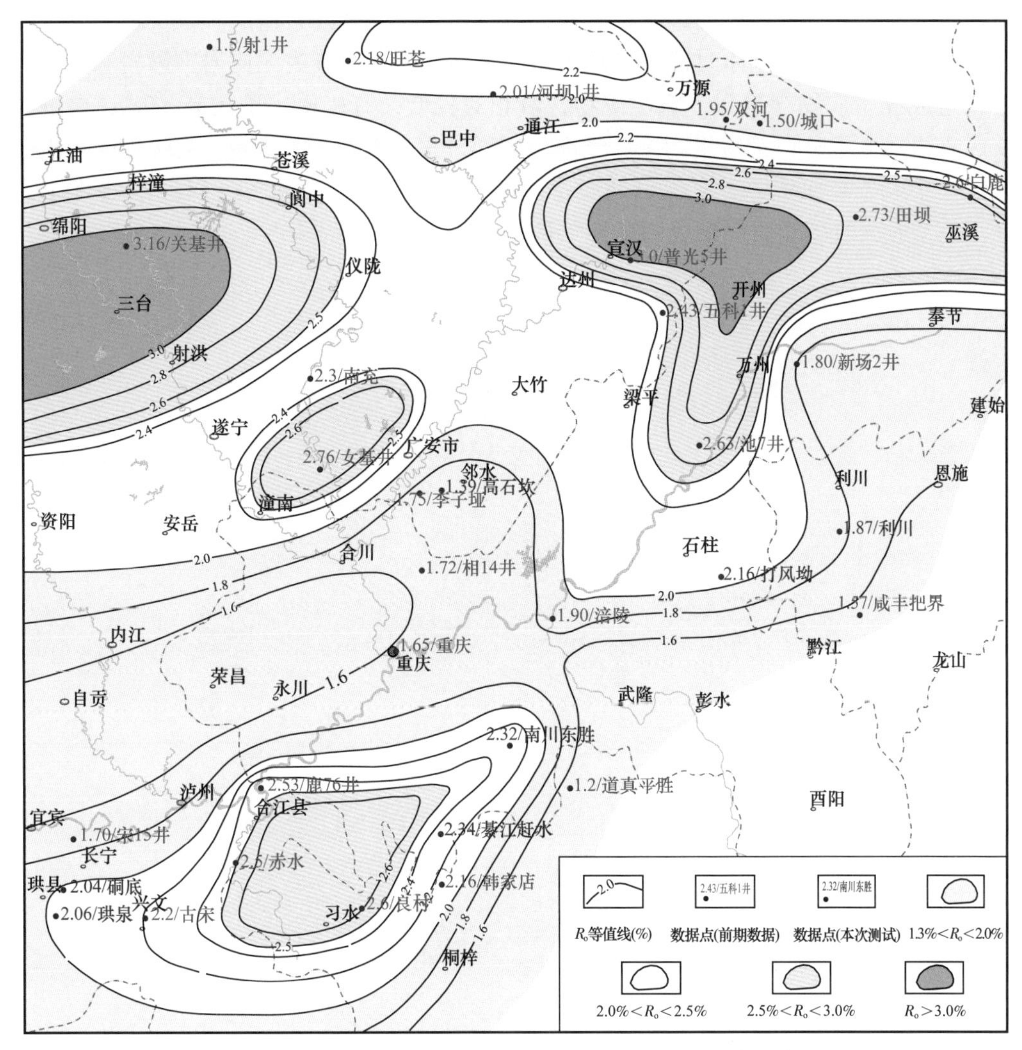

图 3-36　四川盆地及邻区中二叠统烃源岩现今成熟度分布图

Fig. 3-36　Distribution of current maturity of Middle Permian，Sichuan Basin and Its Adjacent Areas

3.3　小结

川东地区龙潭组泥页岩在发育与分布上具纵向分段、横向分区的特点，其普遍具备页岩气形成的生烃条件。

川东地区龙潭组普遍存在大于4m的石灰岩、砂岩隔层，可分上、下泥页岩段评价。泥页岩主要分布于川东北区和川西南区。

川东北地区泥页岩属深水陆棚相沉积，微量元素、稀土元素组成特征反映了这一点。岩性组合以硅质、碳质泥页岩夹石灰岩为主，泥页岩矿物组成硅质矿物含量高，黏土矿物含量相对较低，有机质含量高，TOC含量大于2.0%，有机显微组分以藻屑体为主，干酪根碳同位素分布于−28‰～−26‰，R_o为2.0%～3.5%，上泥页岩段厚度20～75m，下泥页岩段厚度 20～90m，具备页岩气形成的生烃条件。

川西南地区泥页岩属海陆过渡相沉积，微量元素、稀土元素组成不仅反映了其沉积相带，而且反映后期热液流体改造明显较川东北区强。岩性组合为泥质岩夹砂岩和煤，泥页岩矿物组成黏土矿物含量高，脆性矿物含量相对较低，有机质丰度较高，TOC 含量大于 2.0%，有机显微组分以镜质组为主，干酪根碳同位素普遍重于 –24‰，演化程度较川东北地区低，多处于高成熟—过成熟早期演化阶段，上泥页岩段厚度 30～110m，下泥页岩段厚度 20～90m，具备页岩气形成的生烃条件。

4 川东地区龙潭组泥页岩储集特征

页岩的孔隙结构是控制页岩储气能力和影响页岩气开采的主要因素（Ambrose 等，2010；吴勘等，2012），是研究页岩气形成产出与资源潜力评价的重要内容。页岩中的孔隙既包括较小的有机质孔、矿物粒内孔和晶间孔（Loucks 等，2009；Curtis 等，2010；Milner 等，2010；Sondergeld 等，2010），也包括较多的基质孔隙、溶蚀孔以及微裂缝等（朱日房等，2012）。页岩气的赋存方式与孔隙结构有密切的关系，不同孔隙结构的页岩储气方式和能力不一样。吸附气主要存在于有机质纳米级孔隙和矿物颗粒的表面，干酪根和黏土矿物等具有较高的比表面积和充足的孔隙空间，为页岩气的吸附储集提供了载体（Gareth 等，2007，2008a；Ross 等，2007）。游离气主要存在于较大直径的基质孔隙或微裂隙中，这部分孔隙或裂隙的体积越大，游离气含量就越高（Ross 等，2008b）。Schettler 等（1991）经过对美国泥盆系页岩的大量测井曲线分析认为，页岩中的孔隙是天然气主要的聚集场所，约有一半的气体储集于孔隙之中。

不同页岩的孔隙结构差异很大，Loucks 等认为硅质页岩的孔隙主要是以有机质孔为主，含有一定量的黄铁矿晶间孔，其他类型的孔隙比较少见（Loucks 等，2009）。有机质孔是热成熟作用的结果，成熟度 R_o 低于 0.6%，有机质孔不发育或者极少（Loucks 等，2012）。有机质孔一般是呈不规则、气泡状、圆形或椭圆形存在于有机质中，直径大小为 5～750nm，平均孔径接近 100nm（Ambrose 等，2010；Songdergeld 等，2010；Curtis 等，2011；吴勘等，2012）。Curtis 和 Loucks 等都发现了页岩中存在大量的有机质孔、矿物晶间孔及矿物粒内孔（Curtis 等，2011，2012；Loucks 等，2012），特别是 Desbois 在未成熟页岩中发现了较好的黏土矿物粒内孔，这些粒内孔大小从 10nm 到 1μm（Desbois 等，2009）。Milliken 也认为黏土矿物粒内孔在 30nm 到 2μm 之间，经常发生在黏土矿物集合体的边缘，呈裂缝型或三角形（Milliken 等，2010）。

页岩中的孔隙有的是孤立的，有的是相互连通的。根据孔隙成因的不同，可以把孔隙分为原生孔隙和次生孔隙。其中，原生孔隙是指在沉积作用过程中碎屑的颗粒与颗粒之间相互支撑而形成的孔隙，比如粒间孔；次生孔隙是指在成岩作用的过程中或成岩作用以后形成的孔隙，比如溶蚀孔。泥页岩中常常发育有丰富的微孔隙，这些孔隙既有纳米级别的也有微米级别的，因而对页岩中孔隙尺度的划分显得格外必要。应凤祥等（2012）基于扫描电镜成像分析对孔隙大小进行分类：大孔（＞100μm）、中孔（50～100μm）、小孔（20～50μm）、微细孔（10～20μm）和微孔（＜10μm），很显然这种分类显得很粗糙，特别不适合以纳米级尺度孔隙为主要储集空间的页岩储层。Slatt 等（2009）将页岩孔隙类型分为黏土矿物层间孔、有机孔、球粒内孔隙、化石碎屑内孔隙、粒内孔和微裂缝等；聂海宽等（2011）将页岩孔隙类型划分为干酪根网络、矿物质孔、有机质和各矿物之间的孔隙；而 Loucks 等（2012）则将页岩孔隙分为粒间孔、粒内孔和有机孔；于炳松（2013）

根据孔隙大小和产状，将页岩孔隙类型划分为岩石基质孔隙、裂缝孔隙两大类。由此可见，国内外学者对于页岩储层的孔隙分类方案不尽相同，本书在前人研究的基础上，根据镜下孔隙形态及其赋存形式，将川东地区龙潭组孔隙做如下分类：有机质孔、黏土矿物晶间孔、微裂隙、黄铁矿晶间孔、溶蚀孔等。

4.1 川东地区龙潭组泥页岩孔隙发育特征

如前文第 1 章、第 2 章所述，川东地区龙潭组沉积时期，两类不同原型盆地背景下发育的泥页岩，其有机质组成、矿物组成具明显不同特征，从而储层特征包括孔隙类型、孔隙参数（孔径、形状、比表面积等）同样存在一定的差异性。

通过典型剖面龙潭组泥页岩孔隙类型、结构特征的剖析，探讨不同类型盆地背景下不同沉积相带发育的泥页岩页岩气储集能力，进而以期指导勘探是本书的主要目的之一。龙潭组典型剖面如兴文玉屏剖面、赤水地区西门 1 井、邻水华蓥山剖面等，沉积相带分别属于滨岸沼泽、潮坪—潟湖、浅水陆棚，受控于陆内坳陷盆地原型；利川袁家槽剖面、达州—宣汉地区明 1 井属深水陆棚—盆地相带，受控于陆缘（内）裂陷盆地原型。

4.1.1 典型剖面龙潭组泥页岩扫描电镜与孔隙类型

4.1.1.1 兴文玉屏剖面

兴文玉屏剖面龙潭组泥页岩形成于滨岸沼泽环境，有机质组成以镜质组为主，扫描电镜照片如图 4–1 所示。

（1）有机质孔：有机质孔总体不发育，仅在少量镜质组上见针孔，孔径小于 1μm，以 30～250nm 的纳米级孔隙为主，孔隙形态以圆形、椭圆形为主（图 4–1a），孔隙连通性较差。另一类镜质组可能因细菌局部的强降解作用，微孔十分发育，孔隙呈扁平状，连通性较好（图 4–1b）但其镜质组本身十分致密，孔隙不发育（图 4–1c）。

（2）微裂隙：微裂缝利于页岩气储存、渗流，是页岩孔隙中重要组成部分。据扫描电镜观察，其可分为三类：一类存在于无机矿物中，微裂隙宽数十纳米，具较好的延伸性和开放性，构成微裂隙网，具较好的连通性（图 4–1d）；另一类为有机质和无机矿物间的缝隙，因物质成分不同，成岩作用过程中差异收缩形成，缝壁光滑，缝宽数十纳米，这类裂隙存在于有机质边缘，又称有机质边缘收缩缝，一般连通性较差（图 4–1e）；第三类微裂隙见于有机质中（镜质组），属内生裂隙（图 4–1f）。

（3）黏土矿物晶间孔：黏土矿物晶间孔十分发育，呈狭缝形和不规则状的层间孔，孔缝宽数十纳米至 200nm，长度不等（图 4–1g、h）。另见孔径为数百纳米的不规则孔（图 4–1i）。

4.1.1.2 赤水地区西门 1 井

西门 1 井龙潭组下段为砂岩、泥岩互层夹煤层，上段以泥岩为主，总体表现为向上变细的正旋回，为潮坪—潟湖相沉积产物。

（1）8 件样品扫描电镜观察表明，龙潭组泥页岩孔隙以黏土矿物晶间孔为主，孔隙多呈扁平状，孔隙较大，一般在数百纳米至数微米之间（图 4–2a、b），还见方解石晶间孔、菱铁矿溶蚀孔、黄铁矿晶间孔等无机孔（图 4–2c 至 e）。

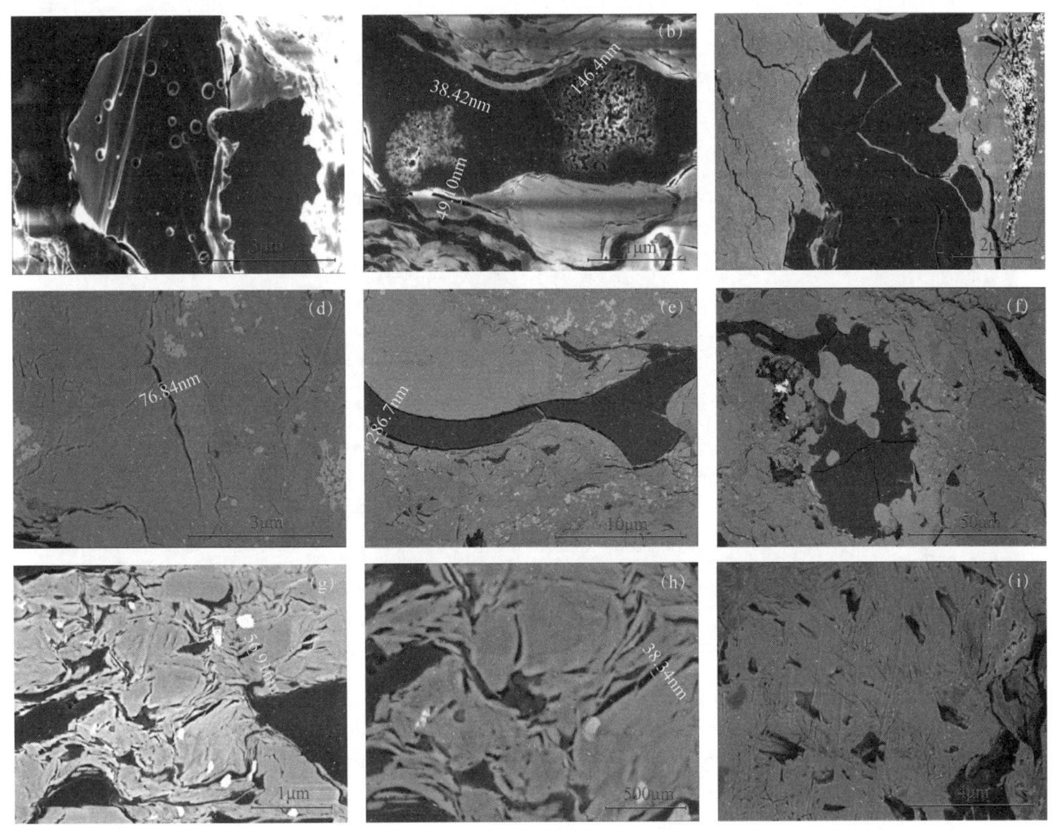

（a）孤立有机质孔；（b）菌解有机质微孔；（c）有机质孔不发育；（d）微裂隙网络；（e）有机质边缘收缩缝；（f）有机质内生裂隙；（g）黏土矿物层间孔缝；（h）黏土矿物层片间孔缝；（i）不规则孔

图 4–1　兴文玉屏剖面龙潭组泥页岩扫描电镜与孔隙类型

Fig.4–1　Scanning electron microscope and pore type of shales in Longtan Formation，Profile Yuping，Xingwen

（2）有机质以镜质组为主，有机孔欠发育（图 4–2f），仅少量有机质内孔隙发育（图 4–2g），孔隙呈圆形、椭圆形，孔径以中孔为主，多在 10～30nm 之间，连通性较好。

（3）龙潭组泥页岩微裂隙十分发育（图 4–2h），宽数十纳米至数微米，具较好的延伸性和开放性，有利于页岩气的流动。

4.1.1.3　邻水华蓥山剖面

邻水华蓥山剖面龙潭组发育一套浅水陆棚相富有机质泥页岩。

（1）通过对其有机质显微孔隙观察发现，有机质多呈现块状或条带状分布于泥页岩中。有机质孔隙不发育（图 4–3a、b），多呈针孔状，零星分布；但发育一定的微裂缝，部分为有机质边缘缝（图 4–3a、c），部分为有机质内生裂隙（图 4–3b），总体而言，这些微裂隙密度不大，延伸性较差，对储集性能影响不大。王中鹏等（2015）对贵州毕节龙潭组有机质页岩，袁野等（2015）对我国鄂尔多斯陆相山西组页岩研究的结果表明，页岩中主要的储集空间是矿物晶间孔和石灰岩、砂岩夹层中的剪切裂缝，有机质孔隙整体上发育少，反映了Ⅲ型干酪根不利于有机质孔隙的发育，但会发育一些微裂缝。

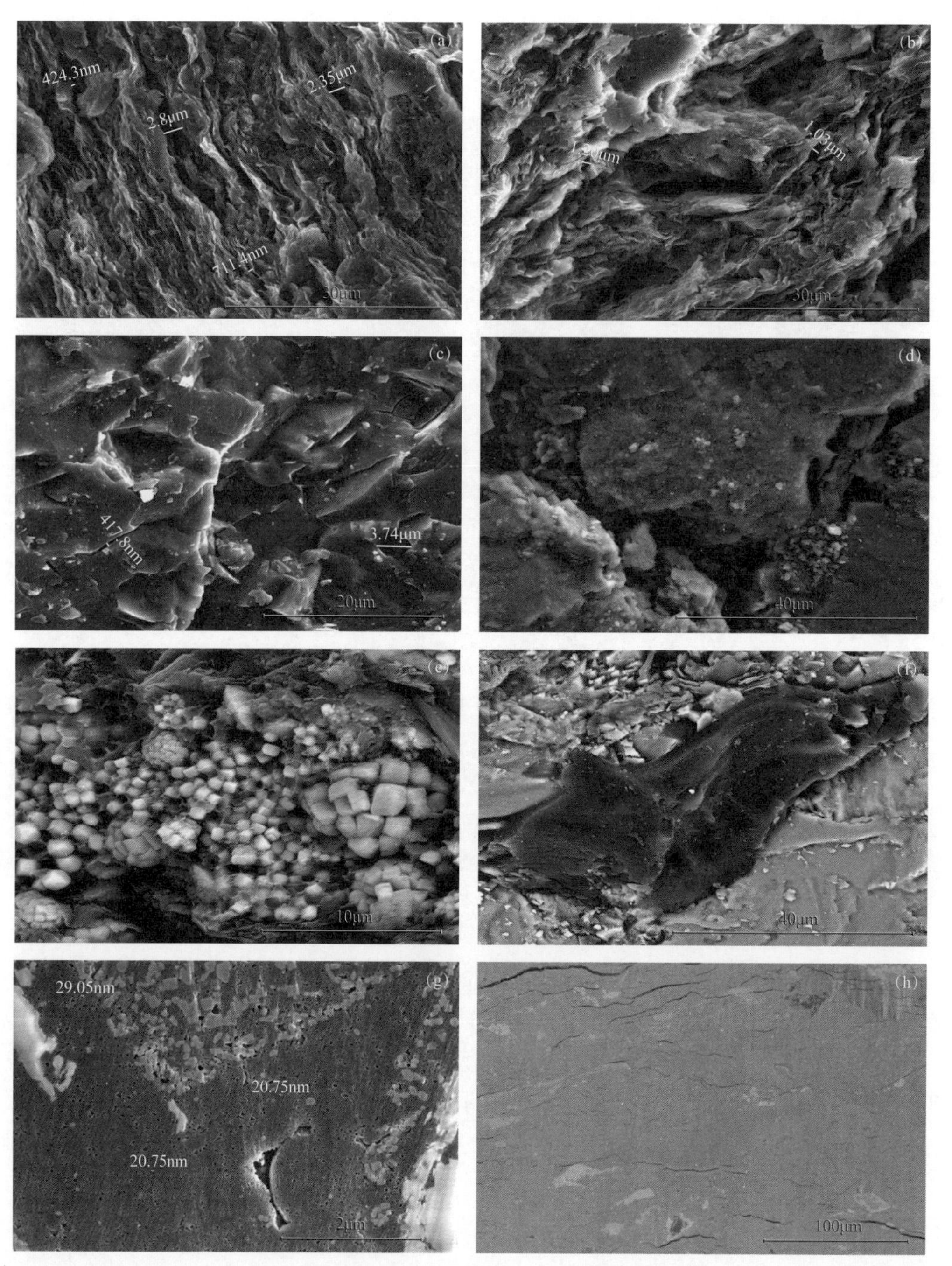

（a）黏土矿物晶间孔，4550m；（b）黏土矿物晶间孔，4540m；（c）方解石晶间孔，4490m；（d）晚期菱铁矿溶孔，4515m；（e）黄铁矿晶间孔，4525m；（f）镜质组，孔隙不发育，4515m；（g）有机孔，4550m；（h）微裂隙，4550m

图 4-2　西门 1 井龙潭组泥页岩扫描电镜与孔隙类型

Fig.4-2　Scanning electron microscope and pore type of shales in Longtan Formation，Well Ximen 1

（2）邻水华蓥山龙潭组泥岩主要发育的无机孔隙类型为粒间孔、微裂缝和少量的溶蚀印模。通过聚焦离子束扫描电镜（FE-SEM）可以看出邻水华蓥山浅水陆棚相泥页岩中微裂缝主要分布在泥岩基质中（图 4-3d），也有少量分布在有机质边缘（图 4-3a），这些裂缝长度多在几十微米，一般宽几十纳米。此外，局部还见到化石孔（图 4-3f）、黄铁矿晶间孔。

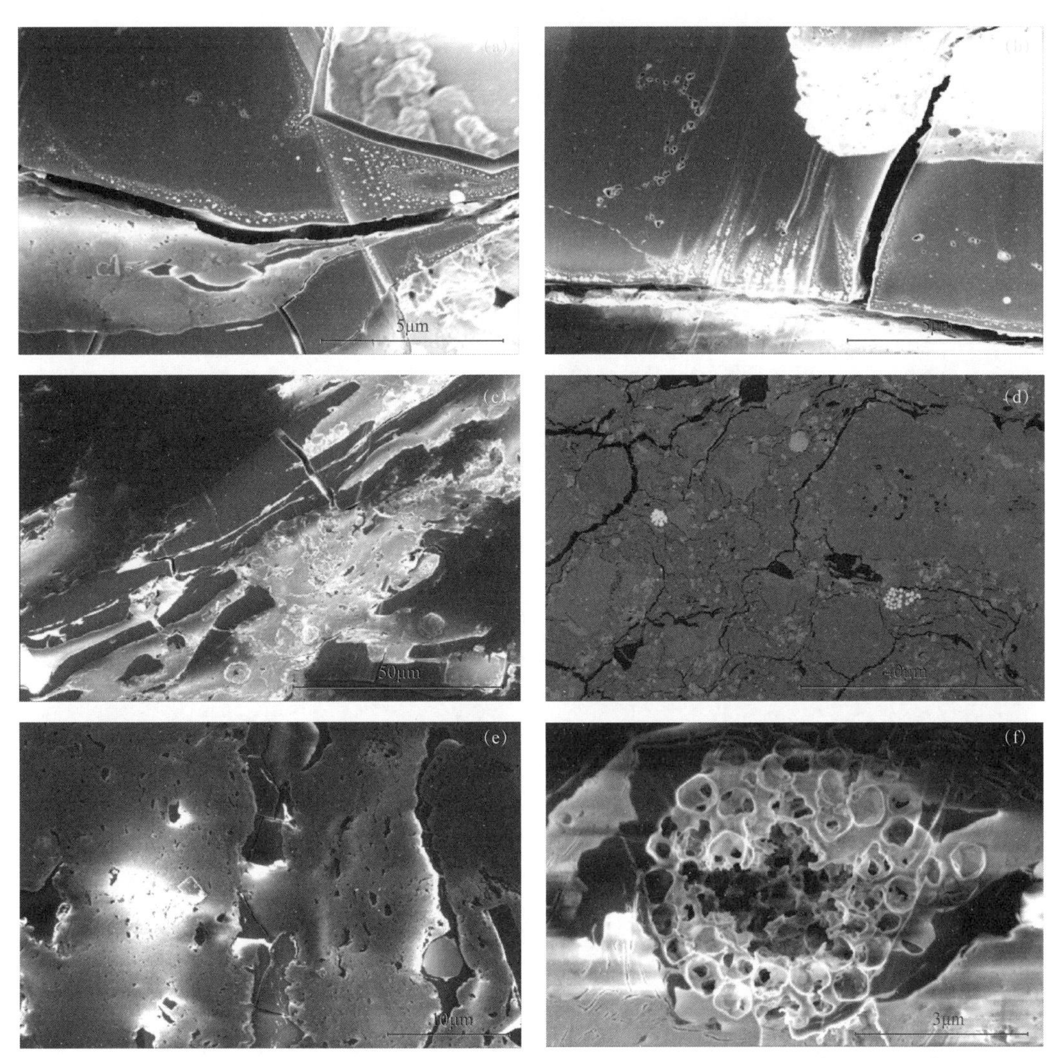

（a）和（b）为同一个样品的不同视域的微裂隙与有机孔；（c）和（d）为不同样品的微裂隙；（e）微裂隙与溶蚀孔；（f）化石孔

图 4–3　华蓥山剖面龙潭组泥页岩扫描电镜与孔隙类型

Fig.4–3　Scanning electron microscope and pore type of shales in Longtan Formation，Profile Huayingshan

4.1.1.4　利川袁家槽剖面

利川袁家槽剖面龙潭组以硅质碳质泥页岩为主，有机质含量普遍较高，有机显微组成以腐泥组（藻屑体）为主（干酪根碳同位素较轻也反映了这一点），见少量镜质组和固体沥青。藻屑体孔隙十分发育（图 4–4a 至 d），有机孔呈圆形、椭圆形，孔径从数纳米至数百纳米；镜质组、固体沥青内孔隙不发育。有机质孔隙的发育不仅与有机显微组分有关，可能也与共生矿物相关，总体而言与黄铁矿共生的腐泥组孔隙密度最大，而其他有机质则相对要差一些（图 4–4d、g）。

无机孔主要见化石孔（图 4–4e）、黄铁矿晶间孔（图 4–4f）、方解石粒内溶孔（图 4–4g）、黏土矿物晶间孔（图 4–4h）等。

与前述的几个剖面的样品相比，袁家槽吴家坪组泥页岩微裂隙明显不发育。

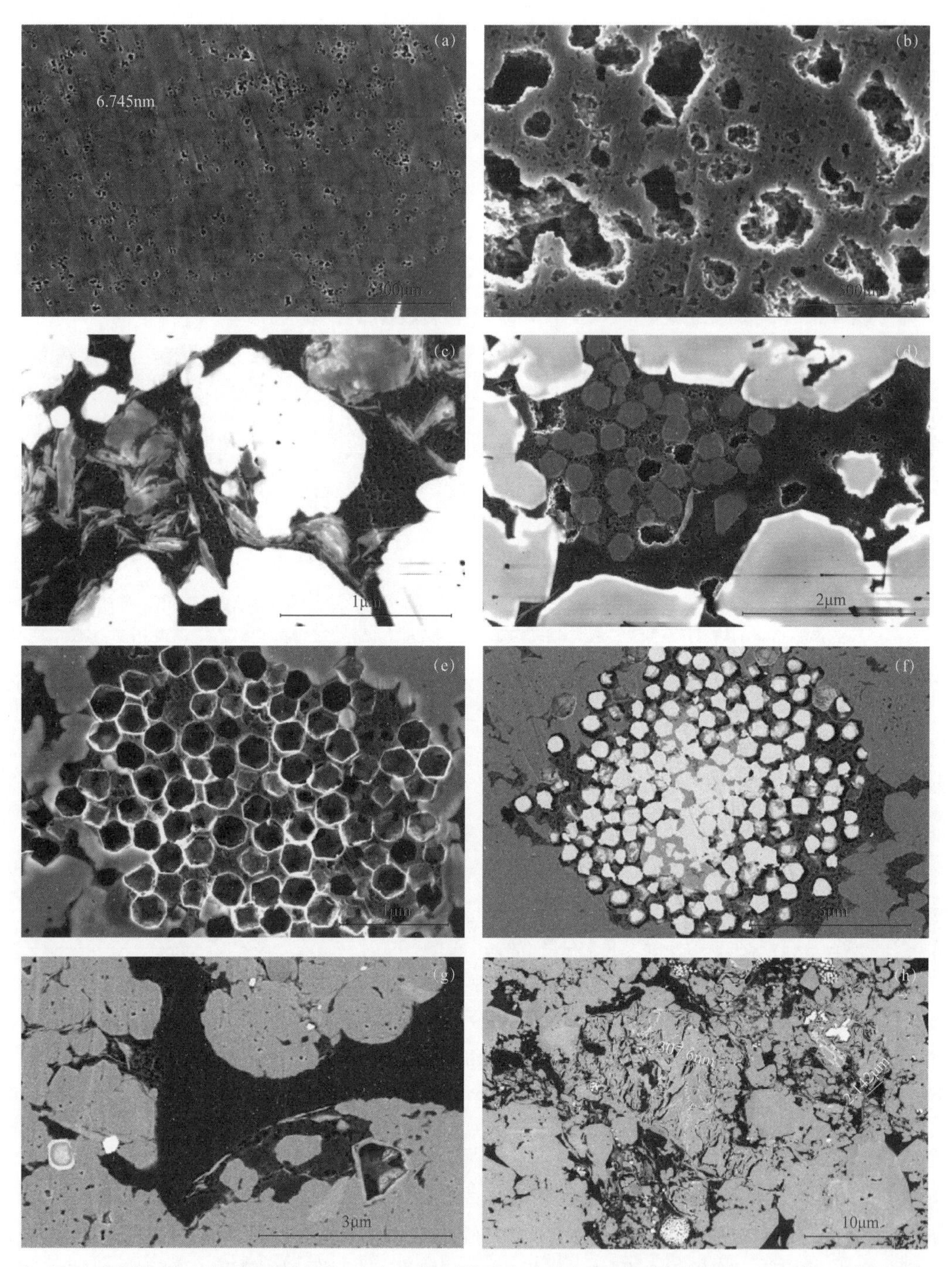

（a至d）有机孔；（e）化石孔与有机孔；（f）黄铁矿晶间孔与有机孔；（g）粒内溶蚀孔；（h）黏土矿物晶间孔

图4–4 利川袁家槽剖面吴家坪组泥页岩扫描电镜与孔隙类型

Fig.4–4 Scanning electron microscope and pore type of shales in Wujiaping Formation，Profile Yuanjiacao，Lichuan

4.1.1.5 达州—宣汉区明1井

明1井龙潭组泥页岩有机质含量普遍较高（TOC含量一般大于2.0%），从所分析的样品看，不同样品有机质构成差异较大，反映陆源有机组分输入的差异。4939m样品镜质组、藻屑体各占一半；4947m样品有机质组成则以藻屑体和固体沥青为主；4956.8m样品 TOC 含量为 9.5%，但有机显微组分以源自陆生高等植物的镜质组占绝对优势。由于有机质构成的不同，孔隙类型差异也较大：4939m 样品有机孔欠发育，以无机孔为主，主要有黄铁矿晶间孔、黏土矿物晶间孔，微裂隙不发育，见边缘收缩缝（图 4–5a、b）；4947m 样品（藻屑体、黄铁矿间有机质）有机孔十分发育，孔径 29～135nm，无机孔含量低（图 4–5c、d）；4950.7m 样品有机含量高（9.5%），藻屑体为主，镜质组为辅，有机孔较发育，孔隙以 10～50nm 中孔为主，无机孔欠发育（图 4–5e、f）；4956.8m 样品尽管有机质含量高，但有机孔欠发育，无机孔和微裂隙较发育（图 4–5g、h）。

4.1.2　孔隙结构特征

4.1.2.1　低压氮气吸附—脱附曲线

对于压汞不能测试的微孔和中孔，可以采用低压氮气吸附法，氮气吸附等温线是在保持温度恒定（一般为 −195.15℃）的条件下，样品吸附氮气的量与相对压力（P/P_0）之间的关系曲线，记录了所测样品的比表面积、孔径分布、孔隙体积等微观信息。

气体在固体表面的吸附状态多种多样，BDDT（Brunauer–Deming–Deming–Teller）分类法将吸附等温线划分为五种类型，即图 4–6 中的Ⅰ型～Ⅴ型。后来，Sing 又增加了阶梯状的第六类，如图 4–6 中的Ⅵ，因此，现在把吸附等温线分为六类。典型微孔材料的吸附等温线为Ⅰ型，吸附机理为单分子层吸附；非孔材料或是具有大孔的多孔材料的吸附等温线为Ⅱ型，吸附机理为多分子层吸附，但存在单层饱和吸附；吸附质和吸附剂相互作用很弱时产生的吸附为Ⅲ型吸附等温线，吸附机理为多分子层吸附，且不存在单层饱和吸附；典型中孔材料的吸附等温线为Ⅳ型或Ⅴ型，都存在滞后环，但Ⅳ型有单层饱和吸附，Ⅴ型无单层饱和吸附；超微孔材料的吸附等温线为Ⅵ型，呈现台阶，具有多种不同类型的吸附特点。页岩样品的吸附和解吸曲线不重合，形成滞后环。滞后环的特征对应于特定的孔隙结构信息，目前将滞后环分为四种类型（图 4–6），分别为 H_1 型、H_2 型、H_3 型、H_4 型，其中，H_1 型是均匀孔模型，可视为直筒孔；H_2 型比较难解释，一般认为是多孔吸附质或均匀粒子堆积孔造成的；H_3 型与 H_4 型相比高压端吸附量大，认为是片状粒子堆积形成的狭缝孔；H_4 型也是狭缝孔，区别于粒子堆积，是一些类似由层状结构产生的孔。

（1）利川袁家槽剖面：利川袁家槽剖面上二叠统吴家坪组属欠补偿盆地相沉积，8 件泥质岩样品低压氮气吸附—脱附曲线可分为三类（图 4–7）。

其主体以第一类为主（样品 LC–2、LC–4、LC–5、LC–6、LC–7、LC–9，占 75%），其在低压段，相对压力为 0～0.4 时，吸附曲线上升缓慢，并呈上凸的形态，此阶段为液氮在页岩表面单分子层吸附，并逐步过渡到多分子层吸附；相对压力为 0.4～0.8 时，吸附曲线快速上升，基本呈线性关系，此阶段吸附机理为多分子层吸附；相对压力为 0.8～1.0 时，吸附曲线急剧上升，在接近饱和蒸气压时也未达到饱和吸附，表明页岩样品中的大孔发生了毛细凝聚现象，此类曲线对应于以墨水瓶形孔为主，有利于气体吸附储集。

第二类样品较少（LC–1），相对压力为 0～0.4 时，吸附曲线上升缓慢（较第一类更缓），相对压力为 0.4～0.8 时，吸附曲线上升较慢，而相对压力为 0.8～1.0 时，吸附曲线图急剧上升，曲线陡直，最大吸附量较第一类略大，表明存在平行壁的狭缝状孔，有利于气体的渗流。

第三类样品较少（LC–3），相对压力 0.4～0.95 时，吸附曲线缓慢上升，呈直线关系，相对压力大于 0.95 时，吸附曲线快速上升，但总吸附量低，反映储集物性相对最差。

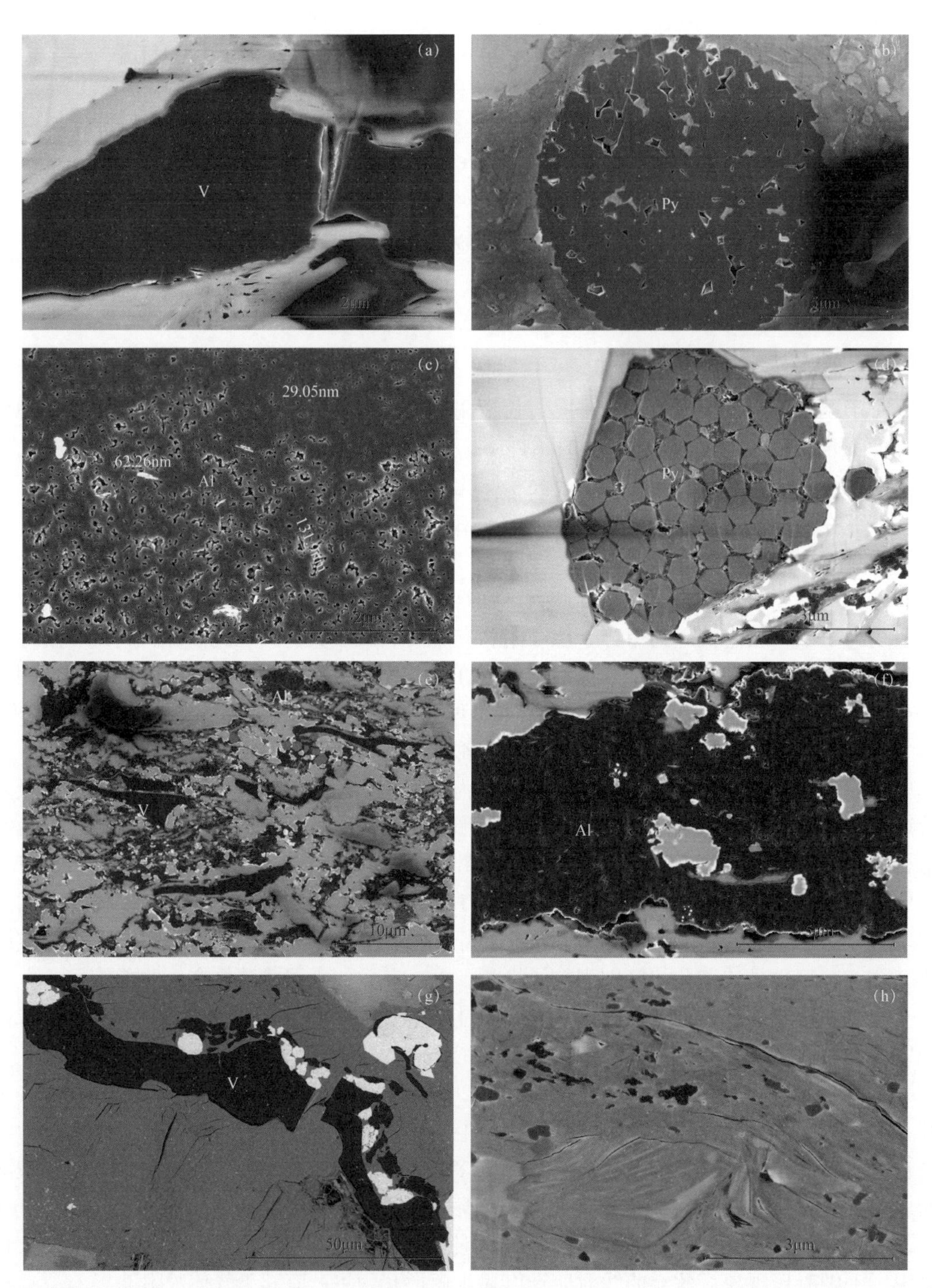

（a）黑色页岩，镜质组，有机孔不发育，见边缘缝、黏土矿物晶间孔，4939m；（b）同上，黄铁矿晶间孔；（c）黑色页岩，藻屑体，有机孔十分发育，4947m；（d）同上，黄铁矿间为有机质充填，有机孔发育；（e）黑色页岩，藻屑体与镜质组，4950.7m；（f）同上，藻屑体孔隙十发育；（g）黑色页岩，镜质组孔隙不发育，边缘缝、内生裂隙，黏土矿物晶间孔、微裂缝发育，4956.8m；（h）同上，微裂隙发育

图 4–5　明 1 井龙潭组泥页岩扫描电镜与孔隙类型

Fig.4–5　Scanning electron microscope and pore type of shales in Longtan Formation，Well ming 1

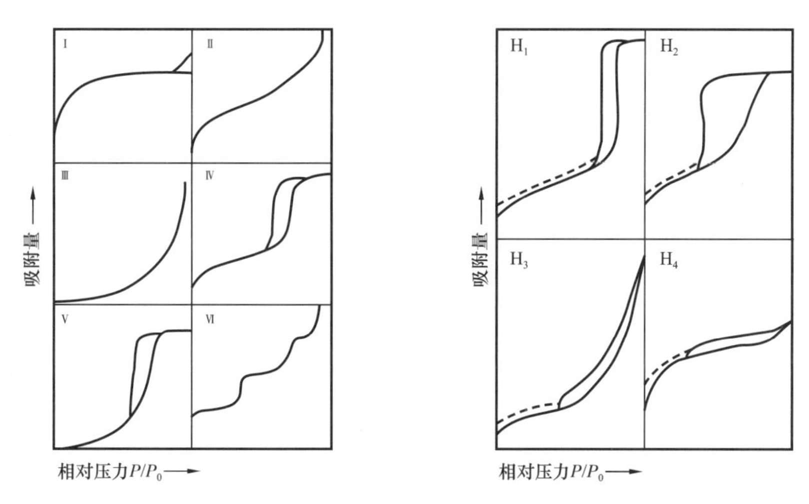

图 4-6　低压氮气吸附—脱附曲线类型及滞后环分类
Fig.4-6　Types of low pressure nitrogen adsorption-desorption curve and classification of hysteresis loops

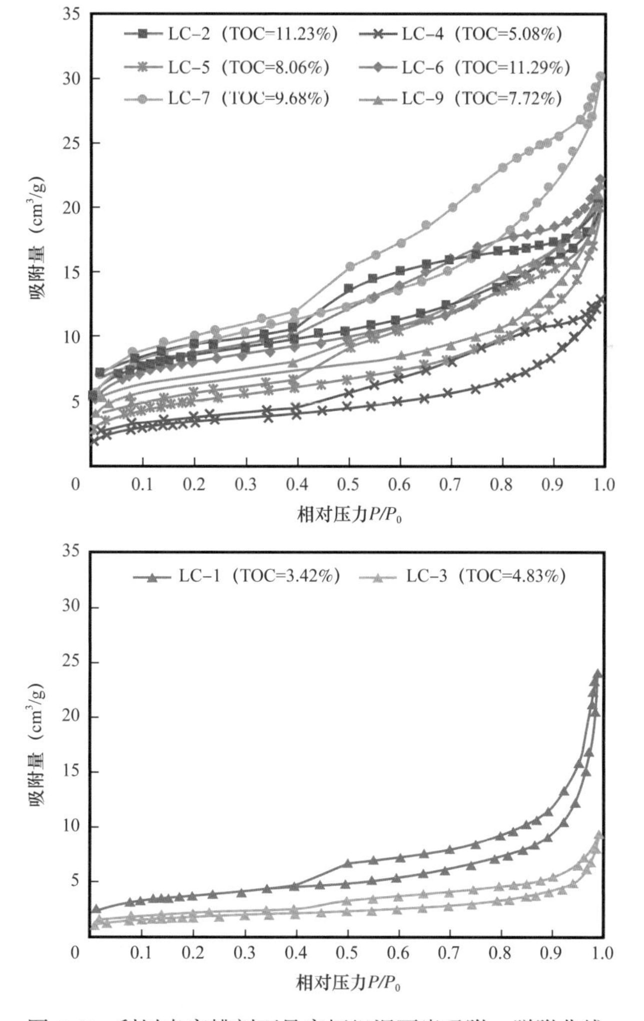

图 4-7　利川袁家槽剖面吴家坪组泥页岩吸附—脱附曲线
Fig.4-7　Adsorption-desorption curve of shales in Wujiaping Formation，Profile Yuanjiacao, Lichuan

根据 BDDT 分类，样品的吸附等温线属于Ⅳ型。滞后环的形态特征可以反映页岩的孔隙结构，根据国际理论和应用化学协会（IUPAC）的分类，样品的滞后环类型分为三类。样品 LC-2、LC-4、LC-5、LC-6、LC-7、LC-9 的滞后环属于 H_2 型，吸附曲线与脱附曲线形成宽大的滞后环，反映的是墨水瓶形孔；LC-1 的滞后环与 H_3 型接近，在相对压力较大时，吸附曲线陡然上升，吸附体积相对较大，滞后环较小，反映的是平行壁的狭缝状孔；LC-3 的滞后环属于 H_4 型，吸附量较小，滞后环较小，储集性较差。综上所述，利川地区龙潭组泥页岩的纳米级孔隙主要为开放型，这类孔隙能为吸附态和游离态的页岩气提供储存空间。

（2）邻水华蓥山剖面：邻水华蓥山剖面龙潭组属浅水陆棚相沉积，8 件泥页岩样品低压氮气吸附—脱附曲线可分为三类（图 4-8）。样品 HYS3-4、HYS3-5、HYS3-7、HYS3-9 属第一类（占 50%），滞后环宽大（H_2 型），饱和吸附量较大（与袁家槽剖面相近），孔隙以墨水瓶孔为主，具狭缝型孔，储层孔隙发育，并具一定的连通性；样品

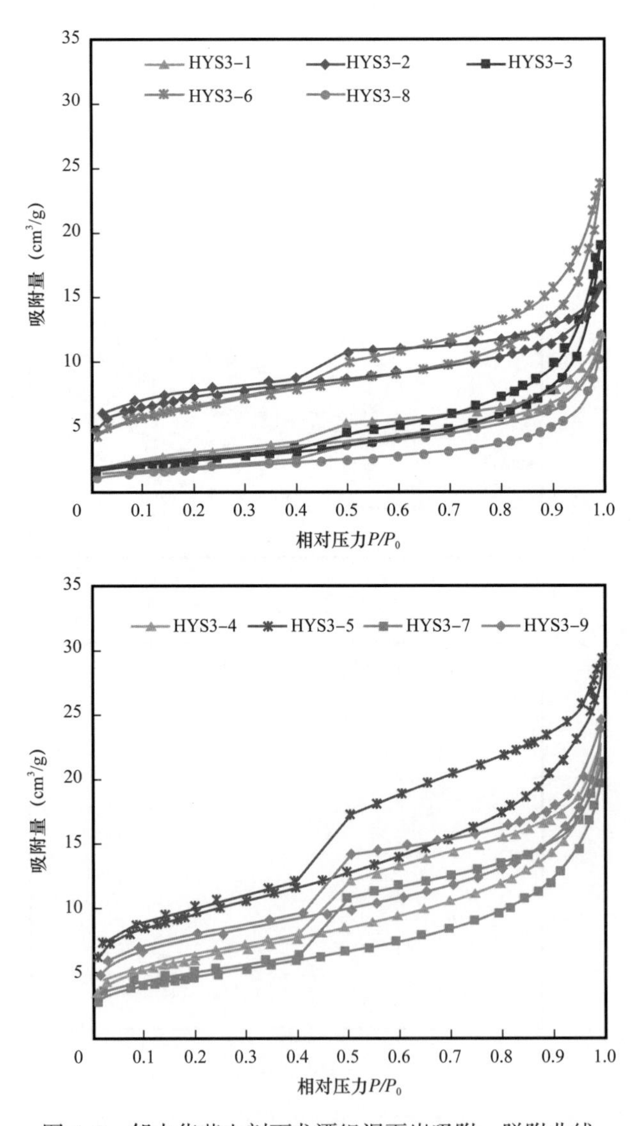

图 4-8　邻水华蓥山剖面龙潭组泥页岩吸附—脱附曲线

Fig.4-8　Adsorption-desorption curve of shales in Longtan Formation，Profile Huayingshan，Linshui

HYS3-3、HYS3-6 属第二类，滞后环相对较小（H_3 型），相对压力大于 0.8 时，吸附量急剧上升，但最大吸附量不同于利川剖面，其吸附量较第一类低；样品 HYS3-1、HYS3-2、HYS3-8 属第三类，滞后环属于 H_4 型，吸附量较低，储集性较差。

（3）綦江赶水剖面：綦江赶水剖面龙潭组属滨岸沼泽相—潮下坪相沉积，7 件泥页岩样品低压氮气吸附—脱附曲线可分为三类（图 4-9）。样品 GS-2、GS-4、GS-5 属第一类（占 42.8%），滞后环宽大（H_2 型），饱和吸附量大（大于华蓥山剖面），孔隙以墨水瓶形孔为主，含狭缝型孔，储层孔隙发育，并具一定的连通性；样品 GS-3、GS-7、GS-8 属第二类，滞后环相对较小（H_3 型），相对压力大于 0.8 时，吸附量急剧上升，但最大吸附量不同于利川剖面，其吸附量较第一类低，与邻水华蓥山剖面相似；样品 GS-10 属第三类，滞后环属于 H_4 型，吸附量较低，储集性较差。

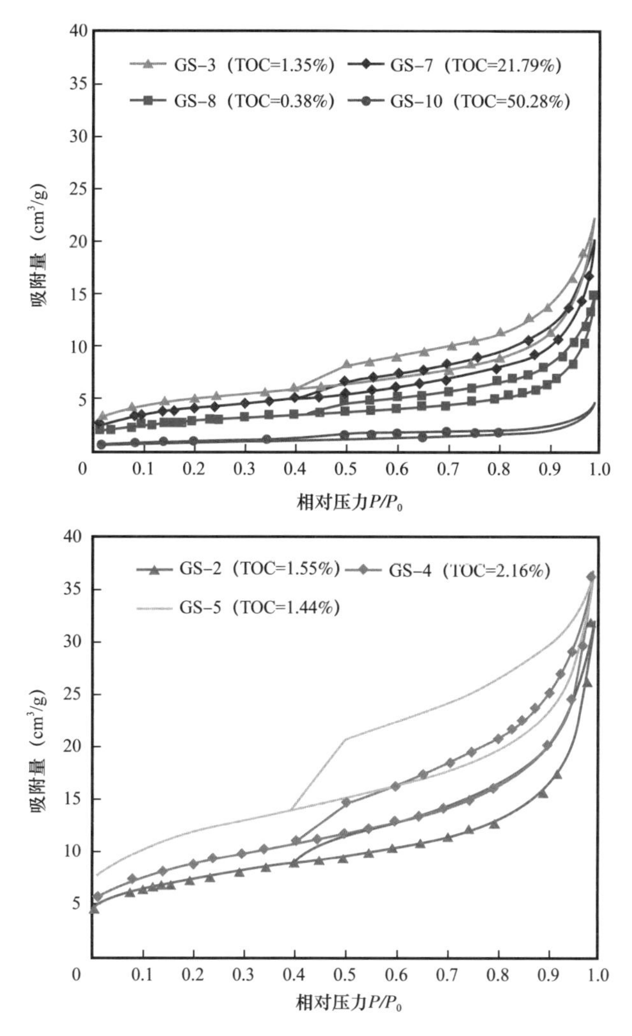

图 4-9　綦江赶水剖面龙潭组泥页岩吸附—脱附曲线

Fig.4-9　Adsorption-desorption curve of shales in Longtan Formation，Profile Ganshui，Qijiang

（4）兴文玉屏剖面：兴文玉屏剖面龙潭组属滨岸沼泽相—潮上坪相沉积，12 件泥页岩样品低压氮气吸附—脱附曲线可分为两类（图 4-10）。样品 HQ-6、HQ-13、HQ-19 属第一类，占样品总数的 25%，其饱和吸附量最大（高于赶水剖面），滞后环宽大，属 H_2

型，孔隙以墨水瓶形孔为主，含狭缝型孔，储层孔隙发育，并具一定的连通性。其他样品属第二类，最大饱和吸附量较大，滞后环较窄，属 H_3 型，孔隙以狭缝型孔为主，含墨水瓶形孔，储层孔隙较发育。

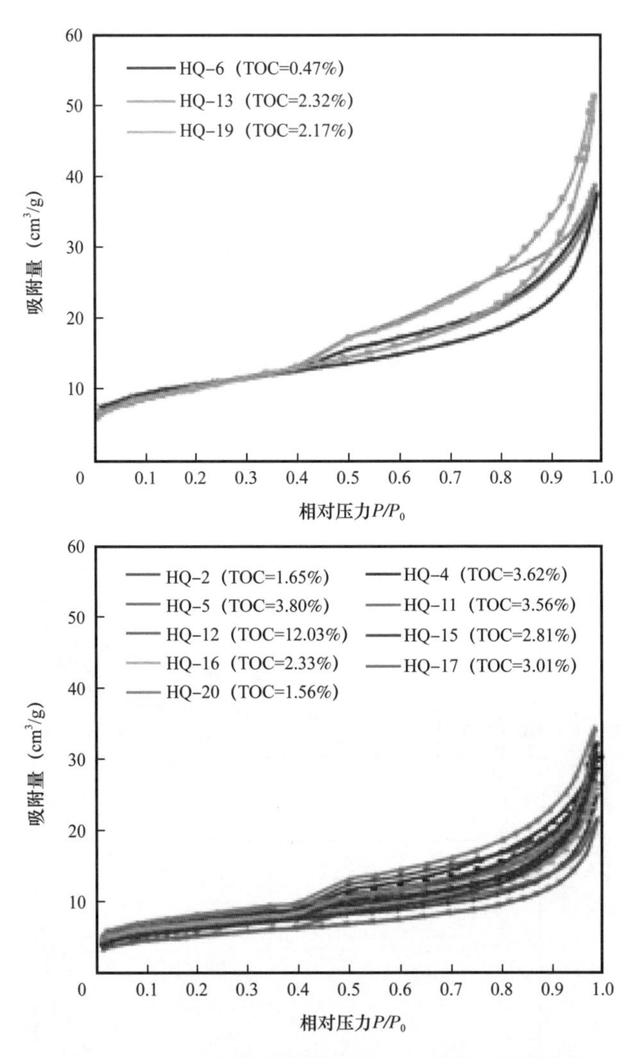

图 4-10　兴文玉屏剖面龙潭组泥页岩吸附—脱附曲线

Fig.4-10　Adsorption-desorption curve of shales in Longtan Formation，Profile Yuping，Xingwen

从不同剖面低压氮气吸附—脱附曲线及滞后环类型对比可见，深水陆棚相滞后环以 H_2 型为主（孔隙以墨水瓶形孔为主，含狭缝形孔），少量属 H_3 型（孔隙以狭缝孔为主，含墨水瓶形孔）和 H_4 型（孔隙以层状孔为主）。浅水陆棚相 H_2 型比例降低，而 H_3 型增加，至沼泽—潮坪相，H_2 型比列更低，以 H_3 型为主，反映孔隙形状由墨水瓶形孔为主，含狭缝形孔逐渐过渡到以狭缝形孔为主，并含墨水瓶形孔；这与扫描电镜观测的结果相吻合。另一方面，从相同滞后环类型的最大吸附量看，由深水陆棚相→浅水陆棚相→沼泽相—潮坪相有逐渐变高的趋势。

4.1.2.2　孔隙比表面积和孔隙体积

氮气吸附实验获取的主要包括 BET 表面积（简称“比表面积”）、BJH 孔体积（简称

“孔体积”)、DFT 孔径分布及平均孔径特征等。

(1)利川袁家槽剖面：利川袁家槽剖面 8 件吴家坪组泥页岩样品孔隙比表面积分布于 3.74～19.97m^2/g(表 4-1、图 4-11)，平均值 11.48m^2/g，标准偏差 4.54m^2/g，孔隙比面积一般大于 10m^2/g。孔隙体积分布于 0.013～0.040cm^3/g(图 4-11)，平均值 0.027cm^3/g，标准偏差 0.008cm^3/g，孔隙体积一般大于 0.02cm^3/g。

表 4-1 利川袁家槽剖面吴家坪组泥页岩孔隙比表面积、总孔容

Table 4-1 Pore specific surface area and total pore volume of shales in Wujiaping Formation，Profile Yuanjiacao，Lichuan

样品号	岩性	TOC(%)	孔隙分形维数	比表面积(m^2/g)	总孔容(cm^3/g)
LC-1	碳质页岩	3.42	2.6409	8.94	0.0352
LC-2	硅质碳质页岩	11.23	2.8021	14.27	0.0240
LC-3	高碳泥岩	4.83	2.6965	3.74	0.0133
LC-4	硅质碳质页岩	5.08	2.6990	7.94	0.0178
LC-5	碳质页岩	8.06	2.7025	11.78	0.0277
LC-6	硅质碳质页岩	11.29	2.7725	13.90	0.0273
LC-7	碳质页岩	9.68	2.7344	19.97	0.0401
LC-9	碳质钙质泥岩	7.72	2.7385	11.27	0.0284

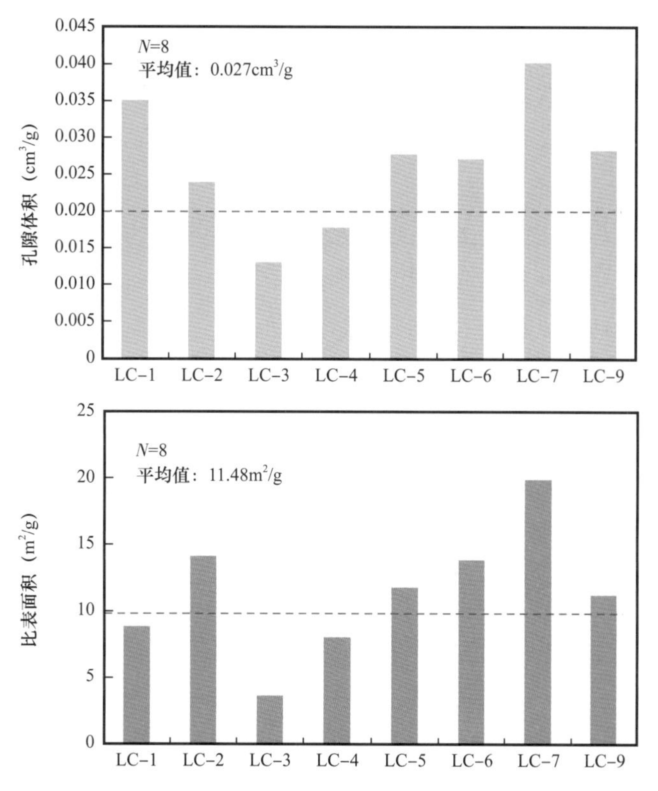

图 4-11 利川袁家槽剖面吴家坪组泥页岩孔隙比表面积与孔隙体积分布特征

Fig.4-11 Pore specific surface area and volume distribution characteristics of shales in Wujiaping formation，Profile Yuanjiacao，Lichuan

（2）邻水华蓥山剖面：邻水华蓥山剖面18件龙潭组泥页岩样品孔隙比表面积分布于4.85～31.03m²/g（表4–2、图4–12），平均值17.29m²/g，标准偏差7.24m²/g，孔隙比面积一般大于15m²/g。孔隙体积分布于0.018～0.065cm³/g（图4–12），平均值0.037cm³/g，标准偏差0.014cm³/g，孔隙体积一般大于0.03cm³/g。相比较而言，浅水陆棚相泥页岩储层物性较深水陆棚相要好。

表4–2　华蓥山剖面龙潭组泥页岩孔隙比表面积、总孔容

Table 4–2　Pore specific surface area and total pore volume of shales in Longtan Formation，Profile Huayingshan

样品号	岩性	TOC（%）	分形维数	比表面积（m²/g）	总孔容（cm³/g）
HYS2–1	灰色泥岩	2.71	2.8050	19.17	0.0334
HYS2–3	粉砂质泥岩	2.26	2.7741	18.54	0.0369
HYS2–5	泥岩	2.53	2.7544	23.58	0.0504
HYS2–10	泥岩	2.09	2.7167	30.61	0.0653
HYS2–11	泥岩	4.62	2.7172	18.79	0.0386
HYS2–15	钙质泥岩	3.13	2.6183	11.31	0.0289
HYS2–16	泥岩	3.26	2.7416	25.61	0.0566
HYS2–17	泥岩	3.16	2.7040	20.56	0.0495
HYS2–19	钙质泥岩	4.02	2.7492	31.03	0.0640
HYS3–1	泥岩	3.5	2.6731	8.44	0.0183
HYS3–2	泥岩	5.11	2.8299	10.54	0.0178
HYS3–3	泥岩	4.99	2.5695	7.83	0.0288
HYS3–4	泥岩	4.66	2.7102	16.40	0.0329
HYS3–5	泥岩	1.92	2.7533	21.15	0.0390
HYS3–6	泥岩	2.82	2.7263	13.71	0.0322
HYS3–7	泥岩	3.63	2.6742	13.09	0.0312
HYS3–8	泥岩	4.36	2.6230	4.85	0.0176
HYS3–9	泥岩	2.69	2.7456	16.12	0.0328

（3）綦江赶水剖面：綦江赶水龙潭组属潮坪相沉积，其泥页岩孔隙比表面积分布于6.40～21.24m²/g，平均值15.60m²/g（5件样品）。孔隙体积分布于0.024～0.051cm³/g，平均值0.039cm³/g，总体上与浅水陆棚相相当。

（4）兴文玉屏剖面：兴文玉屏剖面10件龙潭组泥页岩样品孔隙比表面积分布于

11.81～29.06m²/g（表 4-3、图 4-13），平均值 16.03m²/g，标准偏差 5.97m²/g，孔隙比面积一般大于 15m²/g。孔隙体积分布于 0.034～0.074cm³/g（图 4-13），平均值 0.046cm³/g，标准偏差 0.012cm³/g，孔隙体积一般大于 0.04cm³/g。

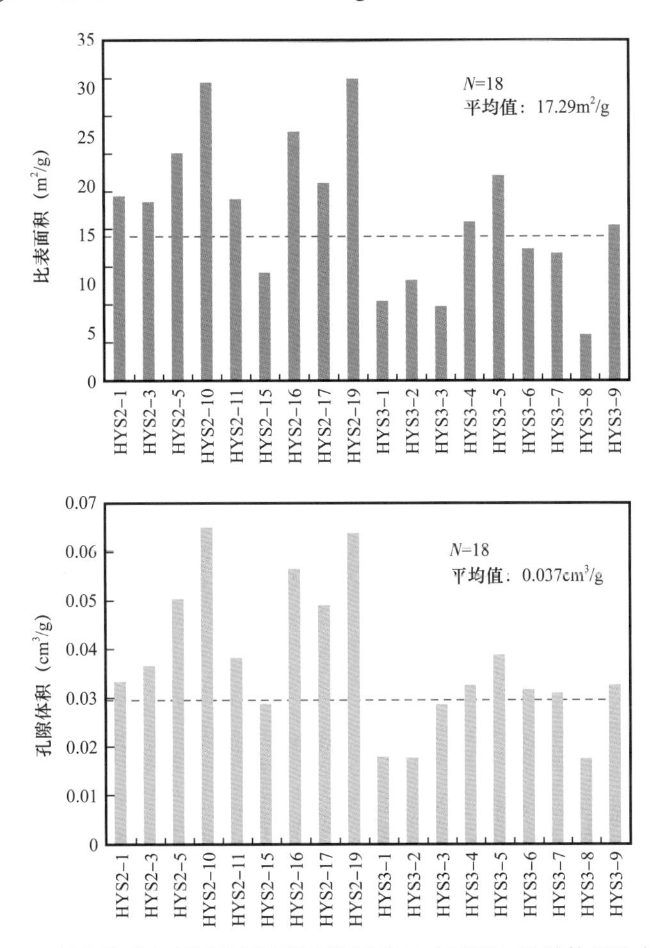

图 4-12　邻水华蓥山剖面龙潭组泥页岩孔隙比表面积与孔隙体积分布特征

Fig.4-12　Pore specific surface area and volume distribution characteristics of shales in Longtan Formation, Profile Huayingshan, Linshui

从孔隙比表面积、体积绝对值分布看，储层物性以浅水陆棚相泥页岩相对最优，沼泽相泥页岩次之，而深水陆棚相泥页岩相对最差，从孔隙比表面积和体积标准偏差看，深水陆棚相泥页岩储集性相对稳定（比表面积标准偏差 / 平均值 =0.395），浅水陆棚相（比表面积标准偏差 / 平均值 =0.419）和沼泽相—潮坪相（比表面积标准偏差 / 平均值 =0.372）储集性非均质性更大。

对于区内其他两种比较特殊的岩类——煤岩和石灰岩，其孔隙比表面积、孔隙体积分布具有其自身特征，明显不同于泥页岩类。便于对比，以下做一简单阐述。

（1）煤岩：川东南区龙潭组煤层较为发育，本次研究在綦江赶水、邻水华蓥山、兴文玉屏采集了煤样（或煤线）进行了低压氮气吸附—脱附实验，其吸附—脱附曲线形成的滞后环较小，反映孔隙以狭缝型孔为主，孔隙比表面积、体积变化较大，平均孔径分布于 5.48～10.95nm，He 孔隙度 4.15%～8.99%，储层物性相对较差。

表 4-3　兴文玉屏剖面龙潭组泥页岩孔隙比表面积、总孔容

Table 4-3　Pore specific surface area and total pore volume of shales in Longtan Formation，Profile Yuping，Xingwen

样品号	岩性	TOC（%）	分形维数	比表面积（m^2/g）	总孔容（cm^3/g）
HQ-2	泥岩	1.65	2.7250	12.24	0.0329
HQ-4	泥岩	3.62	2.6740	16.07	0.0453
HQ-5	泥岩	3.80	2.6780	15.32	0.0438
HQ-6	泥岩	0.47	2.7320	22.16	0.0503
HQ-11	碳质泥岩	3.56	2.7120	11.81	0.0337
HQ-13	泥岩	2.32	2.6990	26.63	0.0539
HQ-15	泥岩	2.81	2.6910	16.63	0.0423
HQ-16	黑色泥岩	2.33	2.7180	14.96	0.0360
HQ-19	灰黑色泥岩	2.17	2.6430	29.06	0.0743
HQ-20	泥岩	1.56	2.6970	17.51	0.0535
HQ-12	高碳泥岩	12.03	2.7040	17.02	0.0390

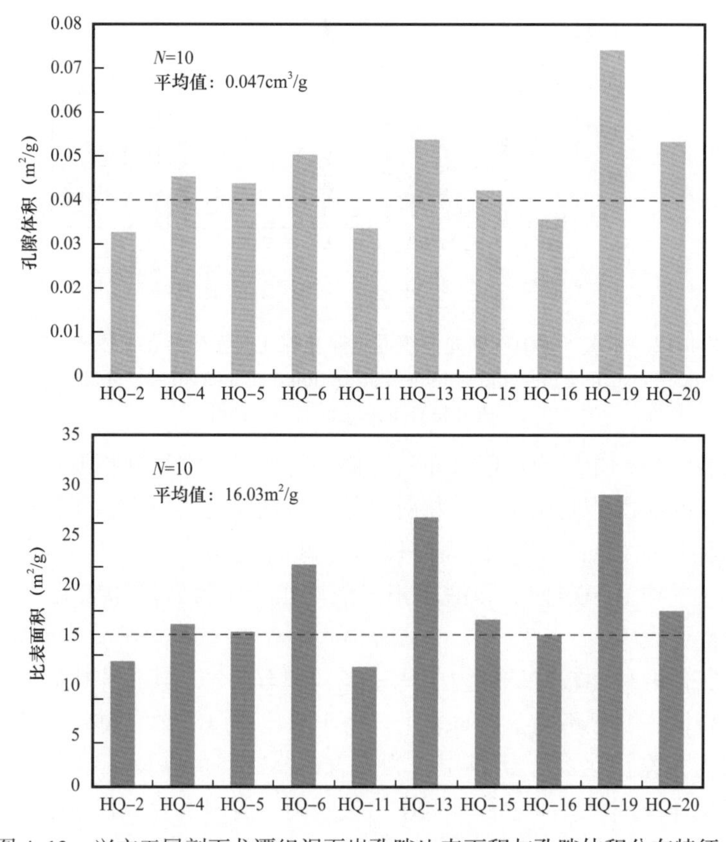

图 4-13　兴文玉屏剖面龙潭组泥页岩孔隙比表面积与孔隙体积分布特征

Fig.4-13　Pore specific surface area and volume distribution characteristics of shales in Longtan Formation，Profile Yuping，Xingwen

（2）石灰岩：对涪陵白涛2个石灰岩样品的低压氮气吸附—脱附实验表明：在相对压力为0～0.95时，吸附量缓慢上升，呈直线相关，吸附量极低，小于2cm^3/g；相对压力大于0.95时，吸附量快速上升，但最大吸附量小于5cm^3/g，孔隙度极低。脱附曲线与吸附曲线几乎重合（图4-14），滞后环极小，属H_4型，孔隙为狭缝型孔，物性较差。孔隙比表面积分布于1.63～2.53m^2/g，孔隙体积分布于0.0065～0.0069cm^3/g，明显较泥页岩小（均小1个数量级），可以作为很好的隔层。

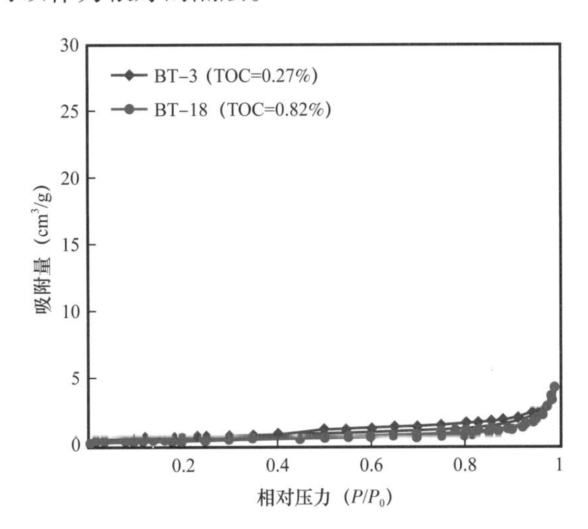

图4-14　吴家坪组石灰岩吸附—脱附曲线（涪陵白涛剖面）

Fig.4-14　Adsorption-desorption curve of limestone in Wujiaping Formation

4.1.2.3　孔径分布

（1）利川袁家槽剖面：利川袁家槽剖面吴家坪组泥页岩孔径分布与孔容增量、比表面积相关图（图4-15）表明：除LC-3样品外，其他样品孔径分布均呈双峰型，小于2nm的微孔形成一峰值，另一峰值分布于10nm附近，对孔隙体积贡献较大，部分样品在20nm处形成次高峰，大于50nm的大孔含量较低。从孔径分布与累计比表面积看，微孔和2～10nm的中孔是孔隙比表面积的主要贡献者，其有利于页岩气的吸附。

（2）邻水华蓥山剖面：华蓥山剖面龙潭组泥页岩孔径分布特征可分为四种类型（图4-16）。① HYS3-5号样品孔径分布特征与利川袁家槽剖面相似，小于2nm的微孔占一定的比例，孔径以2～10nm介孔为主，10～50nm介孔含量低，对孔隙比表面积和孔容贡献不大，大于50nm的大孔含量最低，对孔隙比表面积和孔容贡献极小。总体而言比表面积和孔容较大，具好的储集性能。② HYS3-2、HYS3-4、HYS3-7、HYS3-9号样品孔径分布呈双峰型，小于2nm的微孔占一定比例，对孔隙比表面积和孔容有一定贡献；2～10nm的介孔含量较高，但明显较HYS-5样品低；10～50nm的介孔含量较高，对孔隙比表面积和孔容有一定的贡献，大孔含量低。相比较而言，累计孔隙比表面积和总孔容较HYS3-5样品低，具较好的储集性能。③ HYS3-1、HYS3-6号样品小于2nm的微孔含量低，2～10nm介孔含量较低，而10～50nm介孔含量相对较高，大孔含量较低，累计孔隙比表面积和总孔容小，储集性能相对较差。④ HYS3-8号样品微孔含量极低，中孔含量随孔径增大而含量增加，大孔含量相对较高，累计比表面积和总孔容最小，储集性能最差。

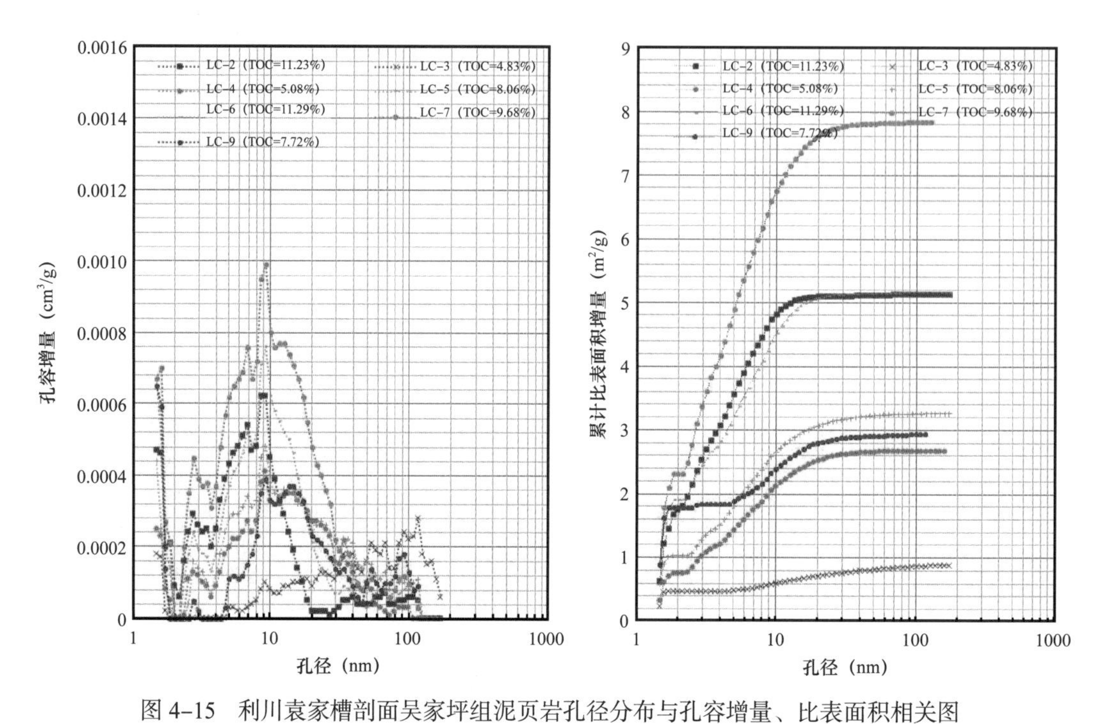

图 4-15　利川袁家槽剖面吴家坪组泥页岩孔径分布与孔容增量、比表面积相关图

Fig.4-15　Correlation of pore size distribution and pore volume increment and specific surface area of shales in Wujiaping Formation，Profile Yuanjiacao，Lichuan

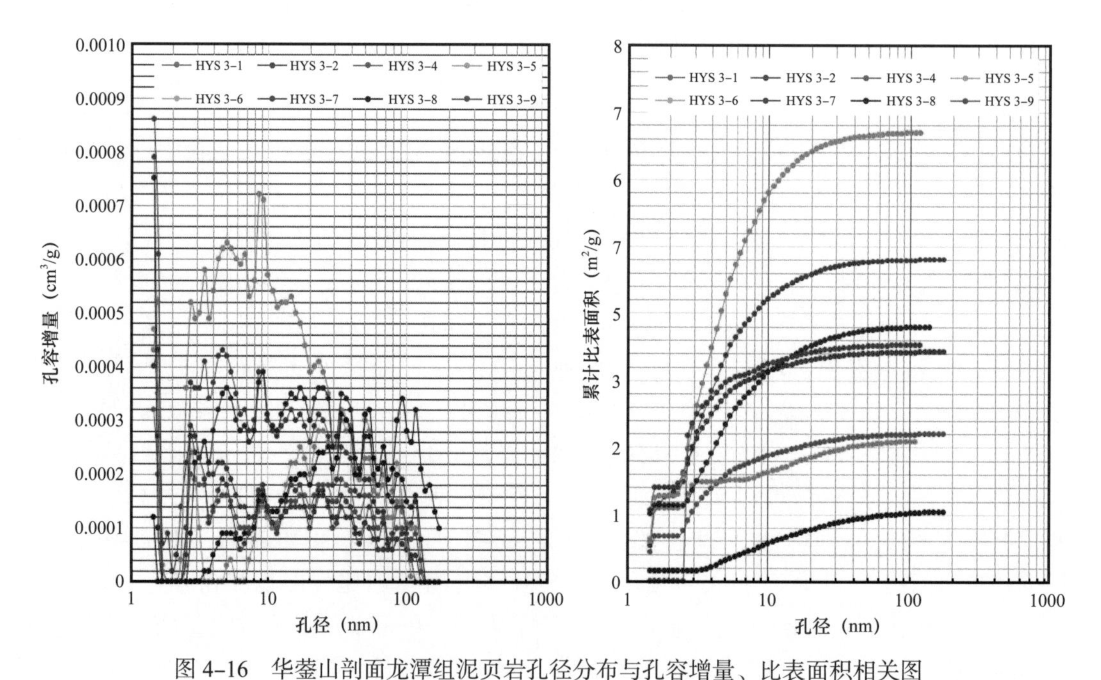

图 4-16　华蓥山剖面龙潭组泥页岩孔径分布与孔容增量、比表面积相关图

Fig.4-16　Correlation of pore size distribution and pore volume increment and specific surface area of shales in Longtan Formation，Profile Huayingshan

（3）綦江赶水剖面：綦江赶水剖面龙潭组泥页岩孔径分布特征可分为三类（图 4-17）。① GS-5 号样品微孔含量较高，2～10nm 介孔占显著比例，10～50nm 介孔含量也较高，大孔含量较低，累计比表面积和孔容较大，储集性能好。② GS-2、GS-24 号样品孔径

分布特征与 GS–5 样品相似，但微孔和 2～10nm 介孔含量要低一些，10～50nm 介孔含量相近，累计比表面积和孔容较高，储集性能较好。③ GS–3、GS–8 号样品微孔和 2～10nm 介孔含量低，孔径以 10～50nm 介孔为主，累计比表面积和孔容小，储集性能较差。煤岩样品微孔和中孔含量低，大孔含量较高，累计比表面积和孔容极低，储集性能最差。

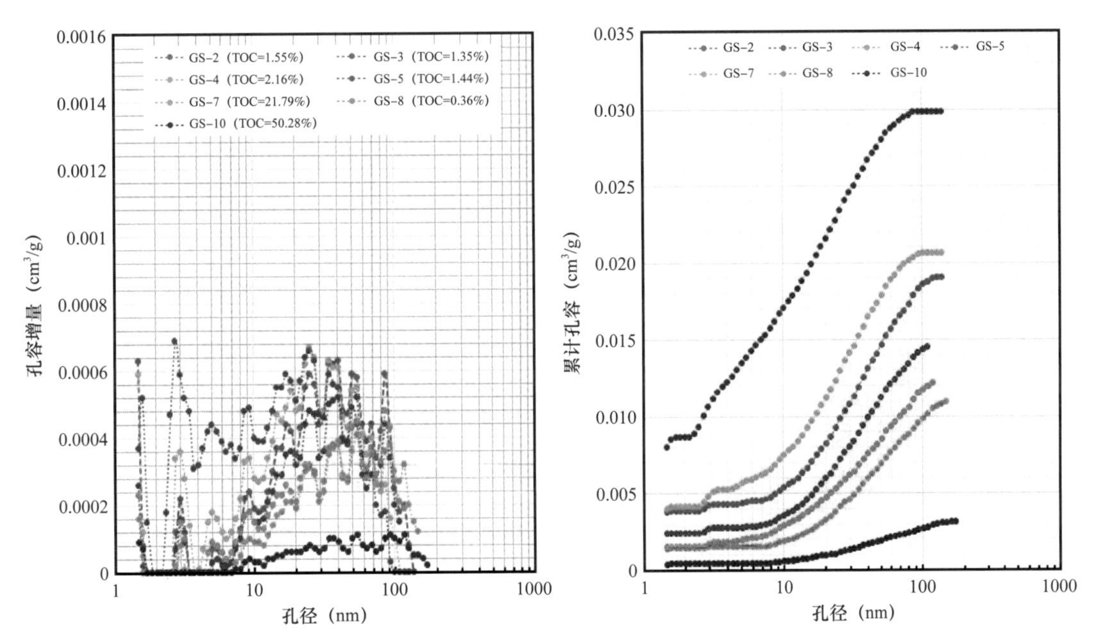

图 4–17　綦江赶水剖面龙潭组泥页岩孔径分布与孔容增量、比表面积相关图

Fig.4–17　Correlation of pore size distribution and pore volume increment and specific surface area of shales in Longtan Formation，Profile Ganshui，Qijiang

（4）兴文玉屏剖面：兴文玉屏剖面龙潭组泥页岩孔径分布差异较大，可分为两种类型（图 4–18）。① HQ–6、HQ–13 号样品属于第一类。HQ–13 号样品微孔含量较高，2～10nm 介孔最为发育，20～50nm 介孔较发育，大孔含量较低；HQ–13 号样品微孔含量最高，2～10nm 介孔含量最高，10～50nm 介孔含量较高，大孔不发育；HQ–6 号样品微孔含量与 HQ–13 相当，2～20nm 介孔较为为发育，20～50nm 介孔较发育，但比 HQ–13 号样品明显要低。总体而言，微孔较为发育，对累计孔隙比表面积和孔容有一定贡献，2～20nm 介孔最为发育，对累计孔隙比表面积和孔容贡献最大，20～50nm 介孔较为发育，对累计孔隙比表面积和孔容有贡献，大孔含量极低，对累计孔隙比表面积和孔容基本没有贡献。② 其他样品可归为第二类，其与第一类的差异主要是微孔和 2～10nm 介孔含量低，孔径以 10～50nm 的介孔为主，累计孔隙比表面积和孔容明显较第一类的小，储层物性相对要差一些。

从深水陆棚—盆地相硅质碳质泥岩→浅水陆棚相泥页岩→沼泽相—潮坪相泥页岩，各剖面孔径变化较大，反映储集性非均质性较强；另一方面，孔径随上述相带变化具总体变大的趋势。

尽管各相带孔径变化较大，总体而言以介孔为主（图 4–19）。利川袁家槽剖面介孔比表面积占总比表面积的 88.8%，邻水华蓥山剖面为 85.9%，兴文玉屏剖面为 87.2%；微孔其次，利川袁家槽剖面微孔比表面积占总比表面积的 8.7%，邻水华蓥山剖面为 8.5%，兴文玉屏剖面为 7.1%，呈逐渐降低的变化趋势。大孔占比最低，袁家槽剖面大孔比表面积占总比表面积的 2.5%，邻水华蓥山剖面为 5.0%，兴文玉屏剖面为 5.7%，呈逐渐升高的变化的趋势。

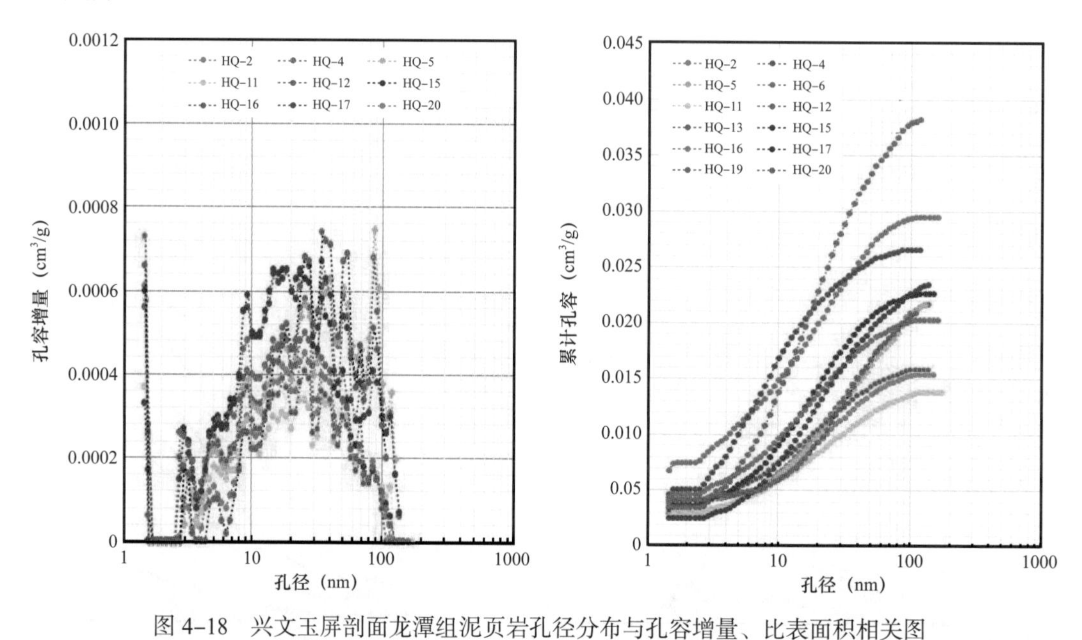

图 4-18　兴文玉屏剖面龙潭组泥页岩孔径分布与孔容增量、比表面积相关图

Fig.4-18　Correlation of pore size distribution and pore volume increment and specific surface area of shales in Longtan Formation，Profile Yuping，Xingwen

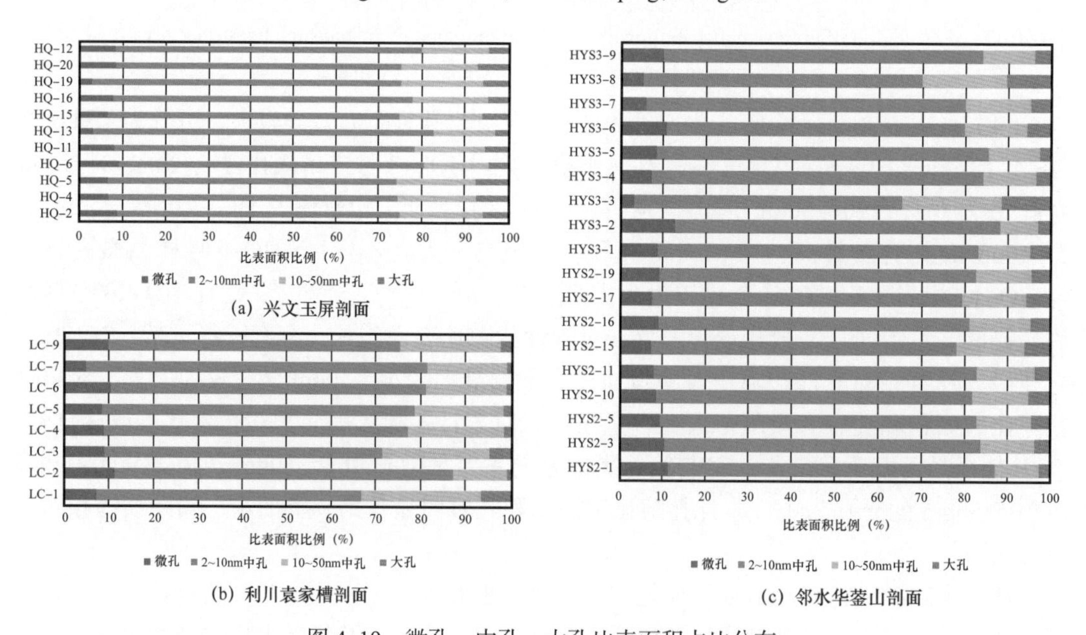

图 4-19　微孔、中孔、大孔比表面积占比分布

Fig.4-19　Distribution of specific surface area of micropore，mesopore and macropore

图 4-20 展示了利川袁家槽、邻水华蓥山、兴文玉屏剖面龙潭组泥页岩中不同孔径对孔容的贡献，总体而言，微孔对孔容贡献最小，平均不超过 4%。三条剖面中微孔对孔容

的平均贡献（算术平均值）分别为 1.7%、3.5%、3.4%。介孔（中孔）对孔容的贡献最大，三条剖面中介孔（中孔）对孔容的平均贡献分别为 74.3%、77.2% 和 68.4%。大孔（宏孔）对孔容也具有较大贡献，三条剖面中平均贡献分别为 23.9%、19.3% 和 28.2%。因此，从孔径—孔容的角度而言，川东地区龙潭组页岩气主要赋存空间为中—大孔，微孔的储气能力占总储集能力的比重很低。这可能也是龙潭组页岩气储集条件不同于龙马溪组页岩气储集条件的最大特点之一。

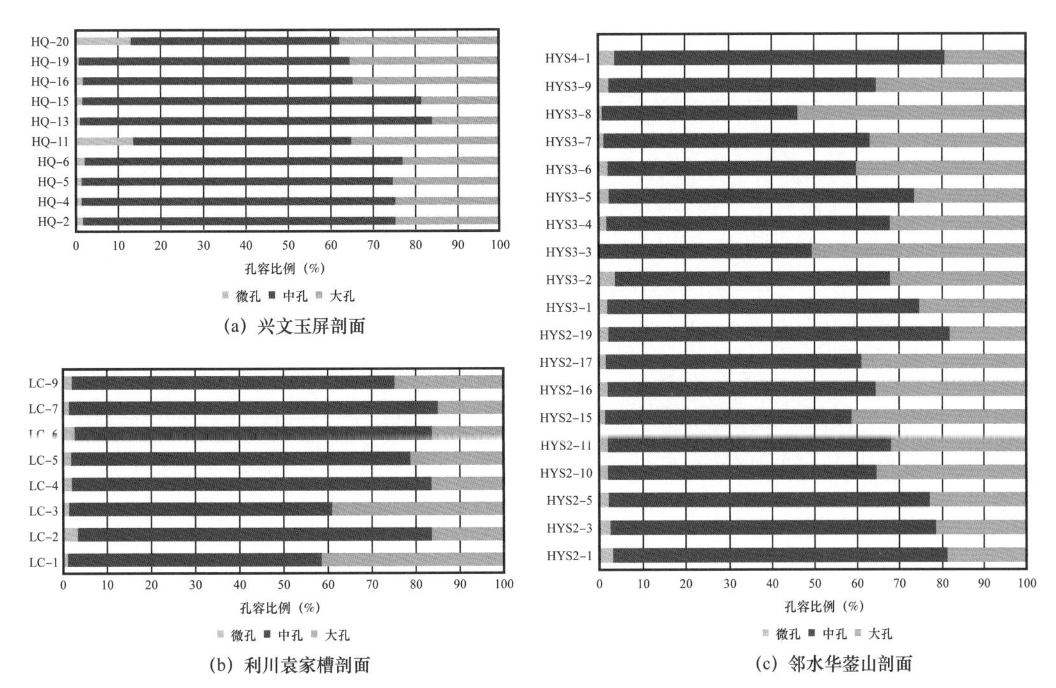

(a) 兴文玉屏剖面

(b) 利川袁家槽剖面

(c) 邻水华蓥山剖面

图 4-20　微孔、中孔、大孔孔容占比分布

Fig.4-20　Percentage distribution of micropore，mesopore and macropore volume

4.1.2.4　孔隙分形维数

基于氮气吸附法实验所得数据，Pfeifer 提出了基于 Frenkel-Halsey-Hill（FHH）模型的分形维数理论计算方法。在该理论基础上得到分形维数计算公式

$$\ln V=(D-3)\ln[\ln(P_0/P)]+C$$

式中　V——平衡压力为 P 时所吸附气体的体积，m^3；

P_0——饱和蒸汽压，MPa；

D——分形维数；

C——常数。

根据测得的氮气等温吸附数据，按照上式进行数据整理，以 $\ln V$ 对 $\ln[\ln(P_0/P)]$ 作图，斜率为 K，即可得分形维数 $D=3+K$。

页岩孔隙的分形维数可以反映出孔隙结构的复杂性，如孔隙表面粗糙程度、形状的不规则程度。

（1）利川袁家槽剖面：以 LC-4 号样品为例，$\ln V-\ln[\ln(P_0/P)]$ 相关图如图 4-21 所示，斜率 K 为 −0.301，分形维数 $D=3+K=2.699$。其他样品分形维数计算结果见表 4-1，分形维数分布于 2.6408～2.8021，差值 0.1613，平均值 2.7233，标准偏差 0.0468，分形维数较大，表明孔隙表面粗糙程度和孔隙形状不规则程度较高。

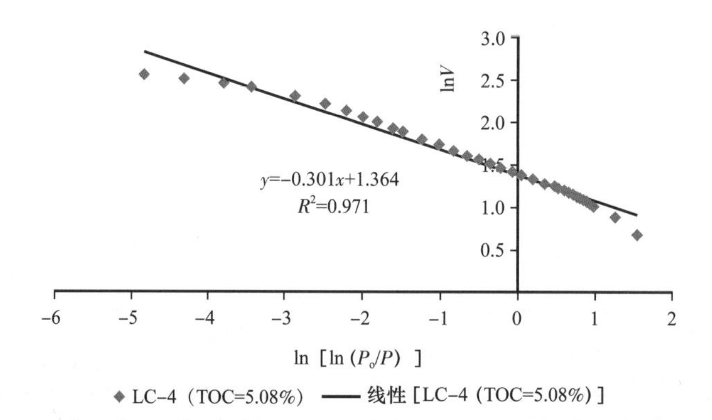

图 4−21　利川袁家槽剖面 LC−4 号样品 ln$V$—ln［ln（P_0/P）］相关图

Fig.4−21　ln［ln（P_0/P）］−ln$V$ correlation of sample LC−4，Profile Yuanjiacao，Lichuan

（2）邻水华蓥山剖面：以 HYS3−1 号样品为例，ln$V$—ln［ln（P_0/P）］相关图如图 4−22 所示，斜率 K 为 −0.326，分形维数 D=3+K=2.674。其他样品分形维数见表 4−2，分形维数分布于 2.5695～2.8299，差值 0.2604，平均值 2.7159，标准偏差 0.0621。尽分形维数平均值较袁家槽剖面小，但不同样品分形维数差值较大，标准偏差大，数据更为离散，储层非均质性更强。

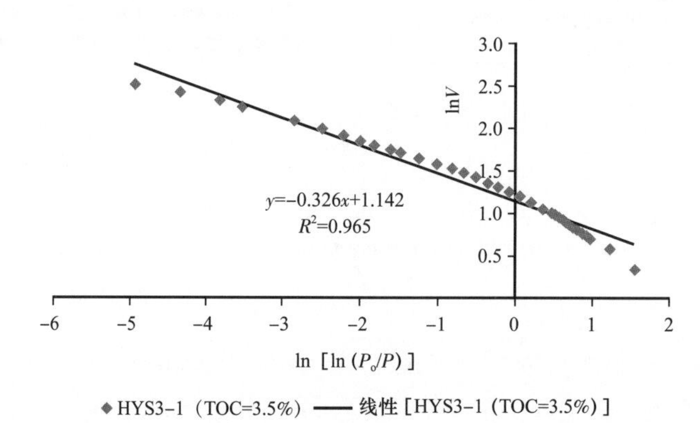

图 4−22　邻水华蓥山剖面 HYS3−1 号样品 ln［ln（P_0/P）］—ln$V$ 相关图

Fig.4−22　ln［ln（P_0/P）］—ln$V$ correlation of sample HYS3−1，Profile Huayingshan，Linshui

（3）綦江赶水剖面：以 GS−5 号样品为例，ln$V$—ln［ln（P_0/P）］相关图如图 4−23 所示，斜率 K 为 −0.247，分形维数 D=3+K=2.753。分形维数分布于 2.685～2.753，差值 0.068，平均值 2.7058，标准偏差 0.0244。GS−10 号样品为煤岩，ln$V$—ln［ln（P_0/P）］相关图如图 4−23 所示，斜率 K 为 −0.310，分形维数 D=3+K=2.69，相对于泥岩样品要小，反映孔隙结构简单，这与吸附—脱附曲线反映其以狭缝孔为主（裂隙），墨水瓶型孔不发育相一致。

（4）兴文玉屏剖面：以 HQ−13 号样品为例，ln$V$—ln［ln（P_0/P）］相关图如图 4−24 所示，斜率 K 为 −0.301，分形维数 D=3+K=2.609。其他样品分形维数见表 4−3，分形维数分布于 2.643～2.732，差值 0.089，平均值 2.6975，标准偏差 0.0255。

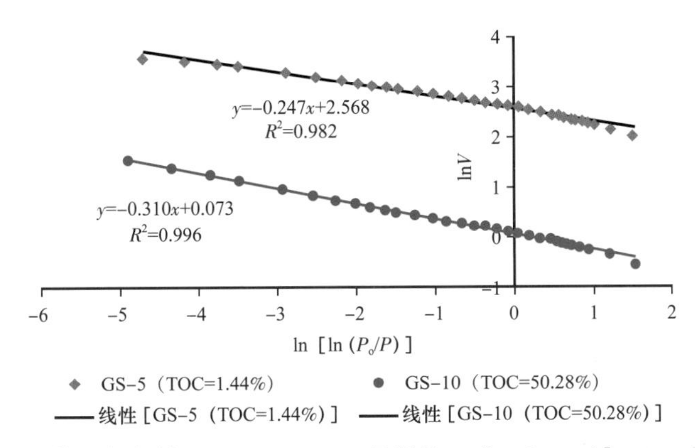

图 4–23　綦江赶水剖面 GS–5、GS–10 号样品 ln［ln（P_0/P）］—ln$V$ 相关图

Fig.4–23　ln［ln（P_0/P）］—ln$V$ correlation of sample GS–5，GS–10，Profile Ganshui，Qijiang

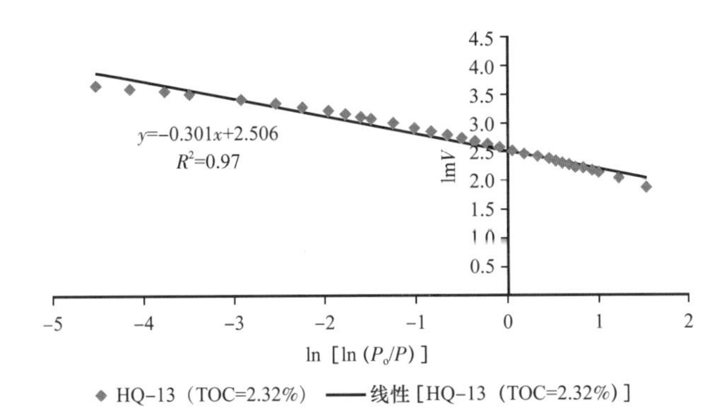

图 4–24　兴文玉屏剖面 HQ–13 号样品 ln［ln（P_0/P）］—ln$V$ 相关图

Fig.4–24　ln［ln（P_0/P）］—ln$V$ correlation of sample HQ–13，Profile Yuping，Xingwen

从龙潭组不同沉积相带泥页岩分形维数看，深水陆棚相泥页岩孔隙分形维数最大（利川袁家槽剖面平均值 2.7233），其次为浅水陆棚相（邻水华蓥山剖面平均值为 2.7159，綦江赶水剖面平均值 2.7058），沼泽相—潮坪相最小（兴文玉屏剖面平均值 2.6975），反映出不同沉积相带泥页岩孔隙结构复杂程度的差异。这与扫描电镜，氮气吸附—脱附、孔径、比表面积和总孔容的总体变化趋势相一致。

4.2　川东地区龙潭组泥页岩孔隙发育影响因素

国内外许多学者对页岩孔隙发育的影响因素进行了研究。Bustin 等认为页岩有机碳含量、黏土矿物含量等是孔隙结构的主要影响因素；Sondergeld 等（2010）通过氩离子抛光与扫描电镜相结合观察到页岩中大部分孔隙发育在有机质中；魏祥峰等（2013）、程鹏等（2013）、郭旭升等（2014）、徐勇等（2015）、李可等（2016）对川东、川东南五峰组—龙马溪组页岩孔隙发育控制因素研究认为，有机质含量、黏土矿物含量、石英含量、热演化程度均不同程度影响着页岩微观孔隙的发育，其中有机质含量（图 4–25）和热演化程度（图 4–26）是泥页岩孔隙发育的主控因素（郭旭升，2014）。魏志红（2015）进一步探讨了焦石坝地区五峰组—龙马溪组有机质孔发育的差异性认为：不同有机显微组分、同一有机显微组分的有机质孔发育均存在差异，个体较大的固体沥青有机质孔最为发育，干酪根有机质孔较为发育，笔石碎片有机质孔不发育。有机质孔是随着有机碳向烃类和碳质残渣转化而形成的，笔石富碳贫氢的特征导致其有机质孔不发育；不同母质来源的干酪根生烃潜力存在差异决定了其有机质孔发育存在差异；固体沥青有机质孔是在原油裂解过程中形成的，其发育程度可能主要与原油赋存的粒间孔隙空间大小相关。

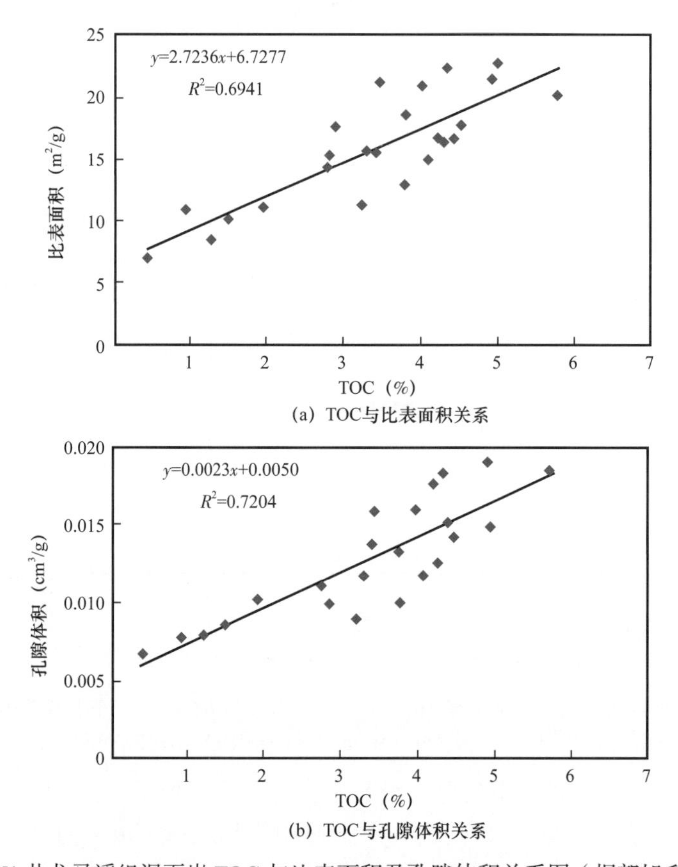

图 4-25　JY1 井龙马溪组泥页岩 TOC 与比表面积及孔隙体积关系图（据郭旭升等，2014）

Fig.4-25　Relation diagram of TOC with specific surface area and pore volume of shales in Longmaxi Formation，Well JY 1（After Guo X.S. et al.，2014）

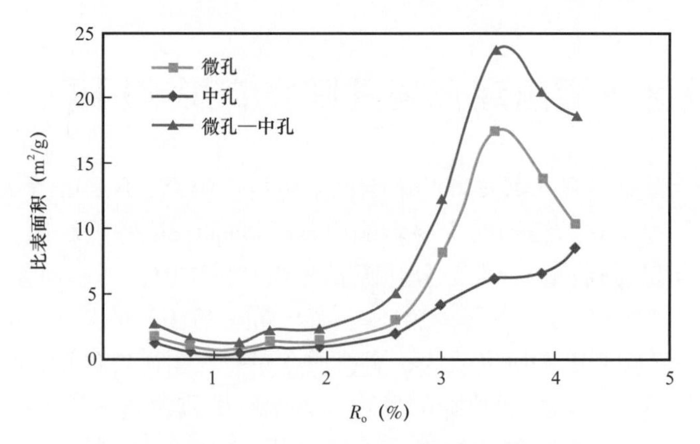

图 4-26　富有机质页岩纳米级孔隙结构随成熟度的变化图

（据程鹏等，2013；热模拟样品：新疆二叠系黑色页岩）

Fig.4-26　Plots showing changes of nanopore parameters with increasing maturity（After Cheng P. et al.，2013）

张吉振等（2015）对川南地区龙潭组页岩孔隙发育的影响因素分析表明，页岩有机碳含量、成熟度（R_o）和矿物成分含量均影响川南地区龙潭组页岩气储层孔隙发育：页岩有机碳含量越高，页岩有机质生气过程中生成的有机质孔会越多；龙潭组页岩成熟度达高—过成熟阶段，该阶段孔隙随二次裂解生气得以扩展空间；黏土矿物一定程度利于孔隙发育，与页岩孔容呈正相关，脆性矿物则相反。

李娟等（2015）对黔西北二叠系页岩储层中孔隙结构的影响因素研究认为，龙潭组页岩孔隙结构和体积受有机质丰度（TOC）、黏土矿物和石英影响明显。有机碳含量高，则微孔隙越丰富，黏土矿物，特别是伊利石的增多，中孔是增加的；石英对宏孔体积的增加是起到积极作用的。

4.2.1　龙潭组有机质特征与孔隙

4.2.1.1　有机质丰度及其组成

图 4–27 展示了川东地区龙潭组泥页岩有机质丰度与累计孔隙比表面积的关系，由图可见，明显分可为两类，利川袁家槽剖面吴家坪组泥质岩属深水陆棚—盆地相沉积，有机质丰度与累计孔隙比表面积呈正相关，与五峰组—龙马溪组的相近，反映有机丰度是孔隙发育的主控因素之一；华蓥山剖面龙潭组泥质岩主体属浅水陆棚相沉积、兴文玉屏剖面龙潭组泥质岩属沼泽相—潮坪相沉积，有机质丰度与孔隙累计比表面积呈弱负相关关系，明显不同于五峰组—龙马溪组和袁家槽剖面吴家坪组的相关性，也有别于前人（张吉振等，2015；李娟等，2015）对川南—黔西北地区龙潭组泥质岩有机质丰度与孔隙累计比表面积的关系（正相关），反映出有机质丰度并非龙潭组浅水陆棚相—沼泽相泥质岩孔隙发育的主控因素。

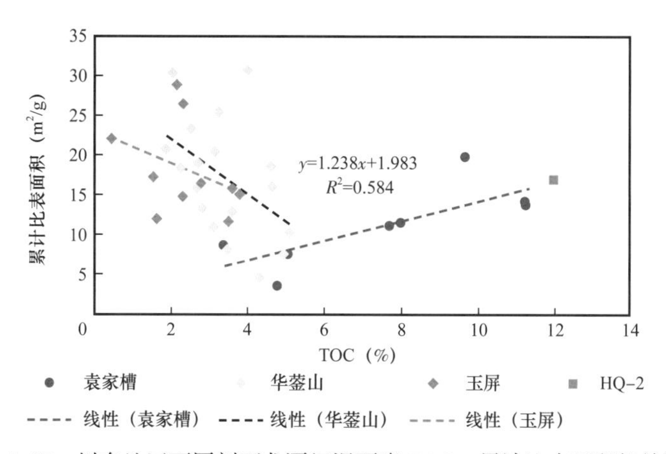

图 4–27　川东地区不同剖面龙潭组泥页岩 TOC—累计比表面积相关图

Fig.4–27　TOC–cumulative specific surface area correlation of shales in section different in Longtan Formation, easten Sichuan basin

如前文所述，受沉积相带控制，龙潭组泥质岩中有机质组差异显著，川东北区上二叠统深水陆棚相—盆地相泥页岩中有机显微组分以藻屑体（Al）为主，其次为固体沥青（Bi），干酪根碳同位素分布于 –26‰～–28‰之间，有机质类型属 II_1 型，易于生油；而华蓥山—黄金 1 井一线以南地区龙潭组泥质岩中有机质组成以镜质组为主，其次为丝质组，易于生油的壳质组、腐泥组含量低，干酪根碳同位素普遍重于 –24‰，有质类型属 II_2—Ⅲ

型，属气倾性烃源岩。因此有机质组成的差异可能是两类相关性的本质所在。腐殖腐泥型有机质富含脂肪族烃，生烃过程中烃转化率高，有机孔发育并在一定的地质条件下能得以保持至今；而惰质组、镜质组以木质素、纤维素为主，生烃潜力小，烃转化率低，不易形成有机质孔。这与 Chalmers 等研究认为有机质纳米孔隙在富含惰质组及镜质组的Ⅱ、Ⅲ型干酪根中最为发育（Chalmrs 等，2007a，2008a）相悖，可能与镜质组的差异沉积、成岩环境相关。兴文玉屏剖面龙潭组泥页岩有机质组成以镜质组为主，大多数样品中镜质组有机孔不发育，但 HQ-12 号泥岩样品镜质组孔隙较为发育，其孔隙累计比表面积、微孔比表面积、中孔比表面积与袁家槽剖面吴家坪组相似有机质丰度的样品相当（图 4-27、图 4-28）；扫描电镜观察揭示出，镜质组孔隙发育非均质性极强（图 4-29），同一块镜质组局部孔隙极为发育，且连通性较好，边部镜质组致密（图 4-29a、b），可能是在成岩作用早期，细菌对镜质组的差异改造，使其富含氢，在后期热演化生烃过程中与 $Ⅱ_1$—Ⅰ型干酪根类似，易于生油，并形成有机孔并得以保持至今。细菌的改程度决定了有机孔的发育程度，图 4-29c 局部细菌改造程度强，发育直径大于 300nm 的大孔，图 4-29d 细菌改造程度相对较弱，有机孔欠发育，且连通性较差。

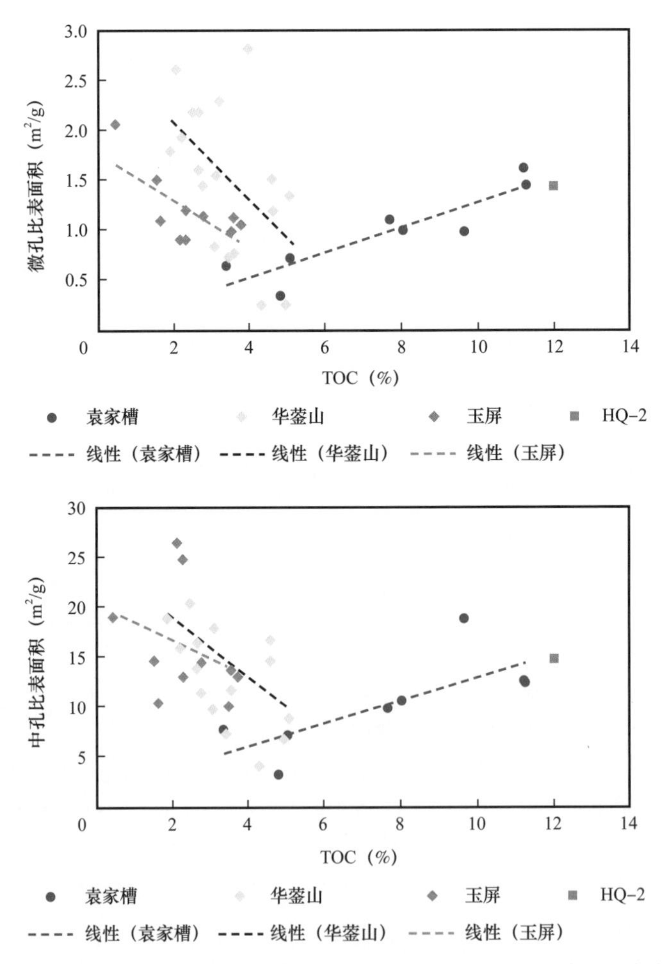

图 4-28　川东地区不同龙潭组泥页岩 TOC—微孔、中孔比表面积相关图

Fig.4-28　Correlation of TOC-specific surface area in micropore，mesopore from different shales of Longtan Formation，easten Sichuan basin

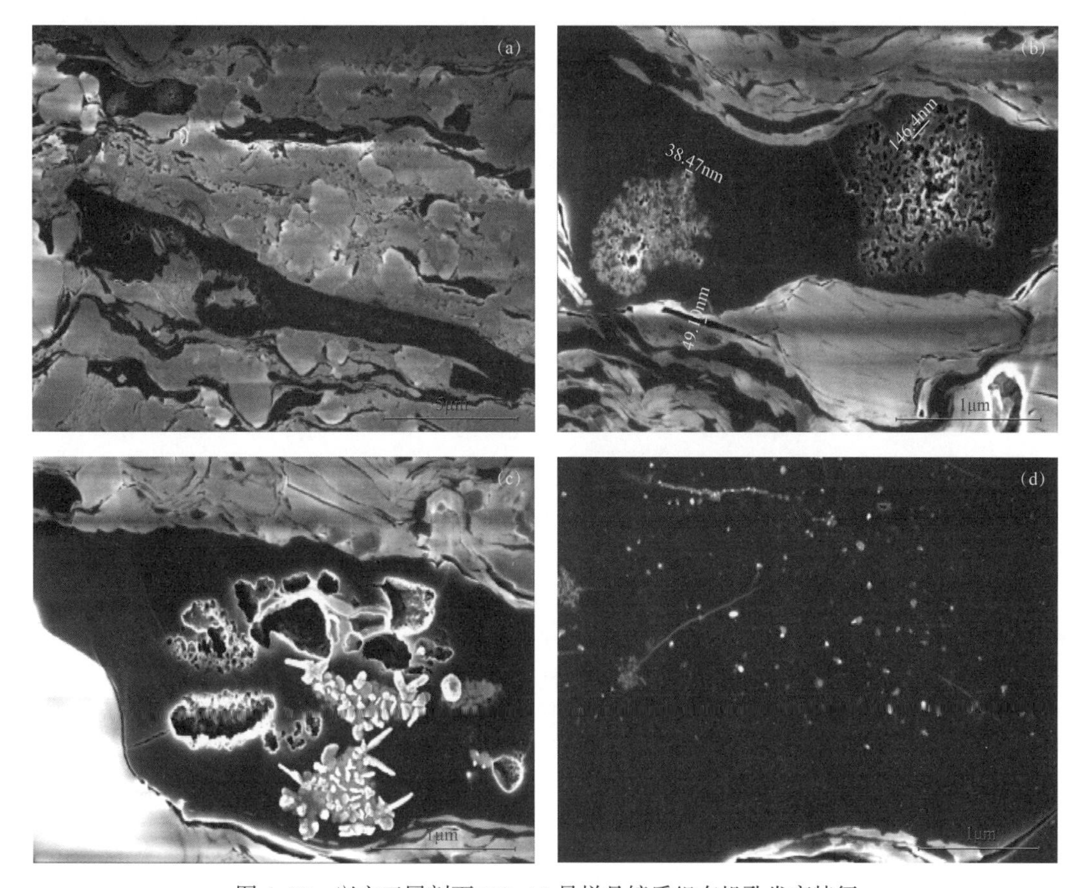

图 4-29 兴文玉屏剖面 HQ-12 号样品镜质组有机孔发育特征

Fig.4-29 Characteristics of organic pore development in vitrinite of sample HQ-12，Profile Yuping，Xingwen

从川东地区龙潭组泥页岩微孔比表面积和中孔比表面积与 TOC 相关图（图 4-28）可见，利川袁家槽剖面吴家坪组呈正相关关系，有机质含量越高，微孔、中孔比表面积越大，表明有机质微孔、中孔的主要载体；而华蓥山剖面、兴文玉屏剖面呈现出有机质含量越高，微孔、中孔比表面越小，反映出有机质不仅不是微孔、中孔的载体，而且还对孔隙的发育起抑制作用。

扫描电镜观察表明，利川袁家槽剖面吴家坪组泥页岩孔隙以有机质孔为主，无机孔（黏土矿物晶间孔、黄铁矿晶间孔、残留化石腔孔）和微裂缝（隙）欠发育，因此，有机质含量与累计孔隙比表面、微孔比表面积和中孔比表面积呈正相关关系。而华蓥山剖面、兴文玉屏剖面龙潭组泥页岩中有机质孔隙普遍欠发育，孔隙以黏土矿物晶间孔为主，这是有机质含量与累计孔隙比表面积、微孔比表面积和中孔比表面积负相关的直观表征。

不同相带泥页岩中孔隙类型不同（利川袁家槽剖面以有机孔为主，邻水华蓥山、兴文玉屏剖面以无机孔和微裂隙为主），因此，有机质含量与孔隙分形维数（表征孔隙结构复杂程度或孔隙表面粗糙程度）也呈现出两类相关性（图 4-30）。袁家槽剖面吴家坪组孔隙分形维数与有机质含量呈正相关关系，而邻水华蓥山、兴文玉屏剖面则呈负相关关系，这进一步证实了孔隙构成的差异性。

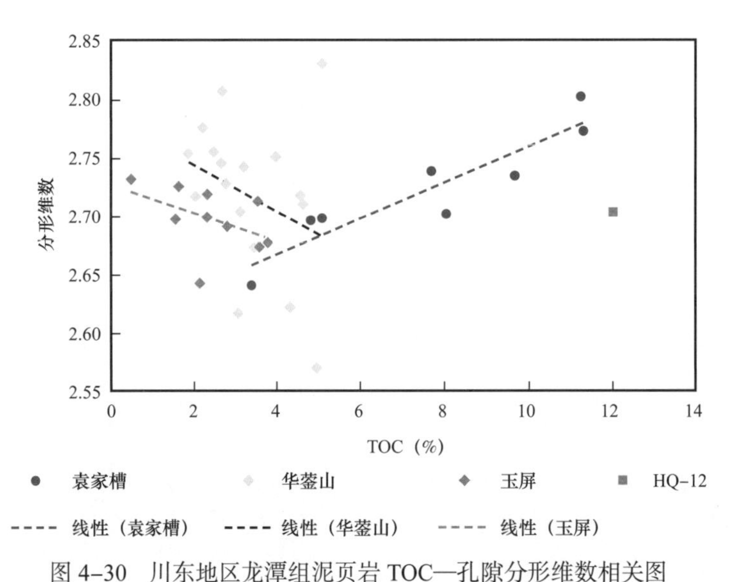

图 4-30　川东地区龙潭组泥页岩 TOC—孔隙分形维数相关图

Fig.4-30　TOC-fractal dimension of pore correlation of shales in Longtan Formation, easten Sichuan basin

4.2.1.2　成熟度与孔隙

Curtis 等（2012）发现成熟度 R_o 低于 0.9% 时有机孔不发育，进入生气窗（＞1.0%）以后液态烃开始裂解，有机孔开始发育、孔体积开始增加。有机孔开始发育的成熟度下限的研究已经很多，如 Reed 等（2012）认为 Barnett 页岩和 Haynesville 页岩有机孔形成始于 R_o 为 0.8%，而 Loucks 等（2012）和 Slatt 等（2012）则认为 R_o 在 0.6% 时已经开始发育有机孔。但对有机孔保存与破坏的成熟度上限的研究还较少。邹才能等（2010）认为 R_o 超过 3.6% 以后，有机质发生碳化，内部孔隙被部分破坏甚至是完全破坏，由半规则—规则的孔隙形态演变成纤维状或被压实成条形状，造成有机孔的体积大幅度减少。图 4-31 揭示出 R_o 在 3.6% 时有机质具有最高的孔隙体积，约占有机质体积的 35%；随着成熟度持续增加到 6.36%，有机孔占有机质体积比例降到 5% 左右。极高的成熟度既严重破坏了有机孔的结构，更会造成气体的逸失，不利于页岩气的富集成藏。

有机孔的演化与成熟度之间的关系可以分为三个阶段，即形成期（$0.6\%<R_o<2.0\%$）、发展期（$2.0\%<R_o<3.5\%$）和转换破坏期（$R_o>3.5\%$）。成熟度 $R_o<2.0\%$ 时，微孔和介孔的体积都较小，且随着成熟度的增加增幅不大；成熟度 $R_o>2.0\%$ 以后，微孔和介孔的体积开始快速增加且在成熟度 $R_o=3.5\%$ 左右达到孔体积峰值；成熟度 $R_o>3.5\%$ 以后，有机质发生碳化，孔隙遭受破坏、数量变少、结构变差，孔隙体积和比表面积开始下降。

Mark E. Curtis 等（2012）对 Woodford 页岩的研究发现，同一样品、同一视域中，两块有机质孔隙发育面貌迥然不同，提出单单只考虑有机质热成熟度不足以预测有机质孔的演化过程，有机质孔的发育还与泥页岩有机质的显微组分有关。

图 4-32 展示了四川盆地侏罗系、鄂尔多斯盆地三叠系、四川盆地二叠系不同演化程度镜质组孔隙发育面貌，其与图 4-31 形成鲜明的对比，反映富氢有机质孔隙的发育受演化程度控制，而贫氢有机质无论演化程度高低，孔隙均不发育。

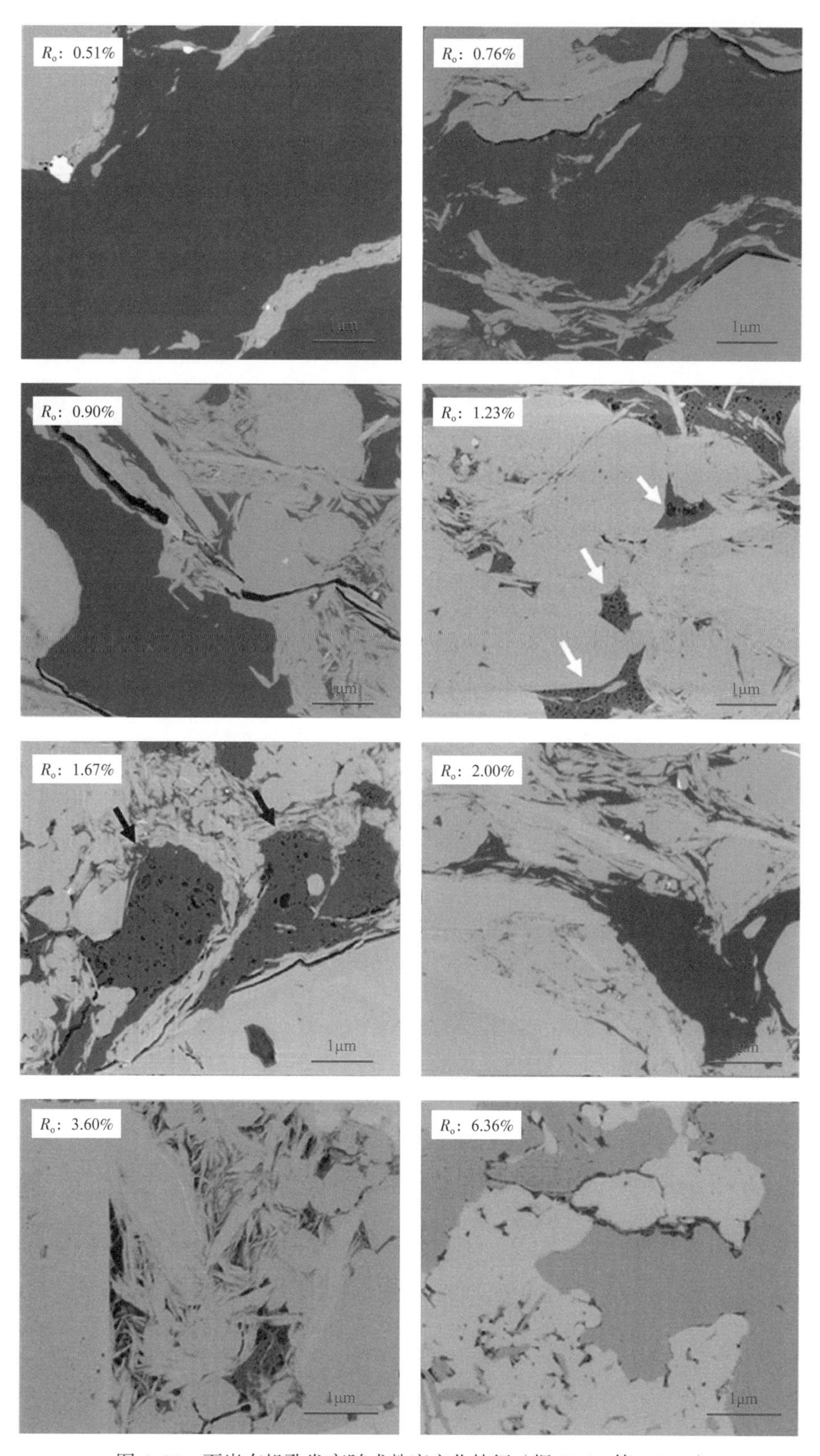

图 4-31 页岩有机孔发育随成熟度变化特征（据 Curits 等，2012）

Fig.4-31 Change characteristics of organic pore development with maturity of shales（After Curits et al.，2012）

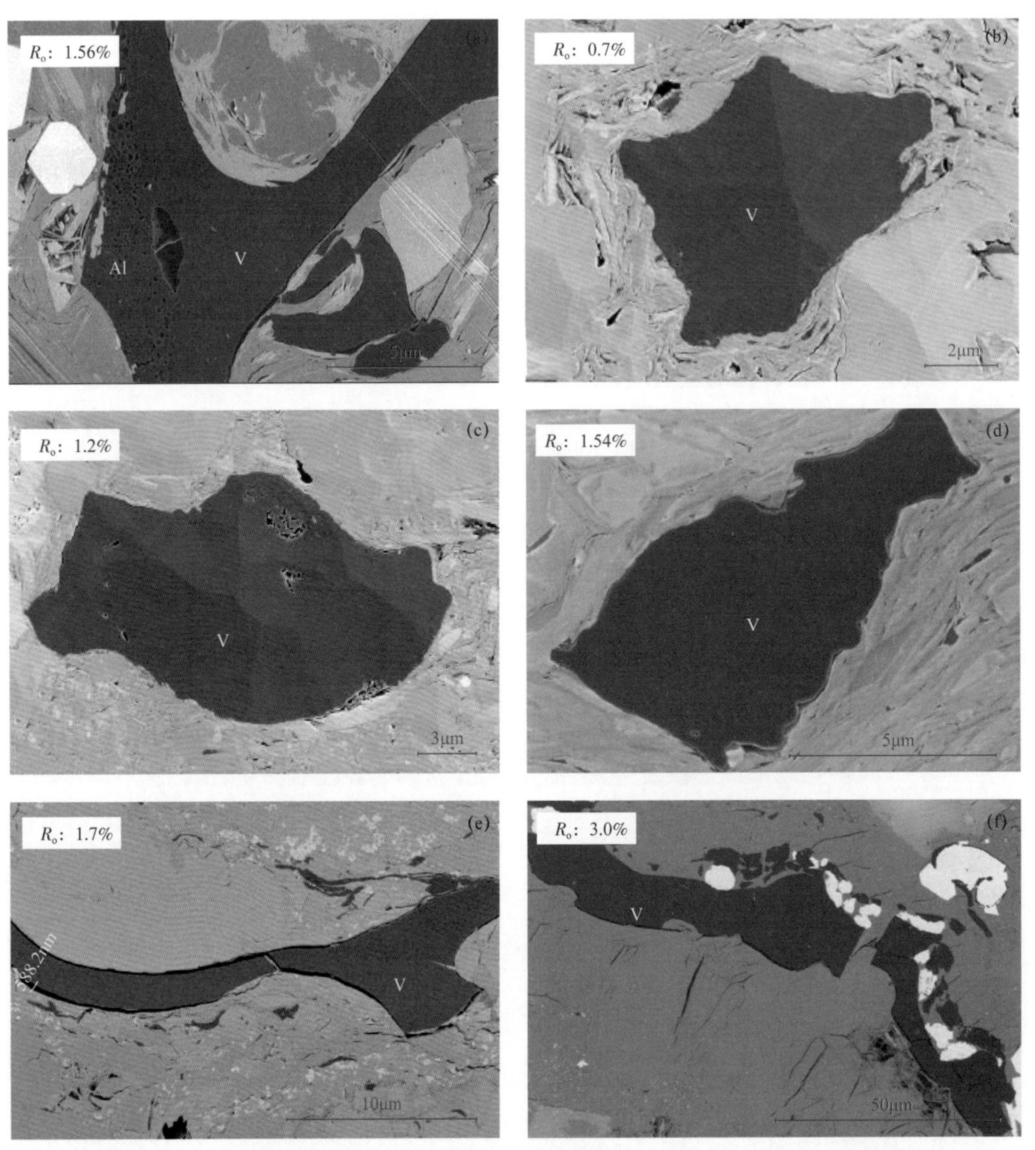

（a）四川盆地涪页 4 井，J_1da，黑色页岩中有机质孔隙发育差异显著；（b）鄂尔多斯盆地长 7 页岩；（c）鄂尔多斯盆地长 7 页岩；（d）四川盆地涪页 10 井，J_1dy；（e）兴文玉屏剖面，P_3l；（f）四川盆地明 1 井，P_3l

图 4–32　不同演化程度镜质组（V）孔隙发育面貌

Fig.4–32　Relation diagram of vitrinite and pore volume

4.2.2　龙潭组矿物组成特征与孔隙

4.2.2.1　黄铁矿含量

在利川袁家槽深水陆棚相泥页岩中发育大量的草莓体黄铁矿，这些草莓体黄铁矿常与有机质形成共生体。可以看出草莓体黄铁矿间有机孔的数量非常多，远远多于附近有机质中的有机孔数量（图 4–33）。同生沉积黄铁矿的存在能够促进有机质更好地分解，是（油）页岩生烃潜力的一个重要指标。较高的黄铁矿含量可能指示了较好的原始生烃潜力，因而与黄铁矿赋存在一起的有机质更容易产生有机孔，且数量更多、连通性更好。黄铁矿间赋存的有机质也具有更高的页岩气吸附能力，使得黄铁矿成为页岩聚集成藏的一个重要的促进因素。黄铁矿对页岩气聚集的促进作用可能是通过以下几个方面体现的：一是铁离子是有机质沉积时所必需的物质，铁含量高有利于有机质的富集和保存，而有机质含量的高低直接影响页岩气的生气能力和储集能力，这也间接地表明了随着黄铁矿增加，页岩的含气性随之增加；二是黄铁矿间的有机孔更为发育，不仅增加了有机质的微孔数量更增加了页岩的比表面积，从而为吸附气和部分游离气提供了储集空间；三是页岩中具有大量的草莓体黄铁矿，按照 Love（1966）估计的每立方毫米页岩中含有 1×10^4 个草莓体黄铁矿，这些草莓体黄铁矿包含了大量粒度很小的黄铁矿微晶，在黄铁矿微晶间发育有大量的孔隙，能够在一定程度上增加页岩的表面积和孔隙度。

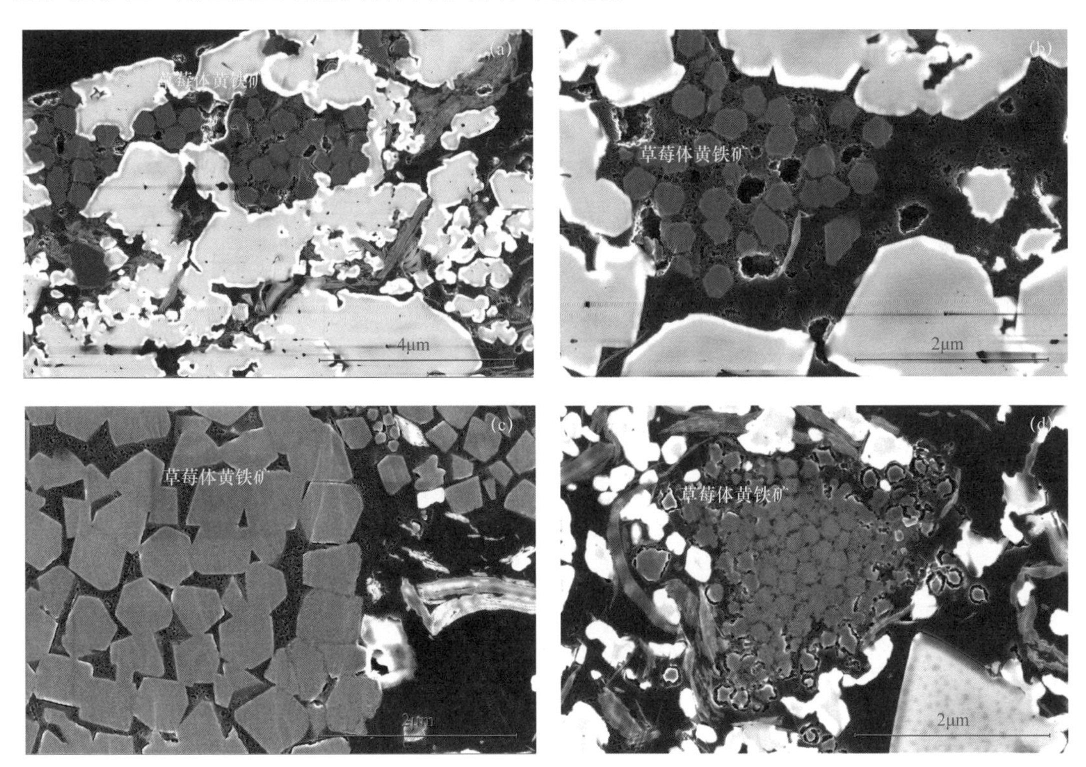

图 4–33　利川袁家槽吴家坪组页岩草莓体黄铁矿与有机孔发育特征

Fig.4–33　Characteristics of pyrite framboid and organic pore of shales in Wujiaping Formation，Profile Yuanjiacao，Lichuan

值得指出的是 Barnett 页岩是北美页岩气产区中含气性最好的页岩之一，其吸附量很高，占总含气量的 61%（Mavor，2003）。Barnett 页岩的 TOC 含量一般在 5% 左右，利用 TOC 含量并不能完全解释其高产机理，而黄铁矿的含量也多在 5% 以上，推测高含气性还可能与高含量的黄铁矿有关（Loucks 等，2009）。大量的研究表明黄铁矿与页岩甲烷吸附量之间具有一定的正相关性（图 4–34）。Shiley 等（1981）指出可以根据页岩中铁离子的含量变化来预测伊利诺伊盆地肯塔基州页岩中气体大量聚集的地方，聂海宽等（2012）也认为可以依据黄铁矿的富集程度预测页岩最大含气区。这些研究都充分说明了黄铁矿在页岩气聚集成藏过程中起着非常重要的作用乃至在后期勘探过程中具有很好的页岩气富集区指示意义。

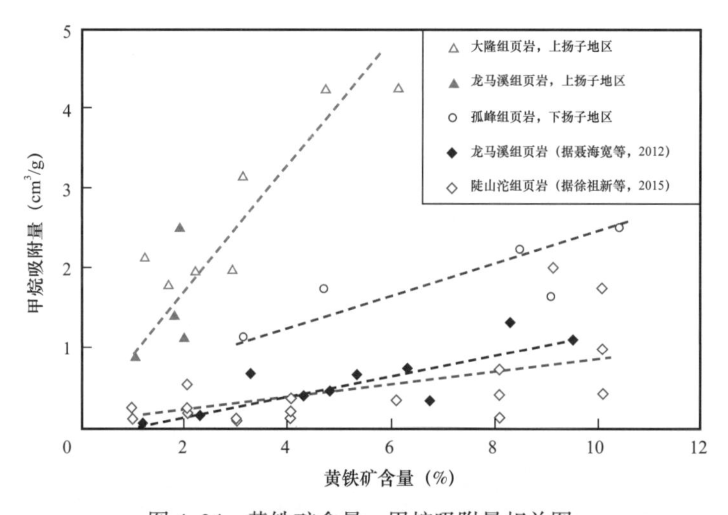

图 4–34　黄铁矿含量—甲烷吸附量相关图

Fig.4–34　Correlogram pyrite content–methane adsorption capacity

4.2.2.2　石英含量

脆性矿物石英、方解石等尽管含量很高，但由于具有很低的内部表面积（Ross 等，2007），一般认为它们对页岩气的吸附能力很低，但脆性矿物对页岩裂隙发育程度有重要影响并影响游离气容量以及页岩气的开采性，因而研究石英对泥页岩微观孔隙的影响也具有一定的意义。

对川东龙潭组泥页岩孔隙参数与石英的相关性分析如图 4–35 所示，利川袁家槽剖面吴家坪组泥页岩石英含量高（>60%），其与累计孔隙比表面、微孔比表面积、中孔比表面积呈弱正相关关系（复相关系数极低），与大孔比表面积呈弱负相关关系，复相关系数 0.231，反映出石英并非孔隙发育的主控因素；兴文玉屏剖面、邻水华蓥山剖面龙潭组泥页岩石英含量低（<40%），累计孔隙比表面、微孔比表面积、中孔比表面积和大孔比表面积相关性极差，表明石英含量与并不控制孔隙发育程度，与泥页岩储集性关系不明显。

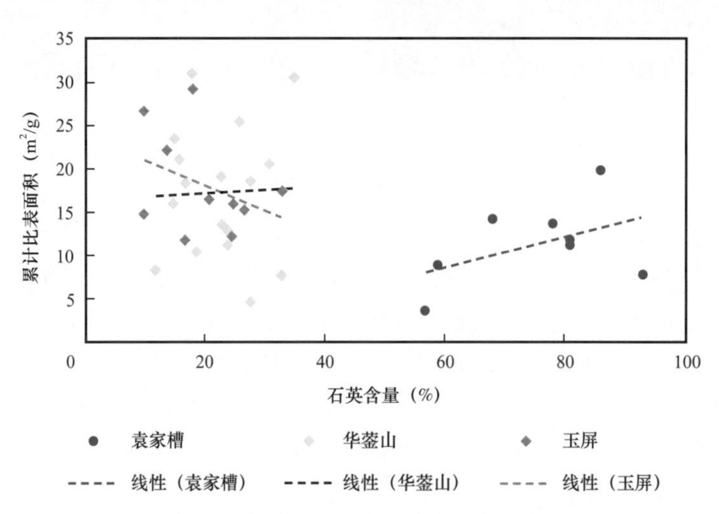

图 4–35　川东地区龙潭组泥页岩石英含量与比表面积相关图

Fig.4–35　Correlation map of quartz content and specific surface area of shales in Longtan Formation，easten Sichuan basin

4.2.2.3 黏土矿物含量

一般认为黏土矿物具有纳米尺度的孔结构、较高的比表面积和纳米孔体积，能为气体吸附提供除有机质孔以外的吸附位置。但以往的文献也报道了高成熟泥页岩中黏土矿物含量与比表面积和甲烷吸附量之间存在负相关性的现象，可能与黏土矿物的含量和种类有关。

图 4–36 展示了利川袁家槽、邻水华蓥山、兴文玉屏剖面吴家坪组 / 龙潭组泥页岩黏土矿物含量与累计孔隙比表面积、中孔比表面积的相关性，利川袁家槽剖面吴家坪组黏土矿物含量低，其与累计孔隙比表面积和中孔比表面积呈弱负相关系，表明黏土矿物含量对高丰度、高石英含量对泥页岩孔隙发育起一定的抑制作用；这与扫描电镜观测的以有机孔为主，无机孔含量相对较低相一致。

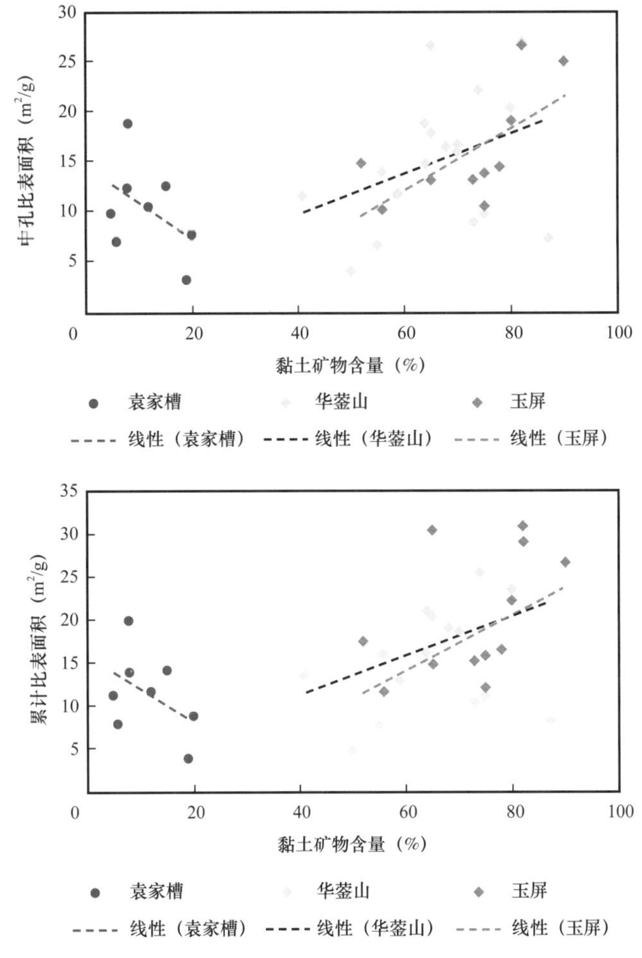

图 4–36　川东地区龙潭组泥页岩黏土矿物含量与比表面积相关图

Fig.4–36　Correlation map of clay mineral content and specific surface area of shalesin Longtan Formation, easten Sichuan basin

邻水华蓥山、兴文玉屏剖面龙潭组泥页岩黏土矿物含量高，其与累计孔隙比表面积和中孔比表面积呈弱正相关关系，反映出黏土矿物含量在一定程度上控制了孔隙的发育；扫描电镜观察表明，与这 2 条剖面孔隙以无机孔（黏土矿物晶间孔、缝）为主，有机孔不发育相吻合。

4.2.2.4　伊利石、伊蒙混层相对含量

Schettler（1990）在研究北美 Appalachian 盆地泥盆系页岩时认为甲烷吸附容量首先与黏土矿物伊利石含量相关，其次与干酪根有关；Lu 等（1995）也在研究泥盆系页岩吸附时发现，尽管页岩 TOC 含量低，但由于较高含量伊利石存在使页岩具有显著的甲烷吸附容量。显然，就吸附性能来看，伊利石可能是泥页岩比表面积和孔体积一个非常重要的影响因素。

由于不同类型的黏土矿物所具有的比表面积也具有很大的差异（Ji 等，2012），如蒙脱石、伊蒙混层、绿泥石、高岭石、伊利石的比表面积依次分别为 $76.4m^2/g$、$30.8m^2/g$、$15.3m^2/g$、$11.7m^2/g$ 和 $7.1m^2/g$（Ji 等，2012）。蒙脱石和伊蒙混层等具有较高的比表面积，可能会对页岩或油页岩总比表面积有较大的贡献；但伊利石等本身的比表面积可能较低，在以有机孔为主的页岩中，随着伊利石含量的增加会造成泥页岩单位质量（或体积）的微观数量的减少，从而呈现出伊利石与比表面积或孔隙体积之间的负相关性。

本次分析的样品伊利石、伊 / 蒙混层矿物含量与累计孔隙比表面积相关图如图 4-37，其离散程度高，基本没有明显的相关性，反映这些矿物并非孔隙发育的主控因素。

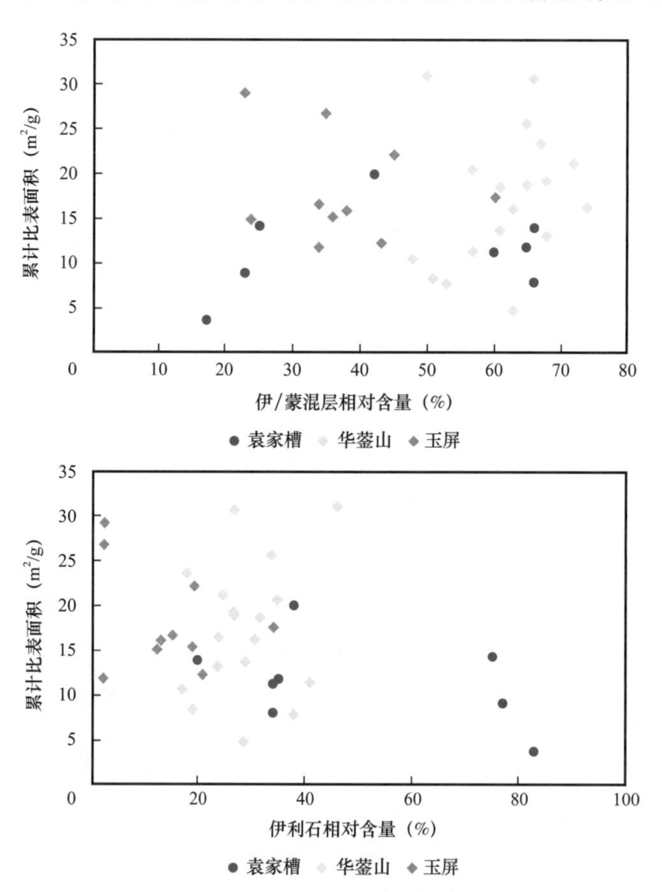

图 4-37　川东地区龙潭组泥页岩伊利石、伊 / 蒙混层相对含量与累计比表面积相关图

Fig.4-37　Correlation map of illite，relative content of iraqi/mongolian mixed layer and cumulative specific surface area of shales in Longtan Formation，easten Sichuan basin

综上所述，川东地区龙潭组/吴家坪组泥页岩孔隙发育控制因素可分为两类：腐泥型有机质为主的富有机质泥页岩孔隙的发育主要受有机质含量和热演化程度控制，黄铁矿含量与孔隙发育呈正相关，与五峰组—龙马溪组孔隙发育控制因素一致；腐殖型有机质为主的富有机质泥页岩孔隙的发育主要受黏土矿物含量控制，明显不同于前者。

4.3 川东地区泥页岩物性特征

4.3.1 氦气（He）孔隙度

兴文玉屏剖面共计分析11件样品，泥页岩孔隙度分布于4.23%～12.46%，平均8.30%；綦江赶水剖面泥页岩孔隙度分布于2.33%～11.45%，平均6.93%（5件样品）；邻水华蓥山剖面泥页岩孔隙度分布于2.45%～12.57%，平均7.64%（16件样品）；利川袁家槽剖面泥页岩孔隙度分布于2.81%～9.84%，平均5.81%（6件样品）；总体而言，川东地区龙潭组泥页岩He孔隙度较高，具较好的储集性能。

4.3.2 高压压汞孔隙度与孔隙结构

4.3.2.1 兴文玉屏剖面

兴文玉屏剖面龙潭组泥页岩孔隙度及孔喉特征参数见表4-4，其孔隙度分布于3.55%～12.46%，平均7.68%（8件样品），较He孔隙度略低，总体表现为具较好的储集性能。

表4-4 兴文玉屏剖面龙潭组泥页岩高压压汞特征参数表

Table 4-4 Characteristic parameter table of high pressure mercury injection of shales in Longtan formation, Profile Yuping, Xingwen

样号	岩性	孔隙度（%）	中值压力（MPa）	中值半径（μm）	均值系数	分选系数	歪度系数	变异系数	退汞效率（%）
HQ-2	泥岩	7.34	49.55	0.0151	11.44	3.35	1.40	0.29	36.88
HQ-5	泥岩	5.23	96.86	0.0077	13.58	2.95	0.43	0.22	51.68
HQ-6	泥岩	9.23	60.82	0.0123	13.15	2.85	0.57	0.22	37.32
HQ-11	碳质泥岩	12.46	31.36	0.0239	13.39	2.39	0.49	0.18	35.25
HQ-12	煤	12.36	21.10	0.0355	13.64	2.07	0.11	0.16	26.49
HQ-13	泥岩	11.34	110.73	0.0068	13.73	2.78	0.66	0.20	40.90
HQ-16	黑色泥岩	3.55	31.90	0.0235	13.02	2.52	0.73	0.19	39.59
HQ-17	黑色泥岩	5.35	18.80	0.0399	12.24	2.90	1.25	0.21	39.50
HQ-19	碳质泥岩	6.94	25.72	0.0292	12.72	2.44	1.03	0.19	32.86

压汞曲线形态反映了各孔喉段孔隙的发育情况、孔隙之间的连通性信息。图4-38展示了兴文玉屏剖面龙潭组毛细管压力曲线，各样品门槛压力较低，分布于0.1388～0.2894MPa，平均0.1937MPa，反映存在大孔；中值压力较高，分布18.80～110.73MPa，平均53.22MPa，表明孔隙细小，连通性较差，退汞效率低，分布于32.86%～51.68%，平均39.25%，同样反映孔径较小。

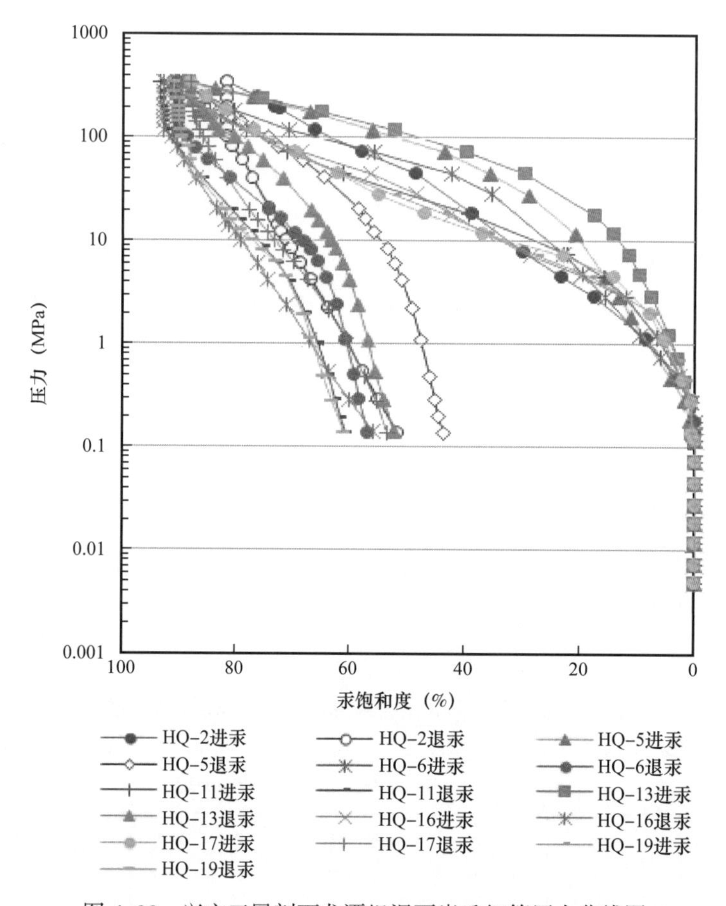

图4-38 兴文玉屏剖面龙潭组泥页岩毛细管压力曲线图

Fig.4-38 Capillary pressure curve of shales in Longtan Formation，Profile Yuping，Xingwen

孔隙中值半径分布于6.8～39.9nm，平均19.8nm，孔径分选系数2.44～3.35，平均2.77，喉道较均匀，渗透性较差；均值系数11.44～13.73，平均12.91，物性较差，歪度系数0.43～1.25，平均0.82（8件样品）；变异系数0.18～0.29，平均0.21，总体呈现出渗透性差，需压裂改造。

从孔径结构看（图4-39），大孔（＞50nm）占一定比例，分布于15.96%～41.85%，平均30.79%，明显较氮气吸附实验结果要高，这是因为不同方法的适用范围不一，高压压汞对大孔精度较高，而氮气吸附法则对微孔和中孔精度较高。中孔（2～50nm）为主，分布于58.15%～84.04%，平均69.21%。

从不同样品渗透率贡献值看（图4-40），中孔对渗透率贡献极低，分布于0.03%～0.36%，平均0.13%，对渗透率起主导作用的是大孔（数百纳米至数微米的孔隙）。

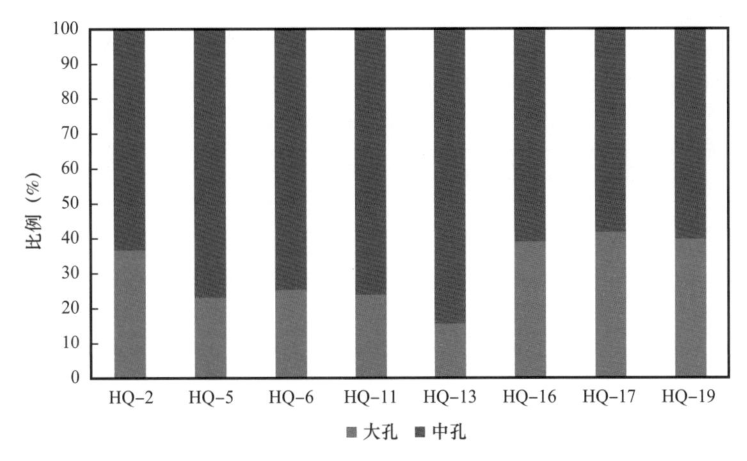

图 4-39　兴文玉屏剖面龙潭组泥页岩孔径结构

Fig.4-39　Pore size structure of shales in Longtan Formation，Profile Yuping，Xingwen

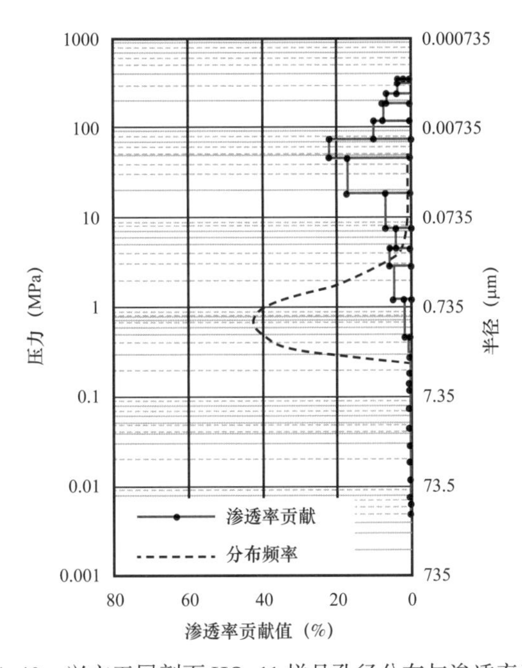

图 4-40　兴文玉屏剖面 HQ-11 样品孔径分布与渗透率贡献

Fig.4-40　Pore size distribution and permeability contribution of sample HQ-11，Profile Yuping，Xingwen

4.3.2.2　綦江赶水剖面

綦江赶水剖面龙潭组泥页岩孔隙度及孔喉特征参数见表 4-5，其孔隙度分布于 3.82%～14.71%，平均 8.26%（5 件样品），较 He 孔隙度略高，总体表现为具较好的储集性能。2 件煤样孔隙度分别为 4.55% 和 4.15%，孔隙度较低。

图 4-41 展示了綦江赶水剖面龙潭组毛细管压力曲线，各样品门槛压力较低，分布于 0.139～0.2907MPa，平均 0.1694MPa，反映存在大孔；中值压力较高，分布于 8.58～75.21MPa，平均 36.62MPa，表明孔隙细小，连通性较差，退汞效率低，分布于 4.24%～37.83%，平均为 27.63%，同样反映孔径较小。GS-10 号样品为煤岩，门槛压力 0.1388MPa，中值压力 77.47MPa，退汞率高，达 72.89%。

表 4-5　綦江赶水剖面龙潭组泥页岩（煤）高压压汞特征参数表

Table 4-5　Characteristic parameter table of high pressure mercury injection of shale (coal) in Longtan Formation，Profile Ganshui，Qijiang

样号	岩性	孔隙度（%）	中值压力（MPa）	中值半径（μm）	均值系数	分选系数	歪度系数	变异系数	退汞效率（%）
GS-2	黑色泥岩	5.12	23.99	0.0313	12.59	2.45	0.64	0.20	28.42
GS-3	泥岩	14.71	49.92	0.0150	12.58	2.98	1.05	0.24	33.24
GS-4	粉砂质泥岩	8.10	8.58	0.0875	11.46	2.34	0.98	0.20	4.24
GS-5	泥岩	9.55	75.21	0.0100	13.53	2.92	0.22	0.22	34.42
GS-8	钙质泥岩	3.82	25.39	0.0295	12.66	2.82	0.31	0.22	37.83
GS-7	煤	4.55	7.36	0.1019	11.25	2.65	1.24	0.24	32.29
GS-10	煤	4.15	77.47	0.0097	12.59	4.06	0.19	0.32	72.89

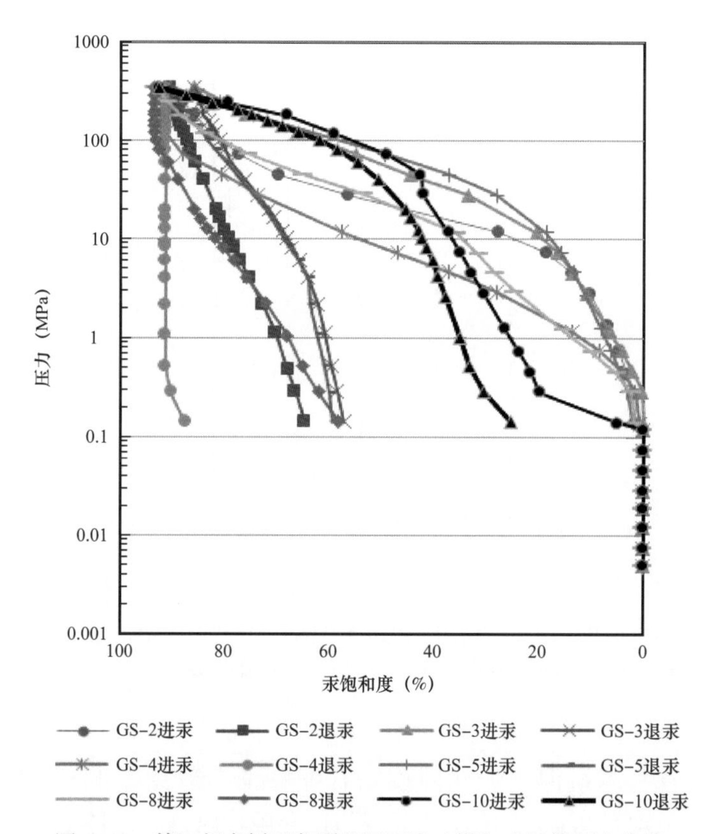

图 4-41　綦江赶水剖面龙潭组泥页岩（煤）毛细管压力曲线

Fig.4-41　Capillary pressure curve of shale (coal) in Longtan Formation，Profile Ganshui，Qijiang

孔隙中值半径分布于10～87.5nm，平均34.7nm，孔径分选系数2.34～2.98，平均2.70，喉道较均匀，渗透性较差；均值系数11.46～13.53，平均12.56，物性较差，歪度系数0.22～1.05，平均0.64（5件样品）；变异系数0.20～0.24，平均0.22，总体呈现出渗透性差，需压裂改造。

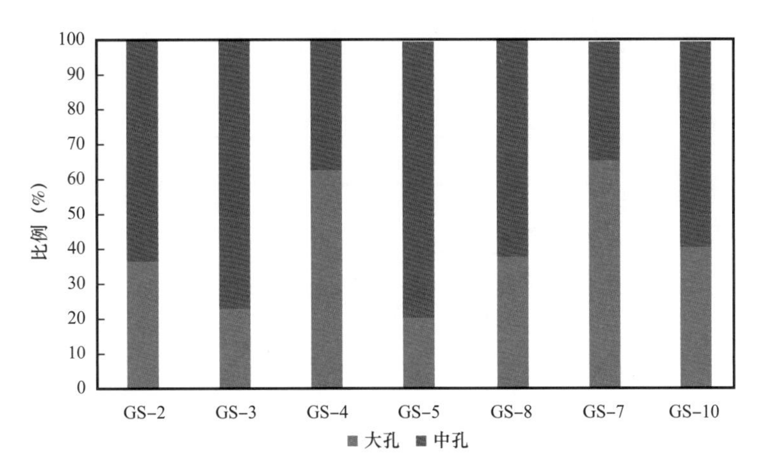

图 4-42 綦江赶水剖面龙潭组泥页岩（煤）孔径结构

Fig.4-42 Pore size structure of shale（coal）in Longtan Formation，Profile Ganshui，Qijiang

从孔径结构看（图 4-42），大孔（>50nm）占一定比例，分布于 20.48%～38.10%，平均 28.28%（4 件样品）；以中孔（2～50nm）为主，分布于 61.90%～79.52%，平均 71.72%（4 件样品）。但 GS-4 号样品以大孔为主（占 63.01%），中孔含量较低。2 件煤岩样品孔径分布差异极大，GS-7 号样品以大孔为主（65.85%），GS-10 号样品则以中孔为主（59.76%）。

从不同样品渗透率贡献值看，中孔对渗透率贡献极低，分布于 0.017%～0.132%，平均 0.052%，对渗透率起主导作用的是大孔（数百纳米至数微米的孔隙）。煤岩样品中孔对渗透率贡献值也极低。

4.3.2.3 邻水华蓥山剖面

邻水华蓥山剖面龙潭组泥页岩孔隙度及孔喉特征参数见表 4-6，其孔隙度分布于 3.44%～9.09%，平均 7.64%（4 件样品），与 He 孔隙度相当，总体表现为具较好的储集性能。1 件煤岩样品孔隙度为 8.99%，孔隙度较高。

表 4-6 华蓥山剖面龙潭组泥页岩高压压汞特征参数表

Table 4-6 Characteristic parameter table of high pressure mercury injection of shales in Longtan Formation，Profile Huayingshan

样号	岩性	孔隙度（%）	中值压力（MPa）	中值半径（μm）	均值系数	分选系数	歪度系数	变异系数	退汞效率（%）
HYS2-9	泥岩	3.44	3.06	0.2448	10.67	3.12	1.44	1.29	21.74
HYS3-7	泥岩	9.09	9.01	0.0773	11.72	2.85	0.83	0.24	23.27
HYS3-8	泥岩	8.96	2.46	0.3066	10.48	2.41	1.45	0.43	17.12
HYS3-9	泥岩	9.09	17.40	0.0431	12.96	2.52	0.61	0.19	37.20
HYS4-1	煤	8.99	108.28	0.0069	12.02	3.74	1.01	0.31	53.02

图 4-43 展示了华蓥山剖面龙潭组毛细管压力曲线，各样品门槛压力较低，分布于 0.1388～0.4481MPa，平均 0.2163MPa，反映存在大孔；中值压力较低，分布 3.06～

17.40MPa，平均 7.98MPa，表明孔隙较大，连通性较好，退汞效率低，分布于 17.12%～37.20%，平均 34.83%，黏土矿物含量较高所致。HYS4-1 号样品为煤岩，门槛压力 0.2717MPa，中值压力 108.28MPa，退汞效率较高，达 53.02%。

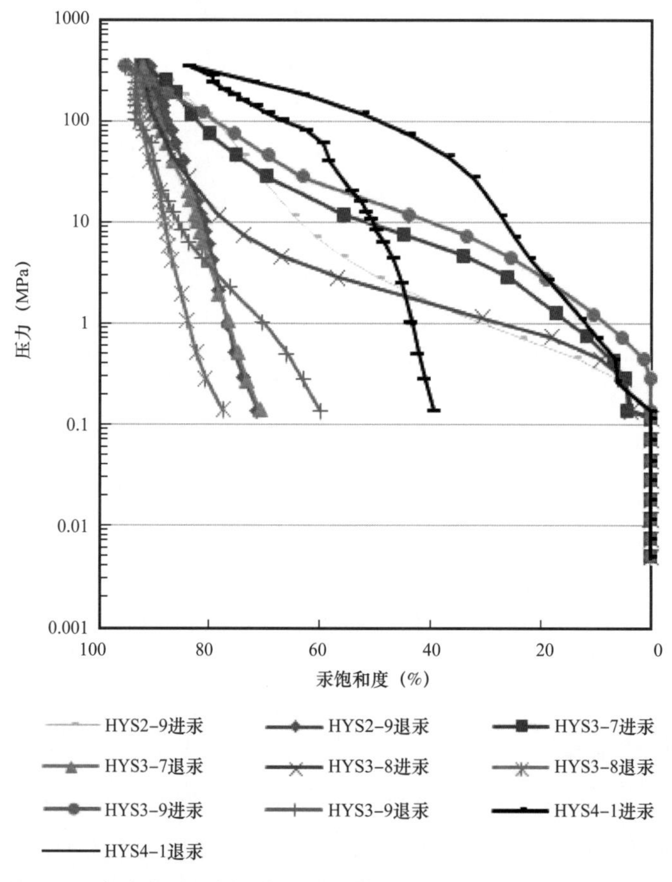

图 4-43　邻水华蓥山剖面龙潭组泥页岩（泥灰岩）毛细管压力曲线

Fig.4-43　Capillary pressure curve of muddy-shale（marl）in Longtan Formation，Profile Huayingshan，Linshui

孔隙中值半径分布于 43.1～306.6nm，平均 168nm，孔径分选系数 2.41～3.12，平均 2.72，喉道较均匀，渗透性较差；均值系数 10.48～12.96，平均 11.46，物性较差，歪度系数 0.61～1.45，平均 1.08（4 件样品）；变异系数 0.19～1.29，平均 0.54，总体呈现出渗透性差，需压裂改造。煤样中值半径 6.9nm，分选系数明显比泥岩大，孔隙结构更为复杂。

从孔径结构看（图 4-44），大孔（＞50nm）占比较高，分布于 45.85%～83.79%，平均 65.31%（4 件样品）；中孔（2～50nm）含量相对较低，分布于 16.21%～54.15%，平均 34.69%（4 件样品）。HYS4-1 为煤样，其大孔含量 32.66%，中孔含量较多，达 67.34%。

从不同样品渗透率贡献值看，中孔对渗透率贡献极低，分布于 0.040%～0.1616%，平均 0.04522%，对渗透率起主导作用的是大孔（数百纳米至数微米的孔隙）。煤岩样品中孔对渗透率贡献值也极低。

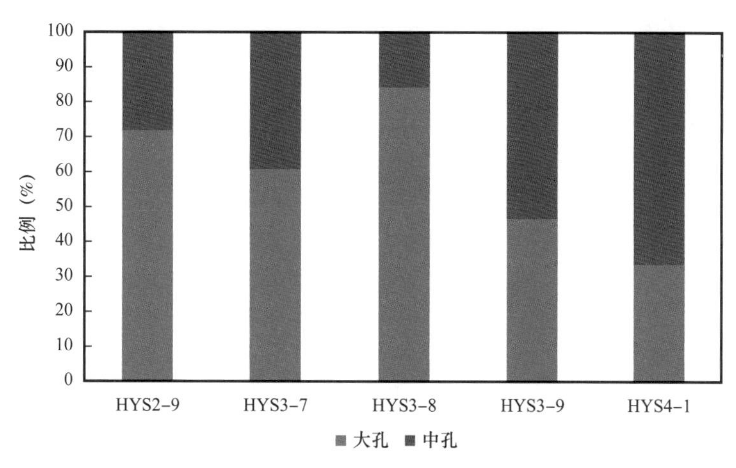

图 4–44　华蓥山剖面龙潭组泥页岩（煤）孔径结构

Fig.4–44　Pore size structure of shale（coal）in Longtan Formation，Profile Huayingshan

4.3.2.4　利川袁家槽剖面

利川袁家槽剖面吴家坪组泥页岩孔隙度及孔喉特征参数见表 4–7，其孔隙度分布于 2.81%～9.84%，平均 5.48%（7 件样品），与 He 孔隙度（5.81%）相当，总体表现为具较好的储集性能。LC–3 号样品高碳泥岩孔隙度为 17.4%，孔隙度较高。

表 4–7　利川袁家槽剖面吴家坪组泥页岩高压压汞特征参数表

Table 4–7　Characteristic parameter table of high pressure mercury injection of shales in Wujiaping Formation，Profile Yuanjiacao，Lichuan

样号	岩性	孔隙度（%）	中值压力（MPa）	中值半径（μm）	均值系数	分选系数	歪度系数	变异系数	退汞效率（%）
LC–1	碳质页岩	3.52	7.75	0.0967	11.65	2.26	1.55	0.19	28.23
LC–2	硅质碳质页岩	4.25	112.66	0.0067	13.37	3.72	0.12	0.28	48.85
LC–3	高碳泥岩	17.40	88.63	0.0085	13.76	2.91	0.34	0.21	11.99
LC–4	硅质碳质页岩	9.84	239.34	0.0031	11.99	4.20	1.18	0.35	23.92
LC–5	泥岩	3.22	23.91	0.0314	12.37	3.68	0.63	0.30	17.81
LC–6	硅质碳质页岩	2.81	209.39	0.0036	14.32	3.20	0.03	0.22	16.02
LC–7	碳质页岩	6.33	145.01	0.0052	14.12	2.78	0.30	0.20	16.96
LC–8	泥岩	5.45	104.34	0.0072	15.47	1.25	1.18	0.08	33.82
LC–9	钙质碳质泥岩	8.42	160.16	0.0047	14.05	3.07	0.17	0.22	14.52

图 4–45 展示了利川袁家槽剖面吴家坪组泥页岩毛细管压力曲线，各样品门槛压力较低，分布于 0.1388～0.2919MPa，平均 0.2227MPa，反映存在大孔；中值压力高，普

遍大于 100MPa，平均为 128.32MPa，表明孔隙细小，连通性较差，退汞效率低，分布于 14.52%～48.85%，平均 23.76%，同样反映孔隙细小。LC–8 号样品为泥灰岩，门槛压力高很多，达 11.59MPa，中值压力高（104.34MPa），退汞效率较低（33.82%）。

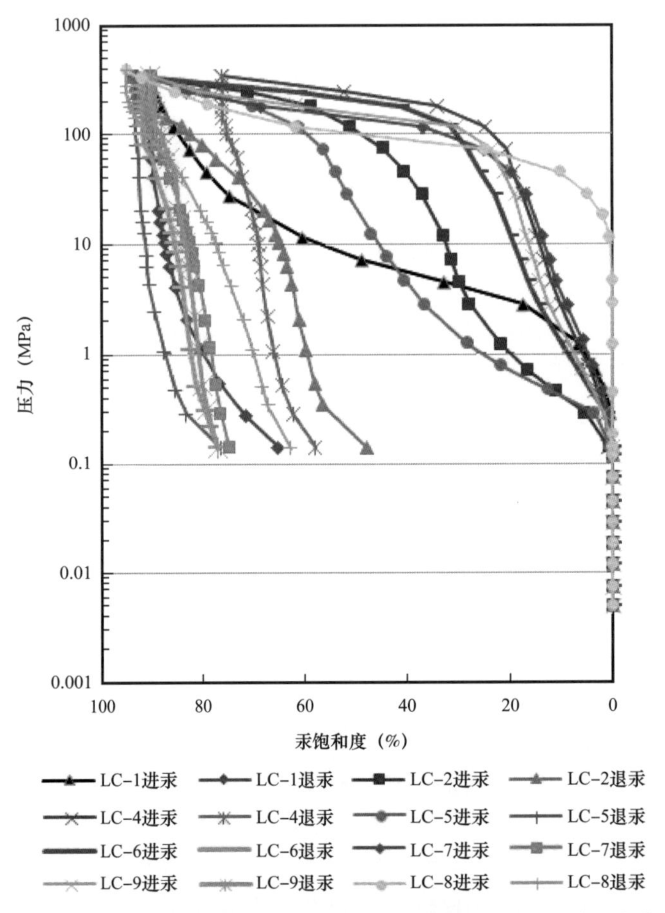

图 4–45　利川袁家槽剖面吴家坪组泥页岩（泥灰岩）毛细管压力曲线

Fig.4–45　Capillary pressure curve of muddy–shale in Wujiaping Formation，Profile Yuanjiacao，Lichuan

孔隙中值半径变化较大，分布于 3.1～96.7nm，平均 21.6nm，孔径分选系数 2.26～4.20，平均 3.27，明显较川南地区的要大，反映孔隙结构更为复杂；均值系数 11.65～14.32，平均 13.12，较兴文玉屏剖面龙潭组的要大；歪度系数 0.03～1.55，平均 0.57（7 件样品）；变异系数 0.19～0.35，平均 0.25，总体呈现出渗透性差，需压裂改造。LC–8 号样品孔隙中值半径 7.2nm，分选系数和变异系数小，而均值系数最高，反映储层渗透性最差。

从孔径结构看（图 4–46），大孔（＞50nm）占比相对较低，分布于 15.43%～66.20%，平均 32.43%（7 件样品），中孔（2～50nm）含量相对最高，分布于 33.80%～84.57%，平均 67.57%（7 件样品）。LC–8 号样品基本不含大孔，孔隙以中孔占绝对优势。

从不同样品渗透率贡献值看，中孔对渗透率贡献极低，分布于 0.066%～0.1145%，平均 0.0306%，对渗透率起主导作用的是大孔（数百纳米至数微米的孔隙）。煤岩样品中孔对渗透率贡献值也极低。

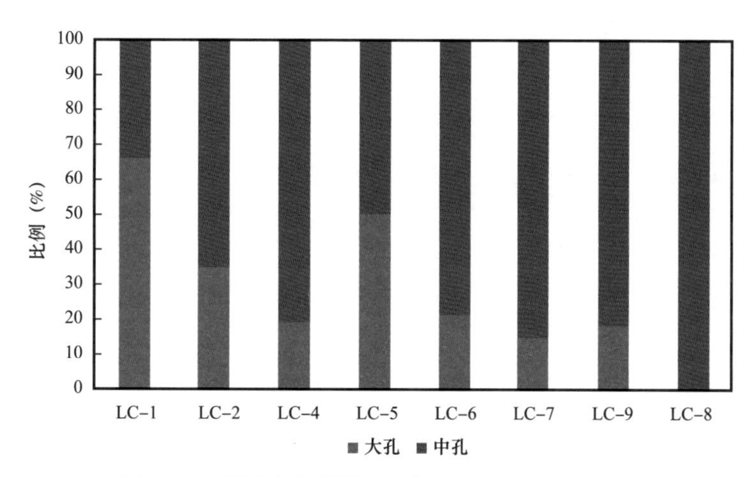

图 4–46 利川袁家槽剖面吴家坪组泥页岩孔径结构

Fig.4–46 Pore size structure of shale in Wujiaping Formation，Profile Yuanjiacao，Lichuan

不同剖面龙潭组 / 吴家坪组泥页岩储层特征见表 4-8。总体而言，深水陆棚相—盆地相硅质碳质页岩平均孔隙度最低，中值压力高，均值系数和分选系数大，变异系数最小，大孔含量相对较高，退汞效率最低，孔隙连通性最差；这与前述孔隙类型以有机孔为主，无机孔和微裂隙不发育相吻合。滨岸沼泽相—潮坪相泥页岩孔隙度较高，中值压力较高，均值系数、分选系数、变异系数变化不大，退汞效率较高，大孔含量较高；这与孔隙类型以无机孔为主，含有较多微裂隙相吻合。

表 4–8 川东地区不同剖面龙潭组泥页岩储层特征对比表

Table 4–8 Contrast table of reservoir characteristics of different shales in Longtan Formation，easten Sichuan basin

剖面	孔隙度（%）	中值压力（MPa）	中值半径（μm）	均值系数	分选系数	歪度系数	变异系数	退汞效率（%）	大孔含量（%）
兴文玉屏	7.68	53.22	0.0198	12.91	2.77	0.82	0.21	39.25	30.79
綦江赶水	8.26	36.62	0.0347	12.56	2.70	0.64	0.22	27.63	28.28
邻水华蓥山	7.64	7.98	0.168	11.46	2.72	1.08	0.54	34.83	65.31
利川袁家槽	5.48	128.32	0.0216	13.12	3.27	0.57	0.25	23.76	32.43

明 1 井岩心实测孔隙度为 0.7%～7.8%，渗透率 0.004～15.7mD。测井解释裂缝层 61.4m/5 层（中原油田分公司，2016）。

4.4 小结

（1）川东地区龙潭组 / 吴家坪组泥页岩发育三种类型孔隙：有机质孔、无机孔、微裂隙，不同盆地原型背景下发育的泥页岩，其孔隙类型特征具有明显差异性。

陆内坳陷盆地中，泥页岩孔隙类型主要以无机孔、微裂隙为主，有机质孔总体欠发育或不发育。无机孔主要为黏土矿物晶间孔，少量方解石晶间孔、黄铁矿晶间孔、化石孔、溶蚀孔等；微裂隙包括无机矿物微裂隙、有机质边缘收缩缝、有机质内部内生裂隙等。如兴文玉屏剖面、西门 1 井、华蓥山剖面等。

陆内裂陷盆地中，泥页岩孔隙类型以有机质孔为主，其次为无机孔，微裂隙欠发育。

（2）从低压氮气吸附—脱附曲线及滞后环类型分析，川东地区龙潭组 / 吴家坪组泥页岩，氮气吸附—脱附曲线滞后环 H_2 型、H_3 型、H_4 型均有不同程度发育，H_2 型滞后环反映的孔隙结构为墨水瓶形孔，有利于天然气储集吸附；H_3 型滞后环反映的孔隙结构为狭缝孔，储集性能相对较差，可增加气体渗流；H_4 型滞后环反映的孔隙结构为层状孔，储集、渗流性能均较差。

受陆内裂陷盆地控制的利川袁家槽地区吴家坪组泥页岩，氮气吸附—脱附曲线滞后环以 H_2 型墨水瓶形孔为主，含少量 H_3 型狭缝形孔和 H_4 型层状孔，储集性能好。

受陆内坳陷盆地控制的龙潭组 / 吴家坪组泥页岩，有利的 H_2 型墨水瓶形孔比例明显降低，H_3、H_4 型孔隙结构比例增加，储集性能降低。

不同类型的孔隙具有其自身的结构特征。氮气吸附实验数据所表征的孔隙结构特征与扫描电镜下观测到的实际情况具有较好的一致性，两类数据相互印证。

（3）陆内裂陷盆地背景下的吴家坪组泥页岩，比表面积与 TOC 含量呈较好的正相关关系；陆内坳陷盆地背景下的龙潭组 / 吴家坪组泥页岩，比表面积与 TOC 含量正相关关系较差，甚至呈一定程度的负相关，表现为抑制孔隙的发育。

陆内裂陷盆地吴家坪组泥页岩，孔隙分形维数与 TOC 含量呈正相关关系，陆内坳陷盆地龙潭组 / 吴家坪组泥页岩，孔隙分形维数与 TOC 含量呈负相关关系。

两类盆地原型背景下的泥页岩，孔隙构成具有较大的差异性和复杂性。

（4）川东地区龙潭组 / 吴家坪组泥页岩孔隙发育程度受控于两类机制：① 陆内裂陷盆地背景下发育的泥页岩，有机质类型为腐泥型，泥页岩孔隙的发育主要受有机质含量和热演化程度控制，黄铁矿含量与孔隙发育呈正相关，与五峰组—龙马溪组孔隙发育控制因素一致；② 陆内坳陷盆地背景下发育的泥页岩，有机质类型相对较差，为腐殖型有机质，泥页岩孔隙的发育主要受黏土矿物含量控制，明显不同于前者。

（5）陆内裂陷盆地背景下的泥页岩，储集物性表现为以中孔、微孔的贡献为主；而陆内坳陷盆地背景下的泥页岩，储集物性则表现为中孔、大孔的贡献为主。

5 川东地区龙潭组泥页岩含气性分析

5.1 等温吸附特征

5.1.1 川东地区龙潭组泥页岩等温吸附实验结果

等温吸附模拟法用于测定样品对甲烷最大吸附能力和吸附量与压力的关系，测出的量比样品的实际含气量大。它反映样品的储气能力，可以估算样品的含气量和含气饱和度等。

依据 Langmuir（兰氏）方程，吸附含气量公式如下：

$$Q_{吸}=V_L \times p/(p_L+p)$$

式中 V_L——兰氏体积，cm^3/g；

p——地层压力，MPa；

p_L——兰氏压力，MPa。

V_L 描述的是无限大压力下吸附的气体体积，即饱和吸附量；p_L 描述的是气含量等于兰氏体积的二分之一时的压力。

利川袁家槽剖面吴家坪组泥页岩等温吸附实验结果如表 5-1、图 5-1，饱和吸附量（V_L）分布于 2.08～3.96cm^3/g，平均 3.06cm^3/g（样品数 8）；兰氏压力分布于 2.08～3.00MPa，平均 2.60MPa。

表 5-1 利川袁家槽剖面吴家坪组泥页岩等温吸附实验结果表

Table 5-1 Isothermal adsorption experimental results of shale in Wujiaping Formation，Yuanjiacao section，Lichuan

样号	岩性	TOC（%）	V_L（cm^3/g）	p_L（MPa）
LC-1	碳质页岩	3.42	2.32	2.67
LC-2	硅质碳质页岩	11.23	3.87	2.43
LC-3	高碳泥岩	4.83	2.11	2.83
LC-4	硅质碳质页岩	5.08	2.08	3.00
LC-5	碳质页岩	8.06	3.54	2.93
LC-6	硅质碳质页岩	11.29	3.96	2.30
LC-7	碳质页岩	9.68	3.35	2.57
LC-9	碳质钙质泥岩	7.72	3.26	2.08

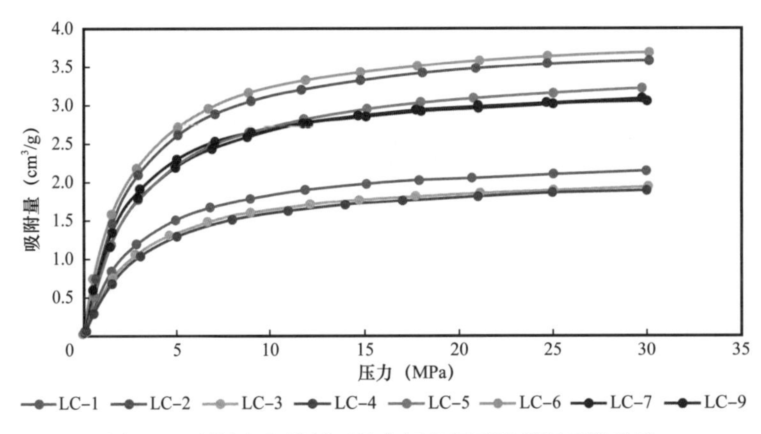

图 5-1　利川袁家槽剖面吴家坪组泥页岩等温吸附曲线

Fig.5-1　Isothermal adsorption curve of shale in Wujiaping Formation，Yuanjiacao section，Lichuan

（1）华蓥山剖面龙潭组泥页岩等温吸附实验结果如表 5-2、图 5-2，饱和吸附量（V_L）分布于 4.80～6.43cm³/g，平均 5.78cm³/g；兰氏压力分布于 3.35～5.73MPa，平均 4.36MPa。饱和吸附量明显较利川袁家槽剖面吴家坪组高，兰氏压力也要高，反映其吸附能力更强，解吸也更难。

表 5-2　华蓥山剖面龙潭组泥页岩等温吸附实验结果表

Table. 5-2　Table of isothermal adsorption experimental results of shale in Longtan Formation，Huayingshan section

样号	岩性	TOC（%）	V_L（cm³/g）	p_L（MPa）
HYS2-3	粉砂质泥岩	2.26	5.12	3.35
HYS2-16	泥岩	3.25	5.69	3.54
HYS3-1	泥岩	3.50	6.27	3.79
HYS3-3	泥岩	4.99	6.37	4.65
HYS3-6	泥岩	2.82	4.80	5.73
HYS3-8	泥岩	4.36	6.43	5.13

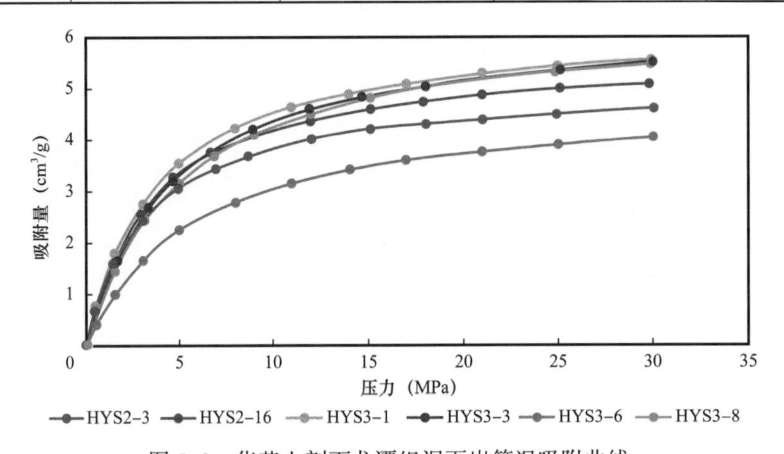

图 5-2　华蓥山剖面龙潭组泥页岩等温吸附曲线

Fig.5-2　Isothermal adsorption curve of shale in Longtan Formation，Huayingshan section

（2）涪陵白涛剖面龙潭组两个泥岩样品（TOC 分别为 0.77%、0.82%）饱和吸附量分别为 3.73cm³/g、3.76cm³/g，兰氏压力分别为 3.23MPa、3.01MPa。其饱和吸附量与兰氏压力介于利川袁家槽吴家坪组和华蓥山龙潭组泥页岩之间，但其泥页岩有机质丰度明显要较前二者低，反映泥页岩吸附能力影响因素较多。

（3）綦江赶水剖面龙潭组泥岩（TOC=2.16%）饱和吸附量为 4.37cm³/g，兰氏压力为 2.43MPa，吸附能力较强，解吸压力相对较小。GS-10 号样品为煤样，TOC 含量 50.28%，饱和吸附量 6.43cm³/g，兰氏压力 2.93MPa；GS-8 为低丰度泥岩，其有机碳仅为 0.38%，但其饱和吸附量为 3.54cm³/g，具较强的吸附能力，兰氏压力为 2.86MPa，较华蓥山剖面兰氏压力低，吸附气相对容易解吸。

（4）兴文玉屏剖面龙潭组泥页岩等温吸附实验结果如表 5-3、图 5-3，饱和吸附量（V_L）分布于 5.93～6.98cm³/g，平均 6.59cm³/g；兰氏压力分布于 2.67～3.02MPa，平均 2.88MPa。饱和吸附量明显较利川袁家槽剖面吴家坪组高，也略高于华蓥山剖面龙潭组泥质岩，其吸附能力最强。但兰氏压力明显低于华蓥山剖面龙潭组泥质岩，略高于袁家槽吴家坪组泥质岩，表明川东南区泥页岩吸附能力强，而且其兰氏压力相对较低，有利于页岩气形成与开发。

表 5-3　兴文玉屏剖面龙潭组泥页岩等温吸附实验结果

Table 5-3　Isothermal adsorption curve of shale in Longtan Formation，Yuping section，Xingwen

样号	岩性	TOC（%）	V_L（cm³/g）	p_L（MPa）
HQ-5	泥岩	3.80	6.98	2.96
HQ-12	高碳泥岩	12.03	6.13	2.67
HQ-13	泥岩	2.32	5.93	3.02
HQ-17	黑色泥岩	3.01	6.96	2.88
HQ-19	黑色泥岩	2.17	6.96	2.88

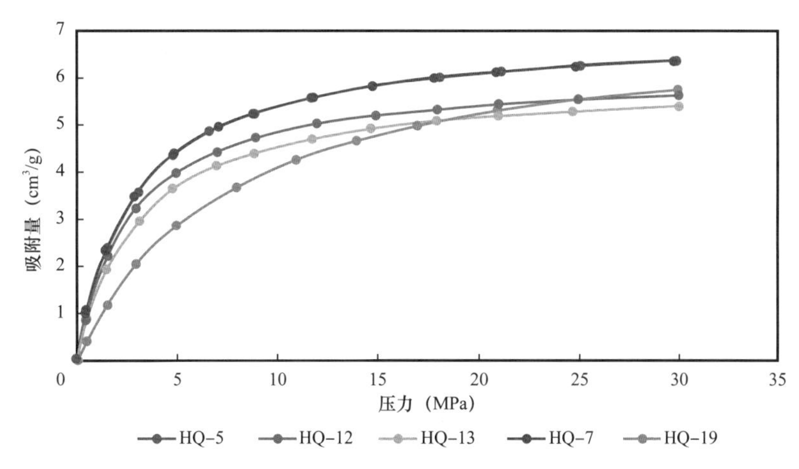

图 5-3　兴文玉屏剖面龙潭组泥页岩等温吸附曲线

Fig.5-3　Table of isothermal adsorption experimental results of shale in Longtan Formation，Yuping section，Xingwen

从饱和吸附量（V_L）与兰氏压力（p_L）相关图（图 5-4）可见，兴文玉屏剖面、华蓥山剖面龙潭组饱和吸附量大，但兰氏压力差异较大；相比较而言，以玉屏剖面为代表的川南兴文地区龙潭组泥页岩含气量大，兰氏压力低，有利于开发。其他剖面饱和吸附量变化较大：但饱和吸附量变化较小；利川地区吴家坪组吸附量较高，兰氏压力较小，相对有利于页岩吸附气的解吸。

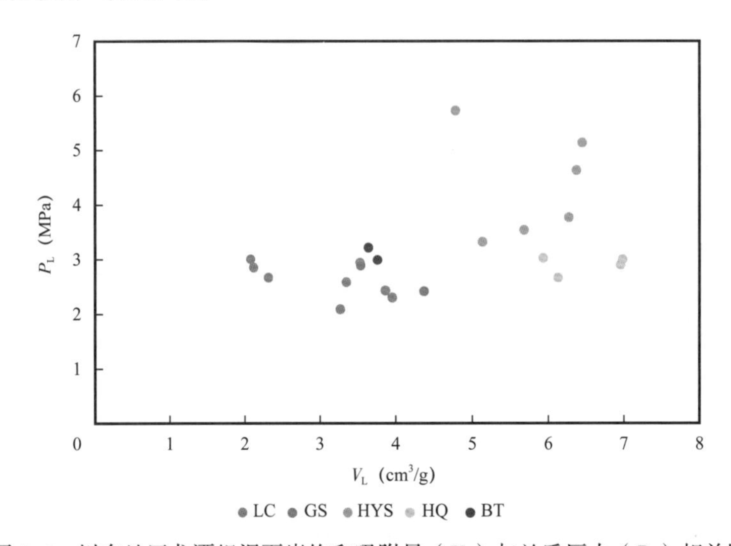

图 5-4　川东地区龙潭组泥页岩饱和吸附量（V_L）与兰氏压力（P_L）相关图

Fig.5-4　Correlation diagrams of V_L and P_L of shale in Longtan Formation，easten Sichuan basin

5.1.2　甲烷饱和吸附量影响因素

影响页岩吸附气体能力的因素主要有温度、压力、矿物和有机质种类、有机碳含量、镜质组反射率等（王瑞等，2013）。熊伟等（2012）通过实验发现，随着页岩 TOC 含量以及 R_o 值的增加，页岩的吸附能力增加。薛海涛等（2003）认为干酪根的吸附量远大于泥岩和石灰岩。王飞宇等（2011）研究发现温度与压力对气体吸附量的控制存在竞争关系。

王瑞等（2015）通过实验研究认为：（1）岩样的吸附量都随压力的增加而增加。煤样单位平衡压力增量下的吸附量增量随平衡压力的增加而下降，并最终趋于恒定；页岩样品单位平衡压力增量下的吸附量增量随平衡压力的增加基本呈下降趋势。（2）温度越低吸附量越大，温度越高吸附对温度越不敏感。（3）样品粒径对煤样和页岩的吸附量的影响无明显差异，粒径越小吸附量不一定越大，但粒径最大的吸附量可能最小。不同粒径的煤样吸附量差异不明显，不同粒径的页岩吸附量差异较大。（4）岩样含水对吸附的影响极大，对比干样、湿样对甲烷的吸附不但吸附量降低，而且其等温吸附曲线的形态也发生改变，甚至出现负吸附。

候宇光等（2014）研究认为，有机质孔隙是影响高演化富有机质海相页岩甲烷吸附能力的最主要因素，有机碳含量越高，有机质孔隙越发育，比表面越大，甲烷吸附能力就越强。在成熟度高、有机碳含量低的海相页岩中，有机质孔隙发育少，从而突出了黏土矿物孔隙对甲烷吸附能力的影响，有机质孔隙和无机孔隙处于均势，优势孔隙类型多变可能是其吸附性能变化不规律的主要原因。陆相页岩处于相对较低的热演化阶段，有机质孔隙发育有限，黏土矿物孔隙为甲烷的吸附提供了相对更多的比表面和吸附点位，是影响其甲烷吸附能力的重要因素。随着热演化程度升高，页岩的孔隙网络系统由以无机孔隙为主转变为以有机质孔隙为主，有利于增强页岩吸附性。然而，受有机质和无机矿物等孔隙载体自身特征的影响，成熟度与页岩甲烷吸附能力的关系尚不明确。

刘小平等（2013）对下扬子区古生界泥页岩等温吸附实验研究总认为，影响泥页岩吸附性能的主要因素：（1）有机碳含量大小直接影响饱和吸附量，有机碳含量越高，其饱和吸附量越大。（2）在有机碳含量、成熟度相近、压力相同的情况下，黏土含量高的页岩，吸附量高；在有机碳含量较低的页岩中，伊利石的吸附作用至关重要，伊利石含量高，吸附量相对高。（3）随着压力升高，吸附量逐渐增加，当压力增大到一定程度以后，吸附量达到饱和，页岩吸附量达到饱和时所需要的最小压力（临界压力）会随着 TOC 含量的增大而减小。（4）未发现有机质成熟度与饱和吸附量之间具有明显的相关性。

如第 3 章所述，川东地区龙潭组泥页岩储层可分为两大类，以腐泥组为主的富有机质泥岩，孔隙以有机孔为主，次为无机孔和微裂隙，孔隙发育主要受有机质含量和热演化程度控制，以腐殖组为主的富有机质泥岩，孔隙以无机孔和微裂隙为主，孔隙发育主要受黏土矿物含量和热演化程度控制。

图 5–5 揭示出，与两类储层孔隙发育特征相对应，川东地区龙潭组泥页岩饱和吸附量随 TOC 含量的变化可明显分为两类：利川袁家槽剖面吴家坪组 V_L 随 TOC 含量的增加而增大，呈正相关系，但斜率较低；华蓥山剖面、綦江赶水剖面、兴文玉屏剖面、涪陵白涛剖面龙潭组泥页岩 V_L 随 TOC 含量的增加而增大，呈正相关系，但斜率明显较利川吴家坪组的高。

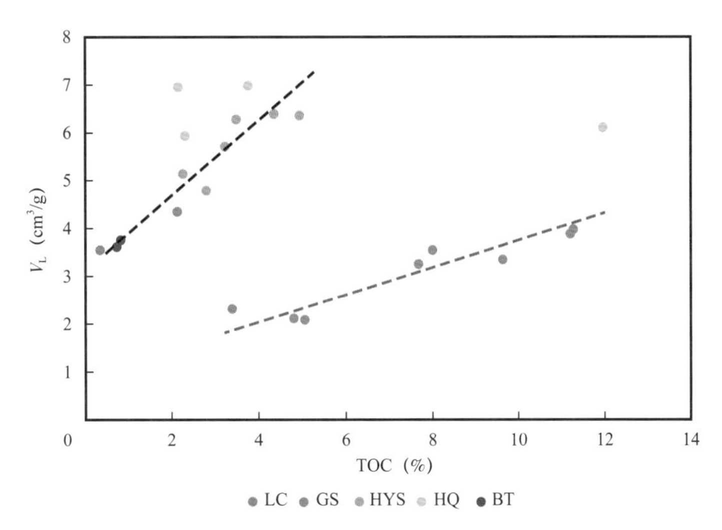

图 5–5　川东地区龙潭组泥页岩有机碳含量与饱和吸附量相关图

Fig.5–5　Correlation diagrams of TOC and V_L of shale in Longtan Formation，easten Sichuan basin

图 5–6 展示了川东龙潭组泥页岩饱和吸附量与累计孔隙比表面积、微孔比表面积、中孔比表面积、大孔比表面积的相关性。利川袁家槽剖面吴家坪组饱和吸附量与累计孔隙比表面积（R^2=0.5567）、微孔比表面积（R^2=0.8365）、中孔比表面积（R^2=0.5096）均呈正相关关系，其内因是孔隙以有机孔为主，累计孔隙、微孔、中孔比表面积与有机碳呈正相

关，因此，饱和吸附量与相关比表面积呈正相关，而与大孔比表积相关性最差。

其他剖面龙潭组饱和吸附量与累计孔隙比表面积、微孔、中孔比表面积相关性较差；可能是与孔隙以无机孔为主，特别是含较多的微裂隙相关。总体而言，大孔比表面积（孔容）越大，饱和吸附量越高。

从黏土矿物含量、石英含量与饱和吸附量的相关性看（图5-7），总体而言，石英含量越高，饱和吸附量越低，黏土矿物含量越高，饱和吸附量越高。

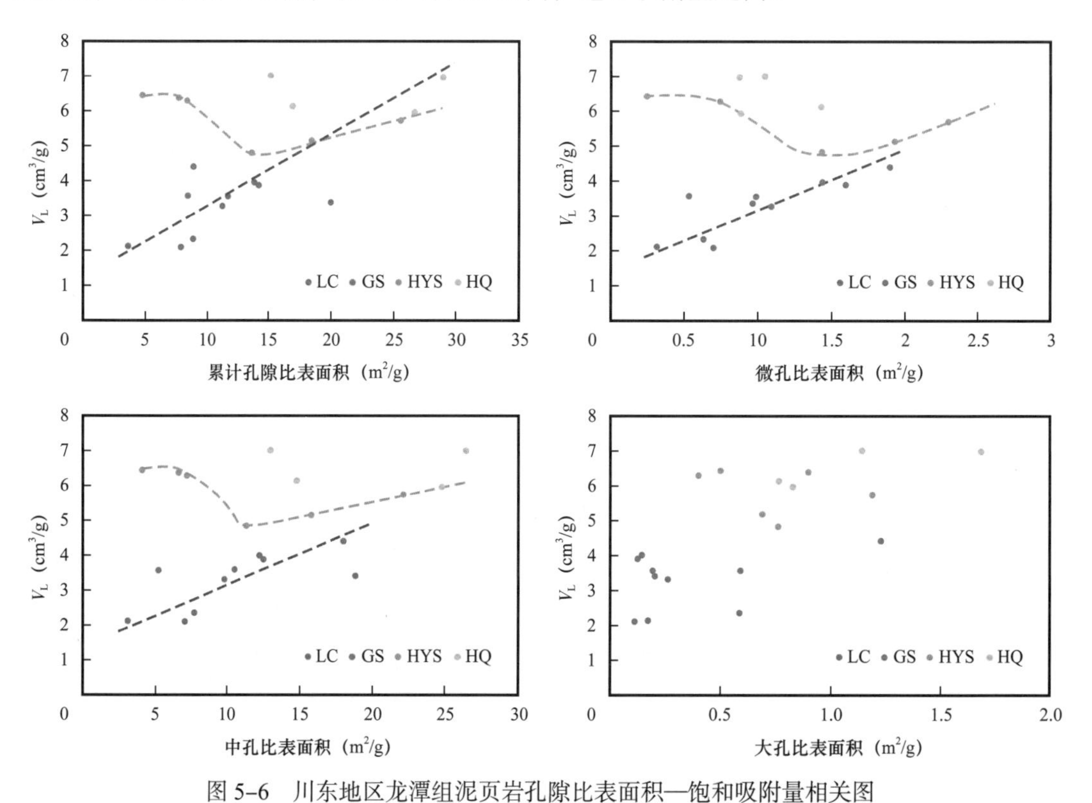

图5-6 川东地区龙潭组泥页岩孔隙比表面积—饱和吸附量相关图

Fig.5-6 Correlation diagrams of the specific surface areas and V_L of shale in Longtan Formation, easten Sichuan basin

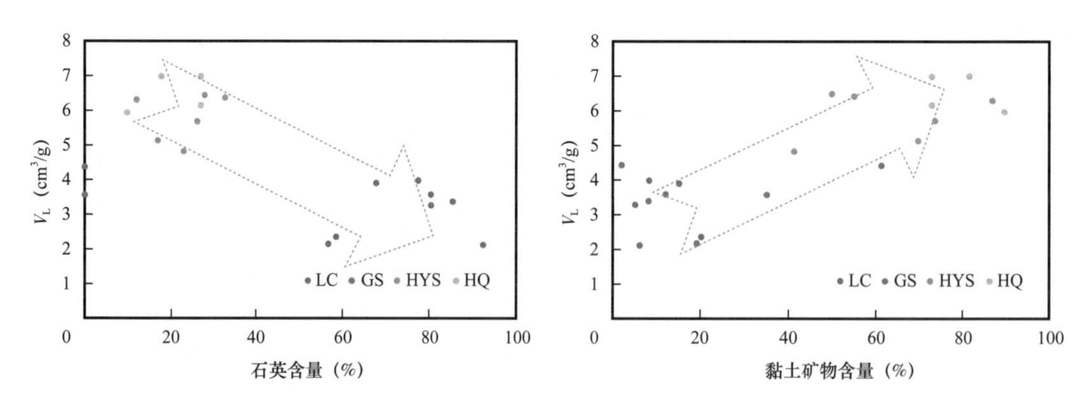

图5-7 川东地区龙潭组泥页岩石英、黏土矿物含量—饱和吸附量相关图

Fig.5-7 Correlation diagrams of quartz, clay mineral content and V_L of shale in Longtan Formation, easten Sichuan basin

5.2 天然气显示

5.2.1 川东北区

达州—宣汉区钻遇龙潭组有 11 口井，其中 6 口井在龙潭组石灰岩、碳质泥岩见显示，毛坝 3 井、清溪 3 井、雷北 1 井较好。其中明 1 井油气显示最为活跃。

清溪 3 井龙潭组全井段气测异常明显，全烃显示背景值为 3%，最高可达 12.64%（钻井液密度 1.92g/cm^3），气测解释含气层 3 层，上面 2 层为石灰岩，最下部含气层为灰黑色泥岩（5235～5235m，厚 1m）。

明 1 井井段 4894～4991m，钻厚 97m。岩性组合：以厚层状黑色碳质泥岩、灰黑色泥岩为主，夹呈薄—中层状灰—灰黑色泥质灰岩。井漏：4990.34～4990.71m，灰黑色泥岩，钻井液密度 1.98～2.25g/cm^3，平均漏速 3.6～26.0m^3/h，累计漏失量 948.78m^3，反映泥页岩层段发育裂缝。气侵：气测显示井段 4955～4986m，钻开过程中分别于井深 4956m、4986m 气侵。2015 年 7 月 11 日 5：10 取心钻进至井深 4957.05m，迟到井深 4956.00m，7：50 气测全烃最高升至 97.087%，钻井液密度 1.90g/cm^3 下降至 1.85g/cm^3。节流循环，液气分离器点火口橘黄色火焰，焰高 0.5～5.0m。

5.2.2 川西南区

西门 1 井龙潭组钻井过程中气显示活跃，测井解释 1 层气显示层，综合测井、录井资料进行综合解释。录井显示井段：4480～4555.6m，厚度 75.6m。岩性为深灰、黑色泥（页）岩、碳质页岩夹煤。录井气测显示全烃 1.2721%～55.8507%，C_1：0.8958%～54.326%，钻井液密度 1.9～1.97g/cm^3，黏度 57～61s。

宝 3 井龙潭组 2817.5～2818.1m 发生井漏，黑灰色泥岩和乳白色半透明石英晶体，最大粒径 4mm × 8mm × 13mm。钻至该井段出现蹩跳，泵压由 17MPa 下降至 10MPa，并发现井漏，最大漏速 30m^3/h，反循环测漏 7.2m^3/h，钻时由 21min/0.5m（2817m）下降至 14min/0.5m（2817.5m）再下降至 12min/0.5m（2818m），然后下油管测试，替喷时下部油管内外被垮塌物堵塞严重，出口管见微气点火可燃，后起出油管继续钻进，油管底部带出钻井液 Cl^- 含量 15120mg/L，说明该层主要为水层。共漏失钻井液 88.04m^3。

资阳 1 井龙潭组 3693.50～3696m，厚 2.5m。录井评价为气层，岩性为煤，钻时 35min/m 下降至 12min/m，槽面显示有 40% 鱼籽状气泡，密度 1.62g/cm^3 下降至 1.61g/cm^3，黏度 45s 上升至 46s，Cl^- 含量 12283～12345mg/L，全烃 5.525%～79.825%，甲烷 4.891%～65.862%。

官深 1 井龙潭组气显示活跃，全烃 31%～68%。

5.3 解吸气量

四川盆地内针对龙潭组页岩气勘探探井少，现场含气量测试数据有限，但从邻区井龙潭组泥页岩解吸气量分析可窥其一斑。

西页 1 井：现场共完成了 21 块样品的解吸作业任务。由于井深较浅，西页 1 井岩心提取时间较短，岩心暴露时间较短。通过现场解吸实验，获得了西页 1 井 21 块样品的解吸气量数据，经计算得到西页 1 井上二叠统龙潭组碳质页岩样品的解吸气含气量大致介于 1.25～9.42m^3/t，平均值 6.65m^3/t，最高可达 19.17m^3/t。通过直线趋势拟合法对损失气量做线性回归分析，最终计算页岩总含气量为 1.40～19.60m^3/t。通过对得到的西页 1 井龙潭组页岩总含气量的分布范围分析得知，海陆过渡相的页岩总体上具有含气性很好、含气量变化范围大的特点，页岩气资源前景广阔。

鹤地 1 井：吴家坪组下段为黑色碳质页岩夹薄层石灰岩，1302.5～1338.0m；上段为薄层石灰岩与泥岩互层，1291～1302.5m。下泥页岩段 35.5m，现场解吸 13 件样品，含气量 0.21～2.41m^3/t；可分为 2 个含气层，底层 19m，9 件样品含气量分布于 0.21～2.41m^3/t，平均 1.26m^3/t；上层 11m，4 件样品含气量分布于 0.33～1.97m^3/t，平均为 1.01m^3/t。大隆组为黑色碳质、硅质泥页岩，18 件大隆组样品现场解吸气量分布于 0.05～4.39m^3/t，平均 1.32m^3/t，厚 34m，也可成为页岩气勘探开发层系。

6 可压性与保存条件

6.1 保存条件

油气的聚集具有明显的时间性和有效性，油气在聚集以后会随着时间慢慢散失，这就要求对盖层的封闭能力和油气的保存条件进行系统的研究，以确定现今油气的丰度和工业价值。由于页岩气吸附机理的存在，页岩气藏被认为具有一定的抗破坏能力。但对于具有复杂地质条件的地区来说，页岩气的保存条件研究不容忽视，尤其是四川盆地及其周缘，龙潭组沉积后经历了海西、印支和喜马拉雅等多期不同性质的构造运动，造成了川东地区复杂的构造变形。不同构造部位对页岩气的保存有很大的差异，一些地区保存条件甚至是页岩气是否聚集成藏的关键要素。

页岩气的保存条件主要包括致密岩性的顶板、底板条件和埋深以及断层、地层产状等。厚度大而岩性致密的顶板、底板条件可以有效地抑制页岩气的扩散散失，同时对页岩气目的层段的人工压裂具有良好的“阻隔”作用，有利页岩气的开采。页岩的埋深是影响页岩气藏和页岩气勘探开发成本的重要影响因素，埋藏较浅时，页岩盖层的封闭性可能降低，不利于页岩气的保存；但埋深过大时，一方面会增加开发成本，另一方面，泥页岩发生脆—延转化，可压性变差，施工难度增加。因此，合适的埋深对选区评价而言至关重要。断层往往作为油气运移重要通道，不利于页岩气的保存。在构造相对稳定区，地层倾角较小，大—中型断层较少，有利于页岩气的保存。如北美地区页岩气均分布于构造稳定区；而已经发现的四川盆地威远、长宁以及焦石坝地区页岩气高产井，均距离大、中型断层 2～3km。因此，页岩气勘探开发选区时，构造变形强度，断裂发育面貌也是重要考虑因素。鉴于川东地区龙潭组资料情况及其油气地质特征，本次主要通过盖层、构造变形及顶板、底板条件来评价川东地区龙潭组页岩气的保存条件。

6.1.1 区域盖层特征

根据区域地层发育，川东地区龙潭组泥页岩之上发育两套区域盖层：一是陆相泥质岩盖层，二是中—下三叠统膏盐岩盖层。

6.1.1.1 *陆相泥质岩盖层*

在海相地层之上，川东地区仍完整保留着一套连续完整分布的陆相泥质岩区域盖层（T_3–J_{12}）（图 6–1），它的厚度和埋深足以满足阻止地表水对下伏层位油气渗入破坏的要求。阻止了水文地质作用的纵向交替及横向冲刷，对油气的保存意义重大。

陆相泥质岩盖层的平面展布：除川东高陡褶皱带核部陆相层系被剥蚀殆尽外，该套泥质岩盖层全盆地分布，厚度为 500m 至 3000 余米，总体呈西厚东薄的分布面貌（图 6–2）。

地层		川西	川西南	川中	川南	川东北	川东
新生界							
白垩系	上统	缺失	灌口组 夹关组	缺失	高坎坝组 三合组 打儿凼组 窝头山组	缺失	高坎坝组 三合组 打儿凼组 窝头山组
	下统	剑阁组 汉阳铺组 剑门关组	缺失 天马山组	古店组 七曲寺组 白龙组 仓溪组	缺失	缺失	缺失
侏罗系	上统	莲花口组 遂宁组	蓬莱镇组 遂宁组	蓬莱镇组 遂宁组	蓬莱镇组 遂宁组	蓬莱镇组 遂宁组	蓬莱镇组 遂宁组
	中统	沙溪庙组 千佛崖组	沙溪庙组	上沙溪庙组 下沙溪庙组 新田沟组	上沙溪庙组 下沙溪庙组 新田沟组	上沙溪庙组 下沙溪庙组 新田沟组	上沙溪庙组 下沙溪庙组 新田沟组
	下统	白田坝组	缺失 白田坝组	自流井组：大安寨段 马鞍山段 东岳庙段 珍珠冲段	自流井组：大安寨段 马鞍山段 东岳庙段 珍珠冲段	自流井组：大安寨段 马鞍山段 东岳庙段 珍珠冲段	自流井组：大安寨段 马鞍山段 东岳庙段 珍珠冲段
三叠系	上统	须家河组：缺失 须五上 须五下 须四段 须三段 须二段 小塘子组 马鞍塘组	香溪群：缺失 香六段 香五段 香四段 香三段 香二段 小塘子组 垮洪洞组	香溪群：香六段 香五段 香四段 香三段 香二段 香一段 须二段 须一段	须家河组：须六^3 须六段 须六^2 须五段 须六^1 须四段 须五段 须三段 须四段 须二段 须三段 须一段 须二段 须一段 缺失	须家河组：须六段 须五段 须四段 须三段 须二段 缺失	香溪群
中三叠统							

图 6-1　四川盆地上三叠统—白垩系地层划分与对比

Fig.6-1　Stratigraphic Division and Correlation of Upper Triassic-Cretaceous in Sichuan Basin

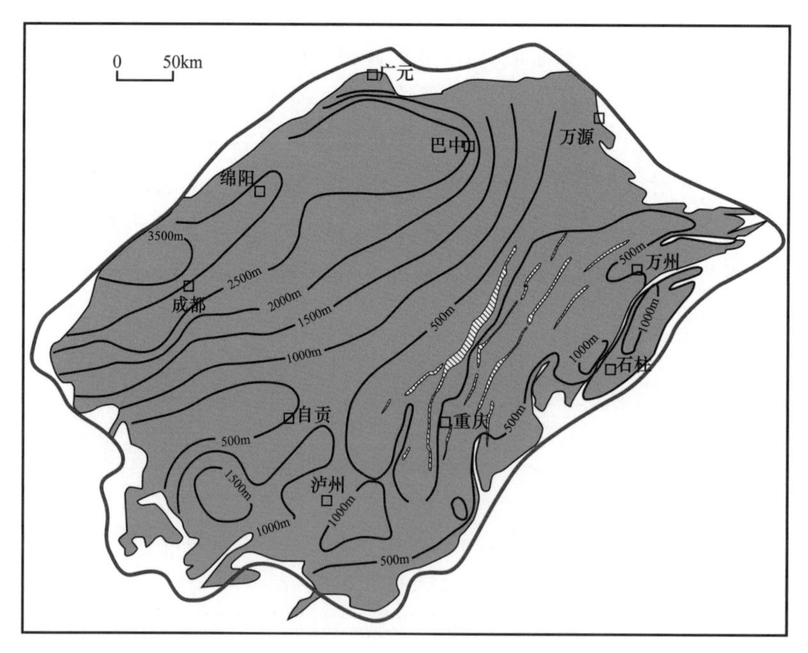

图 6-2　四川盆地陆相泥质岩盖层厚度等值线图

Fig.6-2　Contour Map of Thickness for Continental Facies Argillaceous Caprock in Sichuan Basin

1）川东北地区

川东北地区此套盖层厚度分布一般在500m左右。在通南巴构造（带），据川涪82井、川巴88井、川23井、川27井及川190井统计，泥质岩主要发育于上三叠统须家河组、下侏罗统自流井组、中侏罗统千佛崖组及下沙溪庙组，而上沙溪庙组则多广泛出露于地表（图6-3）。

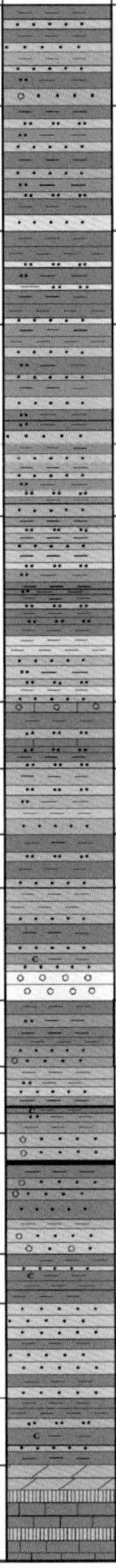

地层						岩性剖面	区域厚度（m）	岩性综合描述
界	系	统	组	段	代号			
中生界	白垩系	下统	剑门关组		K_1		0~680	棕红、灰色泥岩与黄灰、棕、灰色细砂岩、粉砂岩不等厚互层 与下伏地层呈平行不整合接触
	侏罗系	上统	蓬莱镇组		J_3p		1000~1400	上部为（褐）灰色细砂岩、粉砂岩与棕褐色（粉砂质）泥岩等厚互层 中部为棕褐色（粉砂质）泥岩与（褐）灰、绿灰色细砂岩、粉砂岩略—不等厚互层 下部为棕褐色（粉砂质）泥岩夹灰色细砂岩、粉砂岩 与下伏地层呈整合接触
			遂宁组		J_3s		300~350	棕、紫棕、棕红色泥岩、粉砂质泥岩为主，夹棕灰色粉砂岩、泥质粉砂岩 与下伏地层呈整合接触
		中统	上沙溪庙组		J_2s		800~1680	上部褐灰、浅灰、浅黄灰色粉砂岩、细砂岩与暗棕、棕色泥岩略—等厚互层 下部浅灰、浅黄灰色细—中砂岩与棕、暗棕色泥岩略—等厚互层 泥岩普含钙质团块，具绿灰色斑团 与下伏地层呈整合接触
			下沙溪庙组		J_2x		100~650	紫红、暗紫红、棕紫色泥岩、粉砂质泥岩与浅灰、灰绿色细砂岩不等厚互层
			千佛崖组		J_2q		200~500	上部棕色、灰色泥岩与粉砂质泥岩、浅灰—灰绿色细砂岩互层（简称上杂色段） 中部深灰、黑灰—黑色页岩与砂岩不等厚互层（简称中黑色段） 下部棕色、灰色泥岩与粉砂质泥岩、浅灰—灰绿色岩屑长石砂岩互层（简称下杂色段）
		中统	自流井组	大安寨段	J_1z_4		60~140	褐灰、灰色介屑灰岩、泥灰岩与黑色页岩、泥岩及绿灰色钙质粉砂岩互层
				马鞍山段	J_1z_3		80~110	灰、深灰色泥岩、粉砂质泥岩与绿灰色粉砂岩、泥质粉砂岩互层
				东岳庙段	J_1z_2		160~160	灰黑、深灰色页岩、泥岩、粉砂质泥岩，夹灰色粉砂岩
				珍珠冲段	J_1z_1		100~200	黑色、灰黑色页岩与灰色、黑灰色含粉砂泥岩、粉砂质泥岩互层夹浅灰色细粒石英砂岩、深灰色含泥质粉砂岩，底部为杂色砾岩、砂砾岩与深灰、灰色页岩不等厚互层 与下伏地层呈平行不整合接触
	三叠系	上统	须家河组	六段	T_3x_6		0~120	灰色、深灰色厚层块状砂岩、粉砂岩为主，夹深灰色泥岩，粉砂质泥岩、煤层
				五段	T_3x_5		0~120	灰黑色页岩、粉砂质页岩与灰色粉砂岩、细砂岩不等厚互层， 夹灰色粉砂岩、黑色煤层（煤线）
				四段	T_3x_4		30~240	灰色、深灰色厚层块状细砂岩为主，夹灰色粉砂岩、深灰色泥岩、粉砂质泥岩，少量煤层
				三段	T_3x_3		10~80	深灰色泥岩、粉砂质泥岩为主，夹灰色粉砂岩
				二段	T_3x_2		60~240	以灰色厚层块状中砂岩为主，夹深灰色泥岩、粉砂质泥岩
				一段	T_3x_1		5~100	深灰色泥岩、碳质泥岩夹浅灰色细粉砂岩 与下伏地层呈角度不整合接触
		中统	雷口坡组	三段	T_2l_3		80~435	灰、深灰色微晶灰岩、含泥微晶灰岩略—等厚互层，中部夹灰白色硬石膏岩和深灰色微晶白云岩

图6-3　川东北地区陆相地层综合柱状图

Fig.6-3　Synthetic Histogram of Continental Strata in Northeast Sichuan

（1）下沙溪庙组一般厚度365～417m，由棕红色粉砂质泥岩、砂岩及泥岩不等厚互层构成，其中泥岩厚度95～214m，占地层厚度的24.5％～53.8％。千佛崖组厚度95％～306m，为灰色、绿灰色泥岩与细砂岩、中粒岩屑砂岩不等厚互层。其中泥岩厚度45％～200m，占地层厚度的23.3％～65.4％，泥岩中常有“软泥岩”发现。

（2）自流井组是本区较重要的泥质岩盖层发育层段。主要由灰绿色、褐灰色、深灰色泥岩与粉砂岩、砂岩及砂质泥岩互层所组成，上部时夹薄层介屑灰岩。该组厚度分布稳定，一般在405.5～446m之间。其中泥岩厚度104.5～201.5m，占地层厚度的23.4％～48.7％，川涪190井—川涪82井泥岩中出现多层“软泥岩”。

（3）须家河组黑色、灰黑色页岩、含碳质页岩主要发育于须一段、须三段及须五段，而须二段及须四段则主要为砂岩，偶夹少量薄层页岩。地层厚度315～376m（川27井厚度523.7m），页岩厚度83～153.5m，占地层厚度的25.5％～40.8％；地层厚度沿北东向构造轴线最厚，向北西、南东两翼减薄；泥岩厚度则以东南部的南阳场最厚，向北东和北西、南东减薄。

2）达州—宣汉地区

本区下沙溪庙组及以上地层广泛出露于地表，因此形成陆相泥质岩盖层的层位主要为中侏罗统千佛崖组—上三叠统须家河组。

（1）千佛崖组为棕褐色泥岩、灰—黑色页岩与粉砂岩、岩屑砂岩不等厚互层，泥、页岩一般质较纯。地层厚度280～504m，泥岩累计地层厚度112.5～197m，占地层总厚度的30.8％～51.8％。

（2）自流井组为暗棕色、绿灰色泥页岩与粉砂岩、细砂岩间互，上部夹生物介屑灰岩。地层厚度272～409m，川1井最厚达477m；地层中泥岩厚度变化较大，从川64井的15.5m变至雷西1井的180.5m，一般占地层厚度的24％～50％。在川付85井东岳庙段、珍珠冲段中见性“偏软”的泥岩。

在区域上千佛崖组及自流井组是本区陆相泥质岩盖层的主要发育层段，构成一区域性盖层。地层厚度西薄东厚，而泥岩厚度则西厚东薄，泥岩类厚度远低于通南巴地区的相应层位厚度。

（3）须家河组泥岩横向变化较大，虽页岩在须家河组各段中均有不同程度的发育，但以须三段、须五段为主，在川付85井的须二段及东岳寨构造上的须六段亦较发育。岩性主要为黑色页岩及黑色碳质页岩，性硬、脆，但川付85井中须三段—须五段见性软页岩、碳质页岩出现。地层厚527～998.5m，呈自南向北增厚的趋势；泥岩具有自南西向北东厚度增大分布的趋势，由双石1井的59m增大至川付85井的258.3m。

3）鄂西渝东地区

鄂西渝东地区的这套盖层厚度分布一般在500～1000m以上，差异不大。据钻井统计，泥质岩盖层主要发育于下侏罗统凉高山组和自流井组、上三叠统香溪群，其有效盖层分布区主要为石柱复向斜；利川复向斜及方斗山背斜、齐岳山背斜则大部剥蚀。

（1）凉高山组：泥岩主要分布于凉高山组的中、下部，深灰—灰黑色泥页岩与细砂岩呈间互层出现。纯泥岩层数多，连续性较差，单层厚度较小。累计泥页岩厚度35.5～154m，单层最大厚度6～13.5m。纯泥岩一般细腻、性软。

（2）自流井组：泥页岩主要位于中、下部的东岳庙段、珍珠冲段，深灰色及杂色泥岩与细砂岩、粉砂岩间互。泥岩一般质纯、性软。单层厚度较小，层数多，单层厚度一般1m至数米，最大单层厚度可达21～58m，单井泥岩累计地层厚度113.5～189m。

（3）香溪群：主要为细砂岩、中粗砂岩、粉砂岩夹砂质泥岩及泥岩，所夹纯泥岩层数少，厚度小，累计厚度亦薄。泥岩厚度28～44.5m，占地层7%～19%，单层最大厚度3～10.5m。下侏罗统及上三叠统为陆相沉积组合，因而岩性变化大，泥岩层位不稳定，厚度变化也大。在石柱复向斜泥岩盖层厚度一般为100～300m，南部可达400m。

从上三叠统香溪群（须家河）—下侏罗统自流井组、凉高山组陆相泥岩区域盖层统计状况看，上三叠统香溪群中泥质岩表现出横向连续性差的非均质性特点；下侏罗统自流井组、凉高山组泥岩均质性虽较香溪群泥质岩变好，但仍为非均质性盖层。所以陆相泥岩区域盖层相对以下侏罗统自流井组、凉高山组泥岩为好。

4）陆相泥质岩盖层的微观特征

因其非均值性大，测试数据的规律性差，整体封盖质量一般，实测突破压力一般为4.13～10MPa，低于下伏海相层位泥岩的突破压力，仅具有中等的遮挡作用。

从成岩角度分析，相当地区的样品处于中成岩晚期，可能保留较多的韧性黏土矿物，利于对断裂形成侧向封堵。

因此，它的存在对保护下伏膏盐层盖层不受破坏至关重要，不失为一套重要的区域盖层。

6.1.1.2　中—下三叠统膏盐岩盖层

四川盆地嘉陵江组—雷口坡组膏盐层对其下伏的海相层位天然气的聚集及保存起到了重要的作用，其保存的完整性及有效性是油气规模聚集的关键。

1）中—下三叠统膏岩盖层分布特征

膏盐岩十分发育，主要发育于下三叠统嘉陵江组和中三叠统雷口坡组，下三叠统飞仙关组的飞四段亦有少量发育。膏盐岩盖层厚度50～400m，川中南充—川北巴中一带厚度一般大于300m；在川东断褶带厚度一般100～300m，川西南成都—峨眉一带最厚，最厚可超过500m，而川南区因印支期的剥蚀作用，膏盐岩厚度最薄，近盆缘一带膏盐岩厚度小于50m（图6–4）。

2）川—东北地区

三叠系膏盐层中以下三叠统嘉陵江组嘉四段最重要，具有总厚度和单层厚度大、硬石膏与盐岩厚度稳定，对比性和连续性好等特点。其次是嘉二段，虽厚度及单层厚度不如嘉四段，但同样具有层位稳定、对比性连续性好的特点（图6–5）。中三叠统雷口坡组也是一个重要的膏盐岩发育层段，虽总厚度较大，但层数多，单层厚度小，横向对比性相对较差。下三叠统嘉陵江组嘉五段亦是膏盐岩发育层段之一，在通南巴地区单层厚度较大，连续性较好，在达州—宣汉地区则发育较差。总体上，三叠系膏盐岩单层层数多，累计34～84层，最多达108层（川涪82井）；单层厚度也比较大，一般单层厚度18～40m，最大单层厚度61.5m（雷西1井）。

3）通南巴地区

中三叠统雷口坡组膏盐岩主要发育于雷一段—雷三段，雷四段由于受印支运动末期的抬升，受不同程度剥蚀，在西南段的川巴88井见137m，而在涪阳坝一带的川涪82井仅7m。其中，雷一段1亚段和雷一段3亚段的膏盐岩横向稳定、连续，对比性较好；其余各段横向变化较大，连续性与对比性较差。嘉陵江组膏盐岩层位极为稳定，对比性、连续好且厚度较大，是区内区域性优质盖层。膏盐层累计厚度在川巴 88 井为 93.5m，川涪 82 井为 81m。由于受后期北西向断层影响，膏岩层沿层间滑脱面滑动，出现向北西地层增厚的特点，如在涪阳坝一带的新场坝至河坝场间的地层增厚。

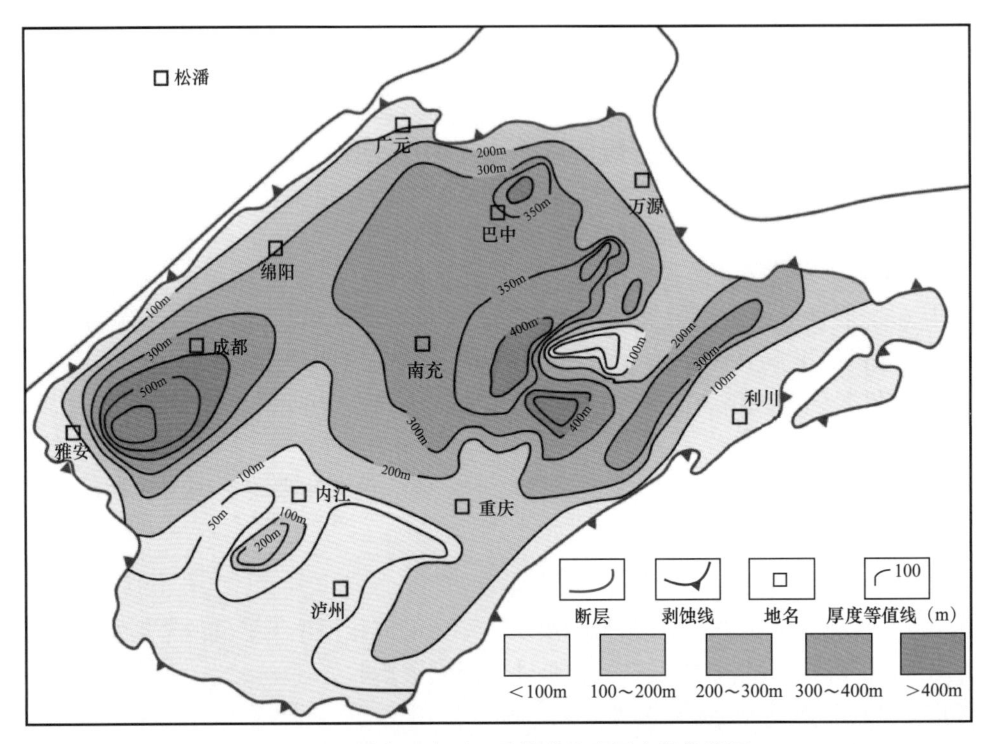

图 6-4　四川盆地中下三叠统膏盐岩厚度等值线图

Fig.6-4　Contour Map of Thickness for Gypsum-salt Rock of Middle-Lower Triassic in Sichuan Basin

4）达州—宣汉地区

雷口坡组缺失雷四段，在西南部甚至缺失雷三段及雷二段（如双石 1 井、雷西 2 井及雷西 1 井）。雷口坡组中各层段主要为石灰岩、白云岩与硬石膏岩呈多旋回的频繁互层。各层段虽均不同程度地发育硬石膏岩，累计总厚度较大，但以层数多，单层厚度小，纵向上连续性差、横向变化大、对比性较差为特点。

嘉陵江组膏盐岩主要发育在嘉四段上部的嘉四段 2 亚段、嘉二段及嘉五段，尤以嘉四段最重要，具纵向连续分布厚度大，横向连续性好等特点；其次是嘉二段，虽厚度不如嘉四段，但亦横向连续好，其余层位的连续性和对比性则较差。嘉陵江组膏盐岩厚度以南部的双石庙、雷西构造一带较大，在 250m 以上，最厚达 541m（双石 1 井），东岳寨一带最薄，为 77.5～120.4m，往北至付家山一带复又增厚至 230m。

5）鄂西渝东地区

下三叠统膏盐岩盖层有效覆盖区主要分布在石柱复向斜以及万州复向斜，而利川复向斜、方斗山复背斜、齐岳山复背斜区则大部分或者全部暴露。在石柱复向斜，这套盖层除方斗山及齐岳山背斜核部地区出露遭受一定剥蚀外，基本连片分布。下三叠统膏盐岩盖层的分布以石柱复向斜南部较厚，一般在 175m，北部一般在 150m，由于其层位稳定，厚度变化不大，构成了石柱复向斜地区的最重要的区域盖层。

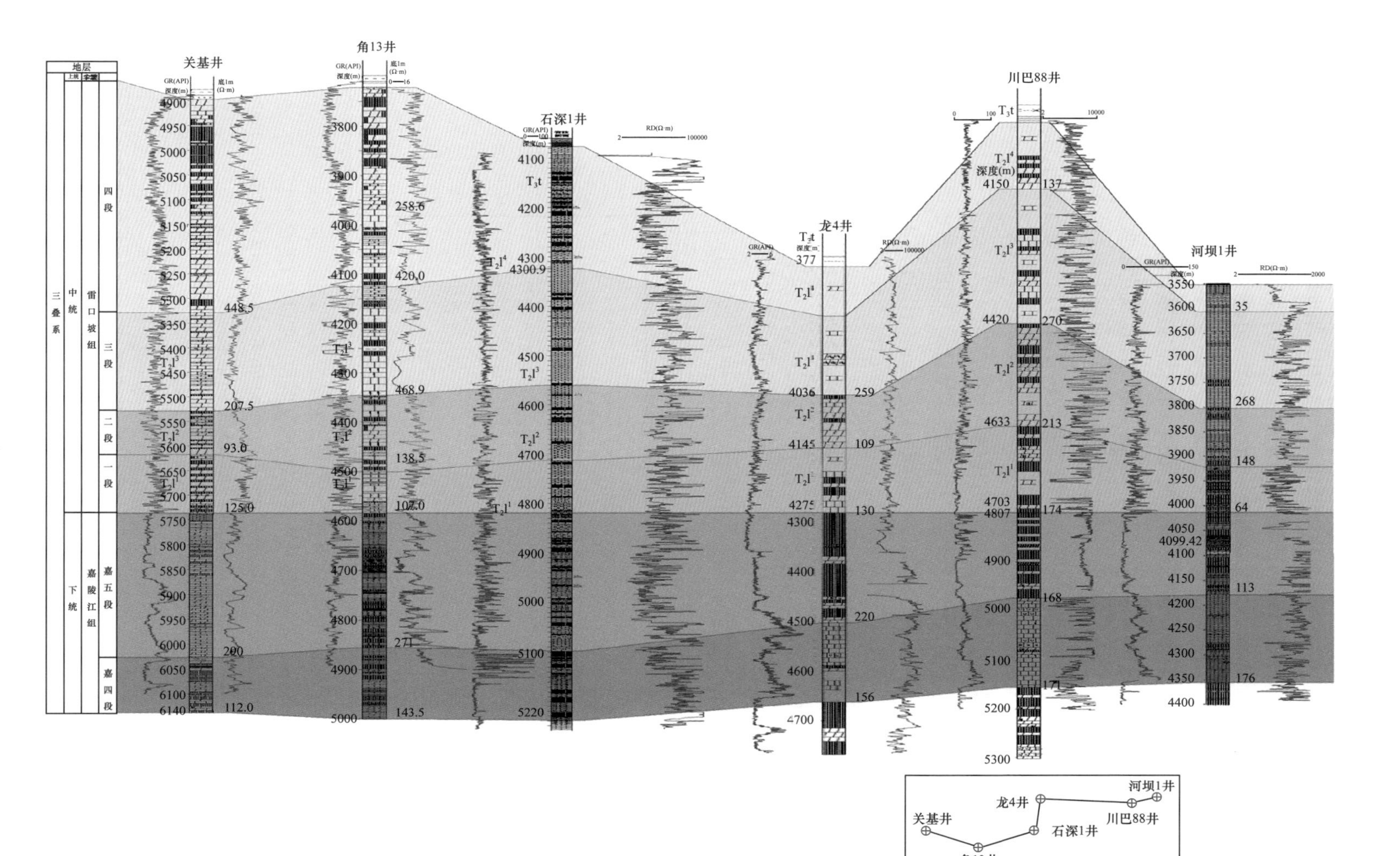

图 6–5 川东北地区嘉陵江组膏岩连井对比剖面图

Fig.6–5 Well–tie Comparison of Gypsum Rock Sections in Jialingjiang Formation, Northeast Sichuan

统计表明以嘉四段分布最为稳定，膏盐层可占地层厚度的65%～85%，单层最小厚度1m，单层最大厚度67m；层数在东南部卷1井、盐1井为3～5层，往西北部建30井、建23井增多至9～12层。嘉二段分布也较为稳定，膏盐层占地层厚度的11%～51%，单层最小厚度1m，单层最大厚度19.5m，层数在构造两翼为3～4层而在构造中部建43井、建63井增多至7层，整套盖层厚度大致125～175m左右，以盐1井—龙4井一线为中心向北西、南东方向减薄。

其中嘉四段膏盐岩主要分布于上部，厚度48～96m，占该地层厚度的54.0%～86.5%，一般单层厚度24～50m，最大可达67m，分布层位稳定，厚度变化不大，是本区膏盐岩最发育的层位。

嘉五段膏盐岩主要发育于中部的嘉五段2亚段，厚度31.5～48m，占地层厚度的16.0%～25.8%，单层厚度7.5～19m，最大可达43m（盐1井），层位分布稳定，厚度变化不大，有自南向北减薄的趋势，是本区膏盐岩盖层发育的重要层位。

嘉二段膏盐岩于嘉二段上、中、下部均有发育，与白云岩组成三个沉积韵律，厚度11.5～51m，占该地层厚度的6.6%～30.2%，最厚可达70m（建34井），单层最大厚度为6～22m，横向分布稳定，是本区膏盐岩盖层发育的重要层位。此外，在嘉三段于部分钻井中见有少量薄层石膏层夹于石灰岩中，最大厚度仅3m。

6）三叠系膏岩封盖性分析

围压下物性特征：从不同岩石围压下膏岩渗透率变化曲线可看出，膏岩同其他岩类相比具有随着围压的增大，渗透率急剧降低的特性（图6–6），反映膏岩的孔隙空间有着相当大的压实致密余地，是理想的盖层。

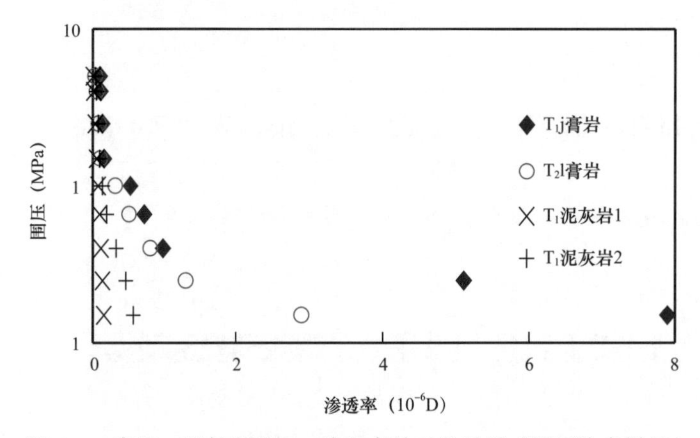

图6–6　膏岩、泥灰岩围压—渗透率关系差异图（鄂西渝东样品）

Fig.6–6　Relational Difference Map of Confining Pressure–Permeability for Gypsum and Marl（Samples from Western Hubei and Eastern Chongqing）

6.1.2　构造特征与保存条件

泥页岩相对碳酸盐岩、砂岩而言，通常具有更强的塑性，加上低孔低渗特征，因而具有一定的抗破坏能力，但当过于强烈的构造运动引起地层强烈隆升剥蚀、褶皱变形、断裂切割、地表水下渗以及压力体系破坏时，或因构造动力和应力作用使盖层岩石失去塑性时，泥页岩封闭保存条件变差。因此，后期构造运动改造强度是油气藏破坏与散失的根本原因。众多学者已针对我国南方地区构造发育与页岩气保存开展研究，主要认为：与评价常规油气藏的主要参数不同，页岩气藏更看重抬升剥蚀、断裂分布及构造组合的影响。聂海宽等从有机质埋藏史和热演化史等角度，研究了构造作用与演化对生烃过程的影响，认为抬升时间越晚，对页岩气成藏越有利；李海等针对矿化度开展研究，认为湘鄂西地区地层水的开放性可能与地层抬升、断裂 / 裂缝发育、盖层缺失有关；李委员等通过对赣东北地区下寒武统荷塘组页岩储层进行分析，认为构造与岩浆活动会共同控制页岩气藏的后期保存，对页岩气赋存不利；王濡岳等对黔北地区牛蹄塘组进行研究，发现断裂发育和地表剥蚀是引起页岩气散失的最根本原因；苗凤彬等以湘中地区石炭系测水组页岩气藏作为研究对象，认为向斜区和背斜区具有不同的保存条件。可见，构造发育对页岩气的保存具有多重的影响因素。川东地区龙潭组沉积后，经历了多期不同性质的构造运动，不同地区构造变形强度差异明显，对龙潭组页岩气的保存也有着不同的影响。

6.1.2.1　断层对页岩含气性的影响

断层是构造运动积累的应力释放而破裂的结果，断层与裂缝相伴而生，也就是说断层附近裂缝也发育。页岩气层段发育的裂缝使得页岩渗透率增大，页岩气以渗流的方式快速向断裂运移，如果断层开启，将对页岩气保存不利。断层对页岩气破坏作用最直接表现在“通天”断层可断穿上部区域盖层，成为页岩气散失的通道，造成页岩气藏被破坏；而断穿页岩气层的开启断层连通高渗透层也可造成页岩气向外运移而造成含气量减少。涪陵页岩气的开发实践表明，断裂发育的数量、属性、规模、距断裂的远近等对页岩气保存条件均会产生明显影响，进而影响页岩中含气量的高低。断裂越发育，断距越大，纵向上叠置关系越复杂，距离大断裂越近则保存条件越差，含气性也就越低。

从焦石坝区块含气量的平面分布图上可以看出（图 6–7），断裂不发育的焦石坝断背斜带核部含气量最高，最高为 6.5m^3/t；焦石坝断背斜带东、西两翼含气量次之，但整体而言西翼含气量（5.5m^3/t 左右）略高于东翼（5.0～5.5m^3/t）。这是因为，尽管东西两翼均以双层逆冲断层为主，但东部石门断裂断距要明显大于西部吊水岩断裂（前者最大断距可达 1050m 且多切穿地表，而后者最大断距只有 400m 左右且多未切穿地表）。乌江断背斜带的含气量最低，多小于 5.5m^3/t，该区域发育 NW 和 NE 两组断裂，所在区块的乌江断裂带断裂规模大，最大断距可达 1500m，纵向上多层叠置且多切穿地表，致使气体沿断裂周围的裂缝逸散，从而导致了含气量显著降低（据胡明等，2017）。

6.1.2.2　裂缝对页岩含气性的影响

不同类型的裂缝对含气性的影响机理明显不同，同一类型的裂缝，发育的规模、密度不同对含气性的影响也有差异。当裂缝发育的规模较小，如在焦石坝背斜带的核部，平面上显示出曲率值较低且呈斑点状分布时，小尺度裂缝与含气量呈明显的正相关，说明小尺度的裂缝有利于气体的聚集。但当裂缝规模较大，如本次研究的焦石坝断背斜带东南部及乌江断背斜带，曲率值较大，呈明显的条带状，并与断裂相伴生的情况下。这些区域的含气量往往较低，气测全烃含量多小于 10%，与核部 20% 左右相比差异较大。这就很清楚地表明大尺度的裂缝会破坏页岩气的保存条件，从而导致气体的逸散。

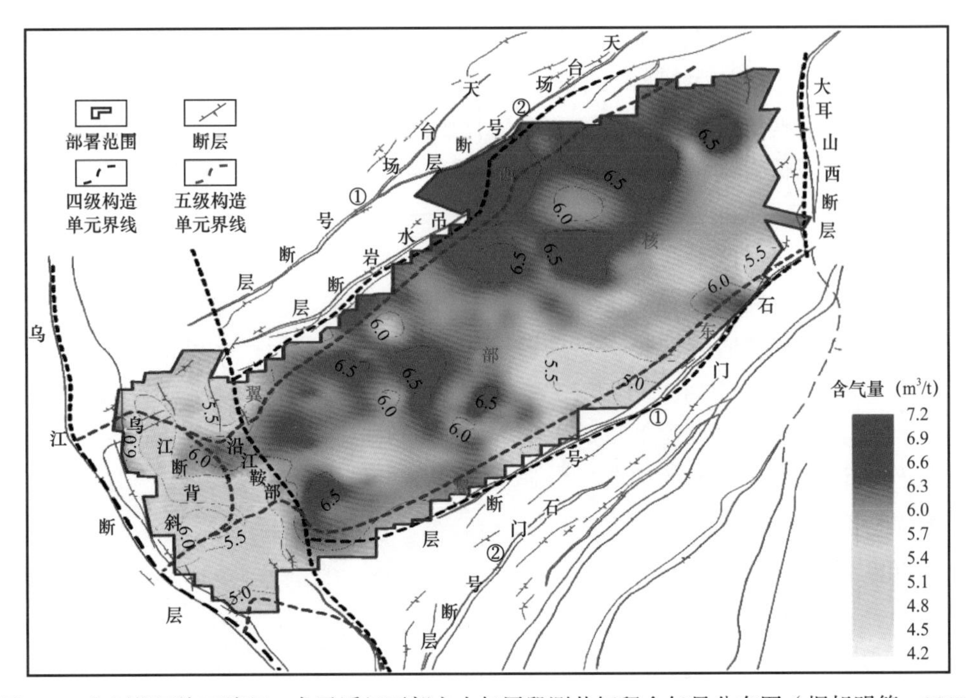

图 6-7　焦石坝区块五峰组—龙马溪组下部主力气层段测井解释含气量分布图（据胡明等，2017）

Fig.6-7　Gas Content Distribution Map of Logging Interpretation in Main Gas Stratum in the Wufeng- Lower Longmaxi Formation of the Jiaoshiba Block（After Hu Min et al.，2017）

6.1.2.3　川东地区构造发育与页岩气保存

根据地表构造特征，前人把川东隔挡式褶皱带可分为北、中和南三段：北段为宣汉至万州以北的地区，构造走向由北东向偏转为近东西向呈弧形逐渐与大巴山弧趋于一致；中段为万州至长寿之间的地区，发育北—北东向的平行褶皱；南段为长寿以南的地区，呈南—西方向撒开的帚状（张国伟等，2009）。总体上，川东褶皱带呈向西凸出的弧形，其北段呈北东至北东东向，中段呈北北东向，而南段呈近南北向（图 6-8）。基于前人对川东高陡褶皱带的构造单元划分，对川东（华蓥山）—齐岳山 / 大娄山的构造特征也分为北、中、南三段来进行阐述。

1）北段构造特征

结合地表露头信息和地震反射特征的解释认为，川东高陡褶皱带北段的构造变形，是由于多套滑脱层系上覆地层均发生褶皱变形并相互叠加而成。其中沿震旦系、寒武系滑脱层发育的断层之上大多呈断层转折褶皱或突发构造样式，而沿中—下三叠统嘉陵江组—雷口坡组膏盐层之上的地层变形大多呈叠加滑脱褶皱样式，即膏盐层之上主要表现为滑脱褶皱，但这些滑脱褶皱是叠加于下伏深部褶皱变形之上的。这些褶皱在地表大多表现为紧闭或开阔的对称褶皱，仅少量褶皱因核部发育突破断层而呈现不对称形态。但这些突破断层断距都不大，向深部消失于膏盐层内部。同时，深部断层向上也很少刺穿膏盐层进入盐上地层。仅在马老城凸起附近解释有这样的断层，但推测与这地区膏盐层的沉积厚度不大具有一定的关系。

继续往北东方向至地表未见明显变形的区域。在这一地区，虽然地表未见明显变形，但在地震剖面上发现志留系—早侏罗统发生了明显褶皱并分别被沿志留系泥页岩和中—下三叠统嘉陵江组—雷口坡组膏盐层传播的断层所切割。显然，这表明川东高陡褶皱带的构造变形现今仍在向四川盆地方向传播，构造变形并未终止于地表背斜出露位置。

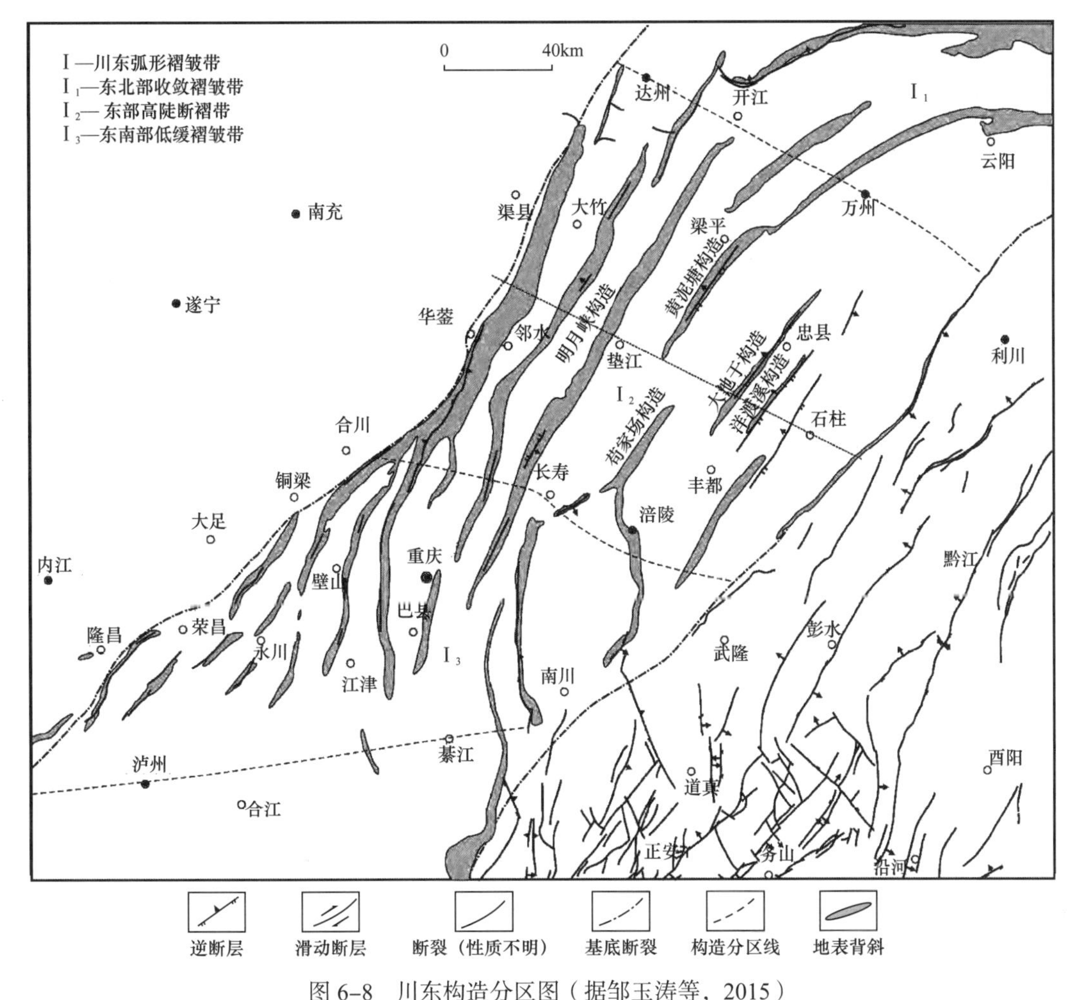

图 6–8　川东构造分区图（据邹玉涛等，2015）

Fig.6–8　Tectonic Zoning Map in Easten Sichuan（After Zou Yutao et al，2015）

2）中段构造特征

川东高陡褶皱带中段，嘉陵江组—雷口坡组膏盐层之上的地层变形主要呈前翼短而陡、后翼缓而长的不对称断层传播褶皱形态。这些褶皱均受一系列南东倾斜，平面上呈北东、南西延伸，断层面下缓上陡的断层所控制。此外，这些断层均自嘉陵江组—雷口坡组膏盐层下穿过膏盐层进入盐上地层，盐上地层、盐层和盐下地层具有相同的构造变形。显然，嘉陵江组—雷口坡组膏盐层的沉积厚度在川东中部地区应较北部地区更薄。背斜同样大多紧闭、高陡，向斜则相对较为宽缓，仍呈隔挡式剖面组合特征。

此外，在川东高陡褶皱带中部，其最北西侧的构造变形前缘，地表和地下均未发生构造变形。换句话说，川东高陡褶皱带的构造变形传播至最北西端的地表背斜处并未继续往四川盆地传播。导致这种变形特征推测有两个方面的原因：第一，受嘉陵江组—雷口坡组膏盐层沉积范围控制，这里膏盐层沉积薄，其构造变形主要是沿寒武系和志留系泥页岩滑脱层传播的断层叠加而成；第二，其最北西端的背斜属典型的断层传播褶皱，且背斜前翼还发育有突破断层，使得断层的滑移量难以继续往盆地方向传播。因此，平面上，川东高陡褶皱带中段较两端较窄；剖面上，地层冲断褶皱更为强烈。

3）南段构造特征

川东高陡褶皱带南段严格说来已不属于高陡褶皱变形，这一地区地表背斜多属低缓隆起，呈北东、南西向延伸。此外，据文献资料，这一地区南东侧的造山带也不再称为七曜山，而是称为大娄山（张国伟等，2009）。因此，认为川东地区南段更应称之为川东南低缓褶皱带和大娄山。

南段北部大娄山的构造形态较北段、中段七曜山的构造形态完全不同。大娄山主体表现为受一条南东倾斜的转折断层控制的断层转折褶皱形态，推测断层自南东向北西传播过程中可能首先在大娄山前缘发育了2～3条反向逆冲断层，这些反向逆冲断层往南东方向逆冲并突破至地表，形成断层传播褶皱及其叠加构造。随后，断层继续往四川盆地传播并分别进入寒武系和志留系泥页岩滑脱层。然而，断层并未如中段和北段那样导致上盘地层发生强烈褶皱形成高陡构造；相反，地层主要发生轻微冲断褶皱变形，呈断层传播褶皱、断层转折褶皱和突破型的滑脱褶皱及其叠加构造样式。此外，这一地区的构造变形并未如中段一般终止于地表背斜下伏；相反，构造变形沿志留系泥页岩继续往盆地方向传播，直至川中隆起并突破于其南东翼。

川东高陡褶皱带的隔挡式剖面组合特征和七曜山地区的隔槽式剖面组合特征在这里均不具备。而且，这里嘉陵江组—雷口坡组膏盐层并不如中段和北段发育，在剖面上未发现嘉陵江组—雷口坡组上下有明显的构造变形差异，即使有，也总是局限在小范围内。显然，川东地区南段的构造变形与中段、北段明显不同。

南段南部构造变形特征基本与北部的构造剖面特征类似，即大娄山仍主体表现为断层转折褶皱及次级反冲构造，而川东南低缓褶皱带仍表现为沿寒武系、志留系泥页岩滑脱的断层上覆地层发生轻微逆冲冲断褶皱变形，且大娄山不具有隔槽式剖面组合特征，且川东低缓褶皱带也不具有隔挡式组合特征。

但值得注意的是，沿寒武系、志留系泥页岩传播的断层并未传播至川中地区，而是终止于宜宾以南约20km范围。然而，由于这里处于雪峰山与康滇冲断构造带的交会部位，构造应力场推测较为复杂，剖面可见靠近川中地区，震旦系—志留系均发生强烈褶皱变形。

综上所述，川东地区的构造变形主要受基底、寒武系泥页岩、志留系泥页岩及下三叠统嘉陵江组—中三叠统雷口坡组膏盐层四套滑脱层控制（图6–9）。膏盐层在中部、北部沉积较厚，南部沉积较薄；志留系泥页岩在中部、南部沉积范围较广；寒武系泥页岩和基底滑脱层则在整个川东地区均有发育。川东中北部表现为高陡的隔挡式褶皱组合形态，七曜山为隔槽式组合形态，而川东南则褶皱冲断作用不强。同时，大娄山地区则主体表现为断层转折褶皱及叠加构造，这种特征在与构造走向斜交方向的剖面上也可具有一定的体现（图6–10）。

龙潭组属于中形变层，在高陡背斜带，构造变形相对较强，油气保存条件相对较差一些，向斜区地层平缓，构造变形相对较弱，油气保存条件相对较好。从整个构造变形强度及构造发育特征来看，川东南（川东高陡褶皱带南段）构造变形相对较弱，总体呈现出背斜区断层相对较发育，而向斜区构造变形弱，断裂不发育。另一方面，通达地表的大断裂相对较少，具有较好的页岩气保存条件（图6–11、图6–12）。

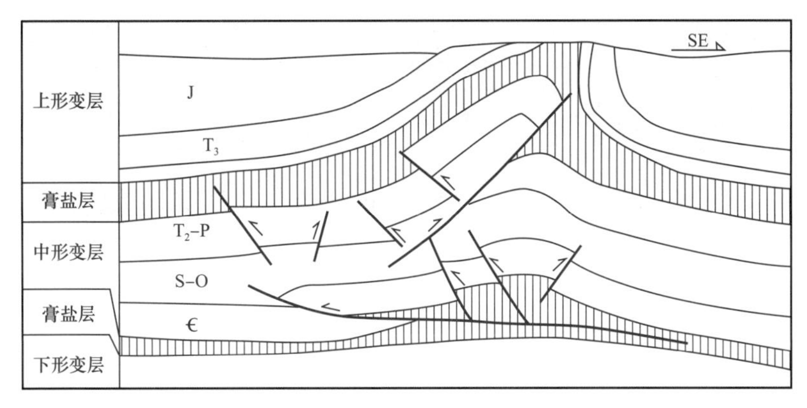

图 6-9 川东构造形变层划分图（据邹玉涛等，2015）

Fig.6-9 Division Map of Tectonic Deformation Layer in Easten Sichuan（After Zou Yutao et al.，2015）

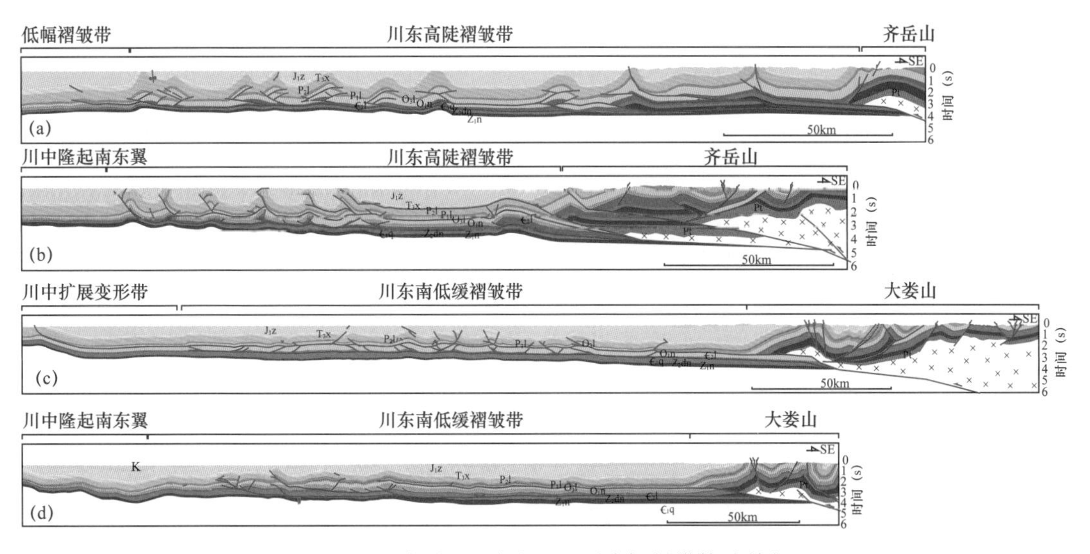

图 6-10 齐岳山 / 大娄山—川东褶皱带构造特征

Fig.6-10 Structural Characteristics of Qiyueshan/Daloushan-Eastern Sichuan Fold Belt

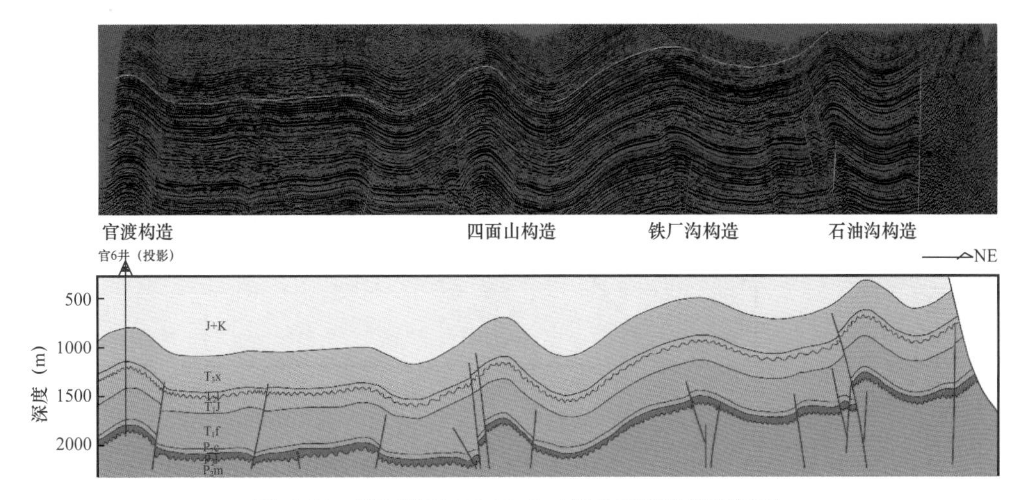

图 6-11 綦江地区 QJ-02-1 二维地震测线解释剖面

Fig.6-11 Interpretation Profile of 2D Seismic Line QJ-02-1 in Qijiang Area

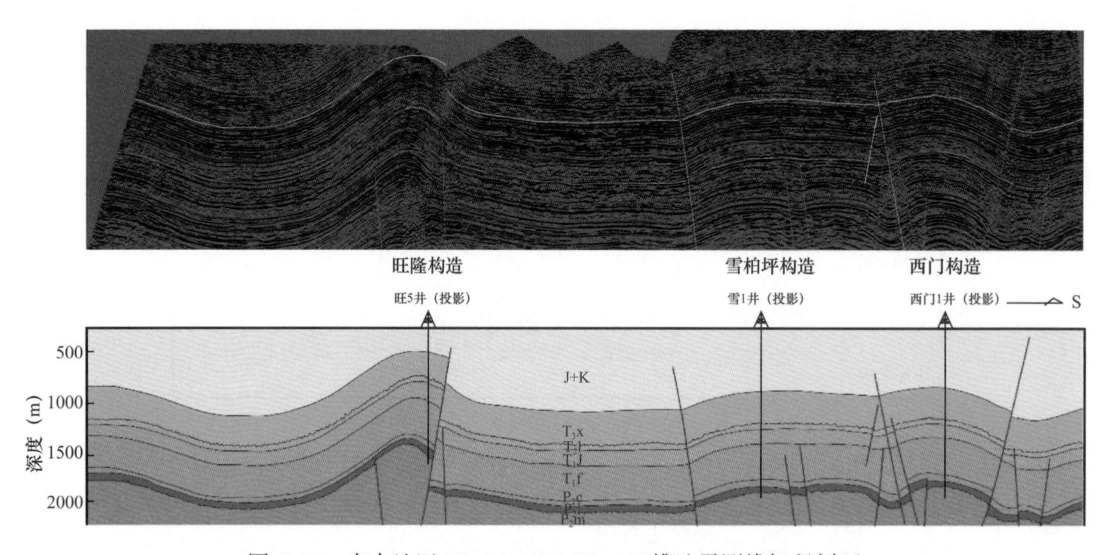

图 6-12　赤水地区 CS-10-NW-80-5 二维地震测线解释剖面

Fig.6-12　Interpretation Profile of 2D Seismic Line CS-10-NW-80-5 in Chishui Area

6.1.2.4　川东地区地层压力系数与页岩气保存

地层压力系数是页岩气保存条件评价的综合指标。页岩气藏相比常规油气藏具有特殊性，是生储盖三位一体的地质体，决定了其保存条件的评价也有所不同。常规油气藏为外源性，保存条件好可能表现为超压，也可能表现为低压。页岩气藏为内源性，作为烃源岩的页岩生烃造成孔隙压力增大而形成异常高压，在异常压力和烃浓度差的作用下，烃类的运移总是指向外面，如果气藏封闭性不好，页岩气排出过快造成压力大幅降低，甚至形成低压；反之则会保持较高的地层压力。因而地层压力系数对页岩气的保存条件具有良好的指示作用。在四川盆地及周缘下古生界页岩气钻井中，高产井均存在异常高压页岩气层，低产井和微含气井一般都为常压或异常低压页岩气层。另外，统计发现四川盆地及周缘下古生界页岩气产量与压力系数呈对数正相关关系（图 6-13）。以上现象和规律也说明了较高压力系数体现了下古生界海相页岩气藏好的保存条件，低的压力系数则代表保存条件差。

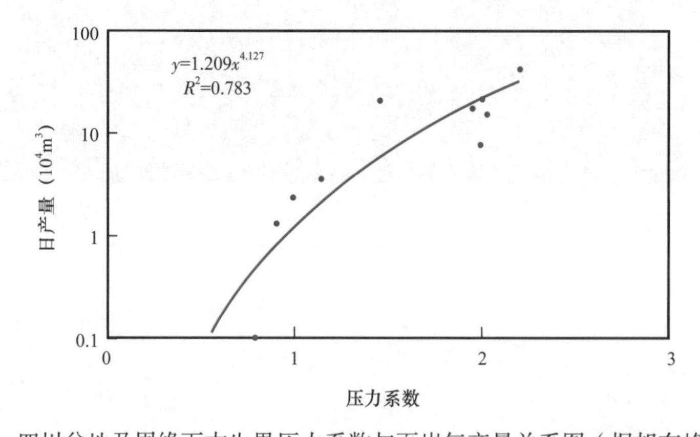

图 6-13　四川盆地及周缘下古生界压力系数与页岩气产量关系图（据胡东峰，2014）

Fig.6-13　Relation Diagram between Pressure Coefficient and Shale Gas Production of Lower Paleozoic in Sichuan Basin and its peripheral areas（After Hu Dongfeng，2014）

由川东地区典型构造综合地层压力剖面图（图 6–14）可见，纵向上可划分出 4 个压力特征带：（1）地表漏失带，压力系数一般在 1.0 左右；（2）过渡带，压力系数分布于 1.0～1.3；（3）超压带，压力系数大于 1.3；（4）正常压力带，指石炭系，气藏顶部表现为高压异常特征，但气水界面处及气藏的边水区为正常压力，压力系数为 1.0～1.15。

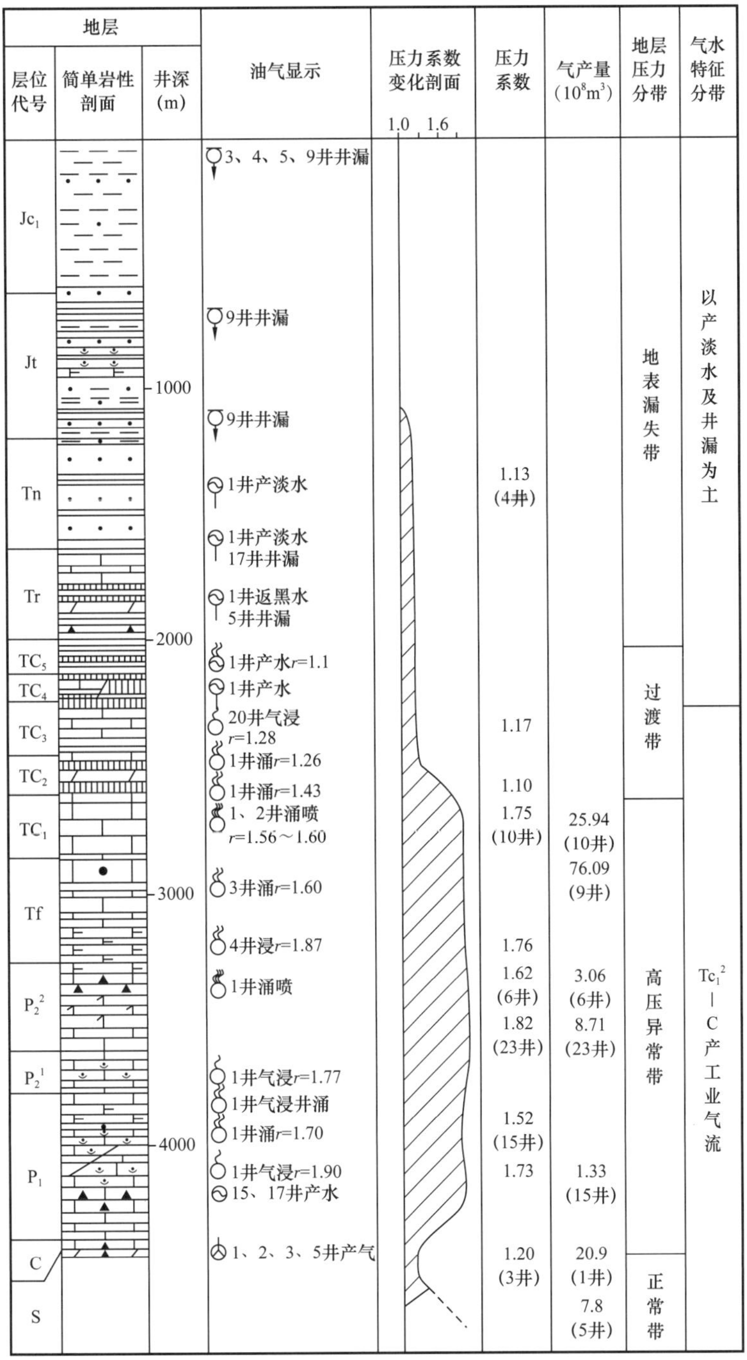

层位代号	井深（m）	油气显示	压力系数	气产量（10^8m^3）	地层压力分带	气水特征分带
Jc_1		3、4、5、9井井漏			地表漏失带	以产淡水及井漏为土
Jt	1000	9井井漏 9井井漏				
Tn		1井产淡水 1井产淡水 17井井漏	1.13（4井）			
Tr	2000	1井返黑水 5井井漏				
TC_5		1井产水r=1.1			过渡带	
TC_4		1井产水				Tc_1^2—C产工业气流
TC_3		20井气浸 r=1.28	1.17			
TC_2		1井涌r=1.26 1井涌r=1.43	1.10			
TC_1		1、2井涌喷 r=1.56～1.60	1.75（10井）	25.94（10井）	高压异常带	
Tf	3000	3井涌r=1.60 4井浸r=1.87	1.76	76.09（9井）		
P_2^2		1井涌喷	1.62（6井） 1.82（23井）	3.06（6井） 8.71（23井）		
P_2^1		1井气浸r=1.77				
P_1	4000	1井气浸井涌 1井涌r=1.70 1井气浸r=1.90 15、17井产水	1.52（15井） 1.73	1.33（15井）		
C		1、2、3、5井产气	1.20（3井）	20.9（1井）	正常带	
S				7.8（5井）		

图 6–14　川东地区典型构造综合地层压力剖面图（据李仲东，2001）

Fig.6–14　Profile of Synthetic strataum Pressure for the Typical Structure in Eastern Sichuan（After Li Zhongdong，2001）

从超压带的纵向分布特征可见，过渡带的层位多出现在雷口坡组—嘉二段的膏盐岩层段，有些已达嘉一段—飞仙关组的致密碳酸盐岩，天然气的产出在过渡带及以下层位；石炭系产层气水界面为常压带，进入中二叠统为超压带，其为梁山组泥质岩盖层。二叠系各层系烃源岩十分发育，其上的中—下三叠统具多层膏盐岩盖层，其下的梁山组为石炭系黄龙组的直接盖层，这为二叠系烃源岩生烃产生超压奠定了基础。李仲东（2001）的统计分析表明，中二叠统碳酸盐岩绝大多数孔隙度小于 1%，平均 0.98% 左右，渗透率小于 $9.87 \times 10^{-6}D^2$，而且非均质性极强，这为生成烃类横向运移不畅创造了条件；随着侏罗系快速沉降，前陆盆地沉积盖层的叠加，二叠系烃源岩大量生烃并实现油向气的转化，受上覆膏盐岩盖层和下伏梁山组泥质岩盖层的限定，以及储层物性的横向不均一性造就了上组合超压体的形成。

从超压的形成主要机制分析，上组合超压的形成主要受控于二叠系烃源岩的分布和晚三叠世—侏罗纪前陆盆地的叠加效应。从烃源岩的分布和晚三叠世—侏罗纪前陆盆地的沉降—沉积中心分析可得出两点认识：（1）上组合超压体在川西区形成最早（晚三叠世沉降—沉积中心），其次为川北及川东区（侏罗纪沉降—沉积中心），川中—川西南地区形成相对较晚（白垩纪才达高成熟期）；（2）从烃源岩生烃强度看，川东北区、川西南区生烃增压最强，原始压力系数最大。

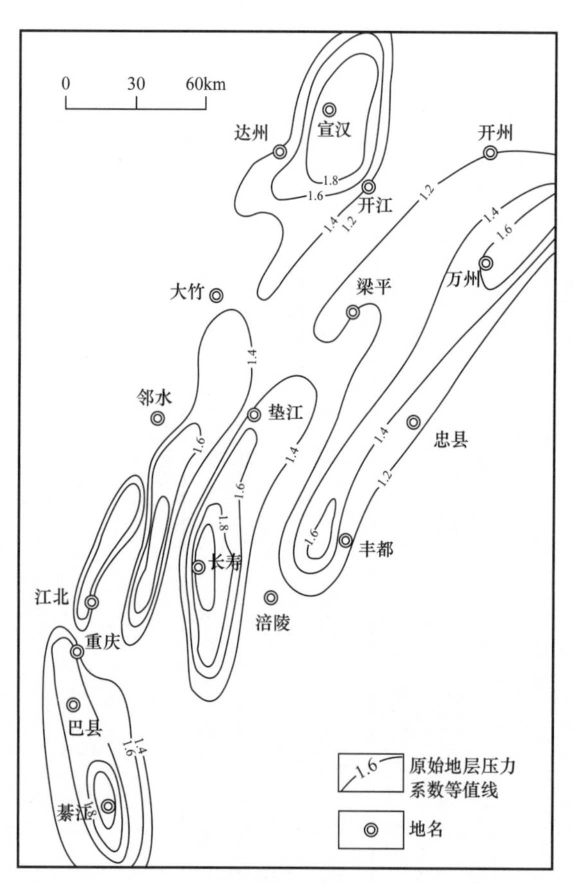

图 6–15　川东地区阳新统原始地层压力系数等值线（据李仲东，2001）

Fig.6–15　Contour Map of Original Formation Pressure Coefficient of Yangxin Series in Eastern Sichuan（After Li Zhongdong，2001）

受燕山晚期及其以来的构造改造，川东高陡构造带背斜核部抬升幅度大，往往成为泄压区，上述压力系统遭受破坏，如金鸡 1 井阳新统压力系数仅为 0.878，油气保存条件较差；但在相邻的复向斜区流体纵横向流动不畅，压力系统得以保持，阳新统压力系数分布于 1.2～2.0（图 6–15），天然气保存条件优越，这与地层水、天然气组成特征所获结论相吻合。

川南气区天然气主要产层集中在下三叠统—中二叠统这一层段内，埋深多分布于 1000～2000m。阳新统气层压力由西往东逐渐增高，可分为三个区：西部区（付家庙—阳高寺—九奎山一线以西的地区）为常压区，压力系数分布于 1.0～1.2，如阳高寺阳三气藏压力系数为 1.1；中部区（上述一线以东和李子坝—二里场—五通场一线以西的地区）为高压异常区，压力系数分布于 1.2～1.8，如丹凤场阳三气藏压力系数为 1.69～1.87；

东部区为超高压区，压力系数为 1.8～2.2。异常高压的形成可能与构造压力、差异压实、烃类成熟期先后有关（据《中国石油地质志》）；如前所述，认为异常高压的成因主要与烃源岩成熟作用相关。

从纵向上看，压力系数变化较大。如合江气田，须家河组为常压系统，压力系数 1.12；嘉陵江组为异常高压系统，压力系数分布于 1.39～2.04；阳新统属超高压系统，阳三气藏压力系数 1.7～2.09，阳二气藏压力系数 2.199，压力系数从上往下有逐渐变高的趋势。但庙高寺气田嘉陵江组压力系数（1.39～2.04）、飞仙关组压力系数（1.31～1.38）、阳三气藏压力系数（1.43～1.9）则具上下高、中部低的特征。

6.1.2.5 构造抬升剥蚀与页岩气保存

抬升剥蚀造成页岩气层段以上岩层厚度减薄，甚至页岩气层段出露地表，上覆压力减小而打破原有的平衡，在构造应力、孔隙流体压力的作用下，闭合的裂缝又重新开启，页岩气渗流散失。彭水地区龙马溪组泥页岩样品三轴物理试验模拟揭示，当围压下降到一定压力（16.6MPa）时，岩石发生剪切破裂，从而产生微裂缝。推测持续抬升剥蚀过程中，当龙马溪组上覆有效地层压力降低至 16.6MPa 以后，微裂缝开始大规模开启，页岩气通过渗流方式快速散失。另外，剥蚀造成页岩孔隙负荷减小而反弹，孔隙度增大，同时天然气扩散速率增大。Krooss 等研究发现，甲烷在岩石中的扩散系数随孔隙度增大而增大；Schloemer 等采用时滞法测定不同压力条件下岩石中甲烷的扩散系数发现，随着压力的增大，甲烷的扩散系数也呈对数减小的趋势。因而抬升剥蚀也导致页岩气扩散加快，对页岩气保存不利。

胡如齐等（2009）根据不整合面的发育与分布认为川东—湘鄂西北部“侏罗山式”褶皱带的褶皱变形发生在晚侏罗世末至早白垩世初期间，而不是过去所认为的印支期或燕山早期。据袁玉松等（2010）通过磷灰石裂变径迹研究认为川东高陡背斜带抬升剥蚀始于燕山晚期（97Ma，K_2）。

梅廉夫等（2010）石柱复向斜 JL1 样品在白垩世早期 136Ma 左右达到最大埋深，之后迅速隆升剥蚀，到早白垩世末期约 105Ma 之后进入平稳阶段，喜马拉雅晚期约 20Ma 再次快速隆升至地表；方斗山复背斜 SJ2 样品在早白垩世中期约 120Ma 达到最大埋深，之后进入快速隆升阶段，在晚白垩世 80Ma 左右处于相对稳定的阶段，喜马拉雅晚期再次迅速抬升直到暴露地表；万州复向斜上 WE8 样品在早白垩世末期约 115Ma 达到最大埋深，之后整个晚白垩世都处于隆升阶段，约 67Ma 之后抬升速率减小，处于相对稳定的缓慢隆升阶段，喜马拉雅晚期再次迅速隆升剥蚀直到暴露地表；华蓥山背斜 WD44 样品在早、晚白垩世之交约 95Ma 开始强烈隆升到晚白垩世结束，喜马拉雅早期进入相对平稳阶段，晚喜马拉雅期约 10Ma 再次迅速隆升至地表。

覃作鹏等（2013）通过对桐梓—綦江地区野外露头的 100 余组节理、擦痕及典型叠加褶皱的研究，运用构造解析方法对节理破裂滑动构造进行古应力场反演，结合褶皱的叠加序列和节理的交切关系所反映的古应力场序列，重建川东南构造带中生代以来的构造演化史。结果表明，川东南构造带于中新生代以来主要经历了四期构造运动：早白垩世 E-W 向挤压作用；晚白垩世近 S-N 向挤压作用；早新生代 NE-SW 向挤压作用；上新世早期 NW-SE 向挤压作用。

朱传庆等（2017）利用 R_o 和 AFT 数据对四川盆地东部不同地区的古地温梯度、古热流、剥蚀量等研究认为：（1）磷灰石裂变径的模拟结果表明，四川盆地东部在晚白垩世早期（100–80Ma）开始抬升，抬升剥蚀过程具有一定的阶段性且不同地区存在差异。以约30Ma 为界，重庆北碚地区表现为两期冷却，先期冷却缓慢，后期冷却迅速。川东北持续的冷却过程虽有波动但冷却速率差别较小。（2）根据 R_o 与 AFT 数据联合重建的最高古地温剖面，恢复了侏罗系顶部不整合面的剥蚀量，川东北普光地区剥蚀量为 2.45～2.85km，鄂西渝东地区齐岳山复背斜北部剥蚀量较大，达 3.65km，南部剥蚀量相对较小，为2.67km，川东南地区剥蚀量为 2.05km。

虽然不同的学者所获川东地区构造抬升时序略有差异，但总体而言趋于一致，即川东地区构造抬升剥蚀时间主要在燕山晚期。图 6–16、图 6–17 展示了川东地区龙潭组烃源岩有机质成熟演化史，不同地区存在一定的差异，但构造抬升之前，烃源岩已接近现今演化程度，普遍达生气高峰，匹配关系较好，为页岩气的形成奠定了基础。

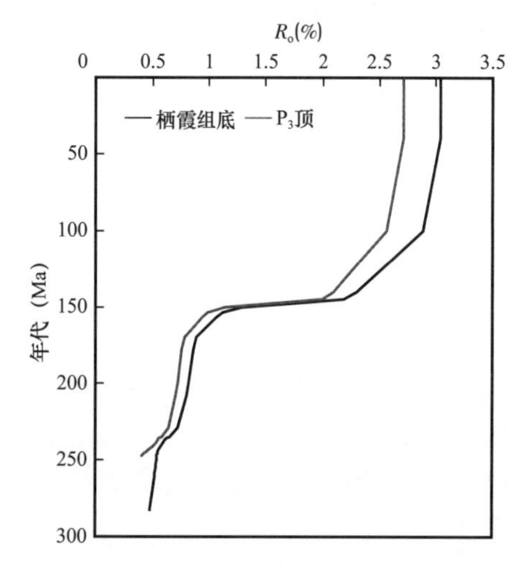

图 6–16　川东地区典型井龙潭组烃源岩生烃史
Fig.6–16　History of Hydrocarbon Generation in Source Rocks of Longtan Formation for the typical wells in Easten Sichuan

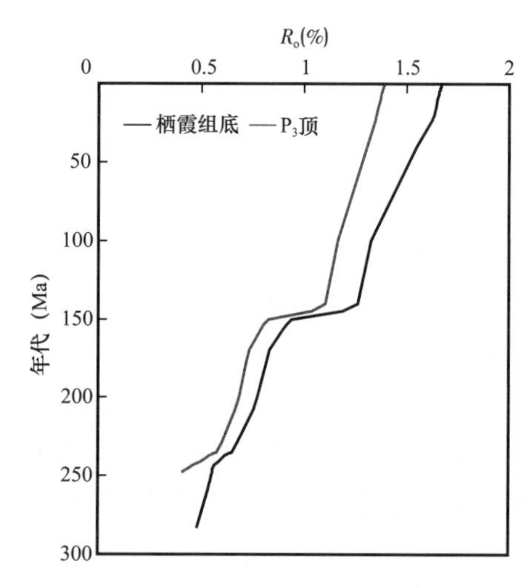

图 6–17　川南地区典型井龙潭组烃源岩生烃史
Fig.6–17　History of Hydrocarbon Generation in Source Rocks of Longtan Formation for the typical wells in South Sichuan

6.1.3　顶板、底板条件

根据川东地区地层层序，龙潭组上覆地层为长兴组，为龙潭组上泥岩段的顶板；同时龙潭组内部的隔层段（砂岩、石灰岩）是龙潭组下泥岩段的顶板，也是上泥岩段的底板；茅口组是龙潭组下泥岩段的底板。现分别对其发育特征及对龙潭组页岩气保存加以阐述。

6.1.3.1　长兴组

长兴期沉积相分布如图 6–18 所示，从南东至北西分别为滨岸沼泽相—混积台地相—开阔台地相—浅水陆棚相与台地边缘相。

受沉积相控制，岩相及地层厚度差异较大。如达州—宣汉区明 1 井钻厚 26m，岩性组合为灰色石灰岩与深灰色含泥灰岩、泥质灰岩不等厚互层，近底部夹一薄层黑色碳质泥岩，岩性致密，可构成龙潭组页岩气良好顶板。普光 5 井钻厚 495m，上部以白云岩为主，下部以石灰岩为主，底部为暗色泥岩与石灰岩互层，总体属台地边缘相，储层物性好，不利于页岩气的保存，但台地边缘相分布范围有限，对龙潭组页岩气的形成影响不大。

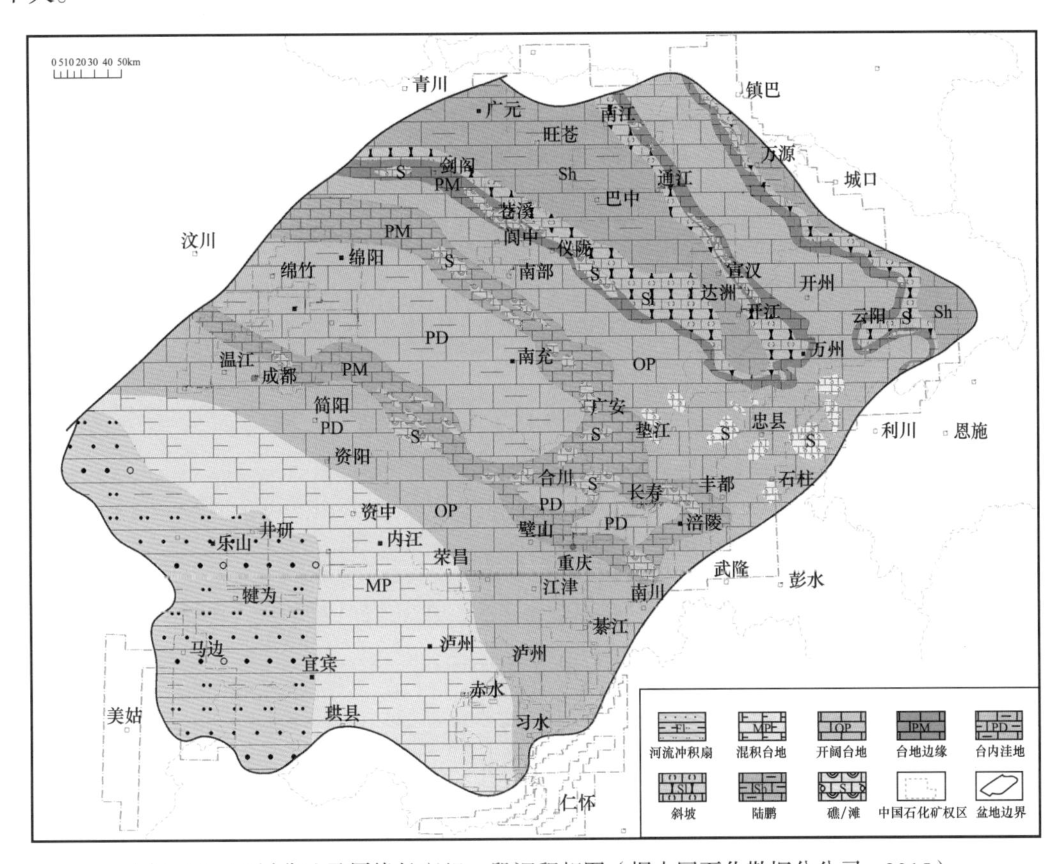

图 6–18　四川盆地及周缘长兴组一段沉积相图（据中国石化勘探分公司，2015）

Fig.6–18　Sedimentary Facies Map of the 1st Member of Changxing Formation in Sichuan Basin and its Peripheral Areas（After SINOPEC Exploration Company，2015）

赤水区块宝 3 井，长兴组钻厚 73m，岩性上部为灰色含泥质灰岩，中下部灰黑色石灰岩，局部含燧石及黄铁矿。西门 1 井，长兴组钻厚 48.5m，岩性组合为深灰色石灰岩、泥质灰岩。

6.1.3.2　龙潭组中部夹层

龙潭组具有上、下泥页岩段分布特征，其间夹层在川东北区为石灰岩，川西南区为砂岩，厚度变化如图 6–19 所示，川东北区隔层厚度变化较大，10m 至 90 余米，如天西 2 井中部隔层厚度 78.5m，岩性组合为石灰岩夹 3 层页岩，页岩单层厚度小于 2m。普光 5 井中部隔层厚度 10m，岩性组合为灰黑色石灰岩与泥灰岩。

对涪陵白涛剖面石灰岩 He 孔隙度测试表明，其值较低，2 个样品分别为 0.669% 和 1.251%，氮气吸附—脱附实验表明石灰岩隔层总吸附量极低，反映孔隙度小，孔隙连通性差，可构成较好的顶板、底板条件。

川西南区中部隔层主要为砂岩，厚度分布于 4～19m，分布相对稳定。在官深 1 井—浅 3 井一线夹层厚度小于 4m，相当于只有上泥岩段。

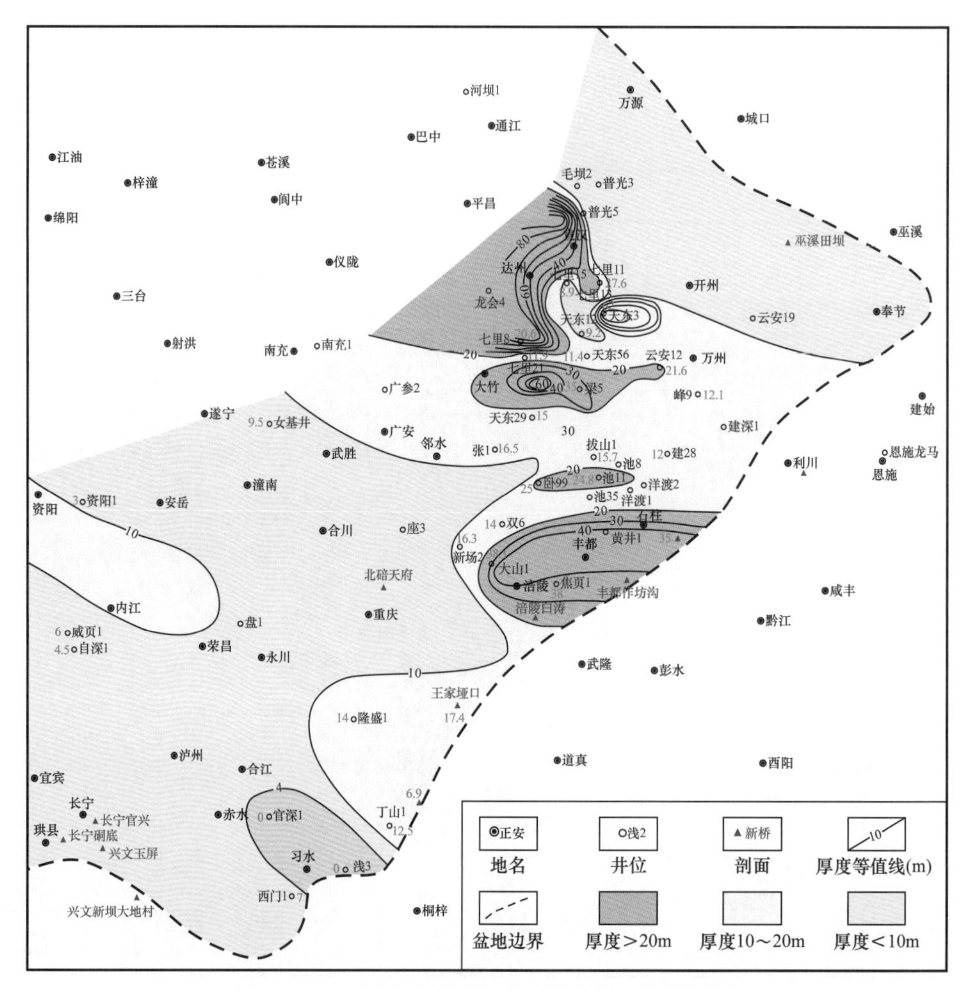

图 6-19　四川盆地龙潭组中段隔层厚度等值线图

Fig.6-19　Thickness Contour Map of Interlayer for Middle part of Longtan Formation in Sichuan Basin

6.1.3.3　茅口组

川东地区茅口组以开阔台地相沉积为主（图 6-20），主要沉积一套深灰色泥晶生物灰岩、浅灰色亮晶生屑灰岩、藻格架礁灰岩；顶部为含燧石结核和铝土质灰岩，与上二叠统龙潭组呈不整合接触，底部与栖霞组呈整合接触。李仲东（2001）的统计分析表明，中二叠统碳酸盐岩绝大多数孔隙度小于 1%，平均 0.98% 左右，渗透率小于 9.87×10^{-6}D，而且非均质性极强，这为生成烃类垂向不畅创造了条件。

东吴构造运动四川盆地整体抬升剥蚀，研究表明（江青春，2012），茅口组在四川盆地西北部最薄，厚度一般为 160～210m；其次为川中—川南和川东地区，厚度一般为 200～210m；残余厚度较大的地区主要位于川西南雅安—宜宾地区及川东重庆—利川地区，其厚度为 270～340m。地层对比及残余厚度统计分析表明，残余厚度大的地区。其出露地层新，地层剥蚀量较小；相反，残余厚度小的地区，其出露地层老，地层剥蚀量较大。川东地区茅口组有一定的剥蚀，局部地区发育岩溶高地，对茅口组储层的改善有积极作用，但对于下泥页岩段页岩气的形成起作用负面影响。大多地区则为岩溶斜坡和岩溶洼地，对龙潭组下泥岩段页岩气保存影响有限（图 6-21）。

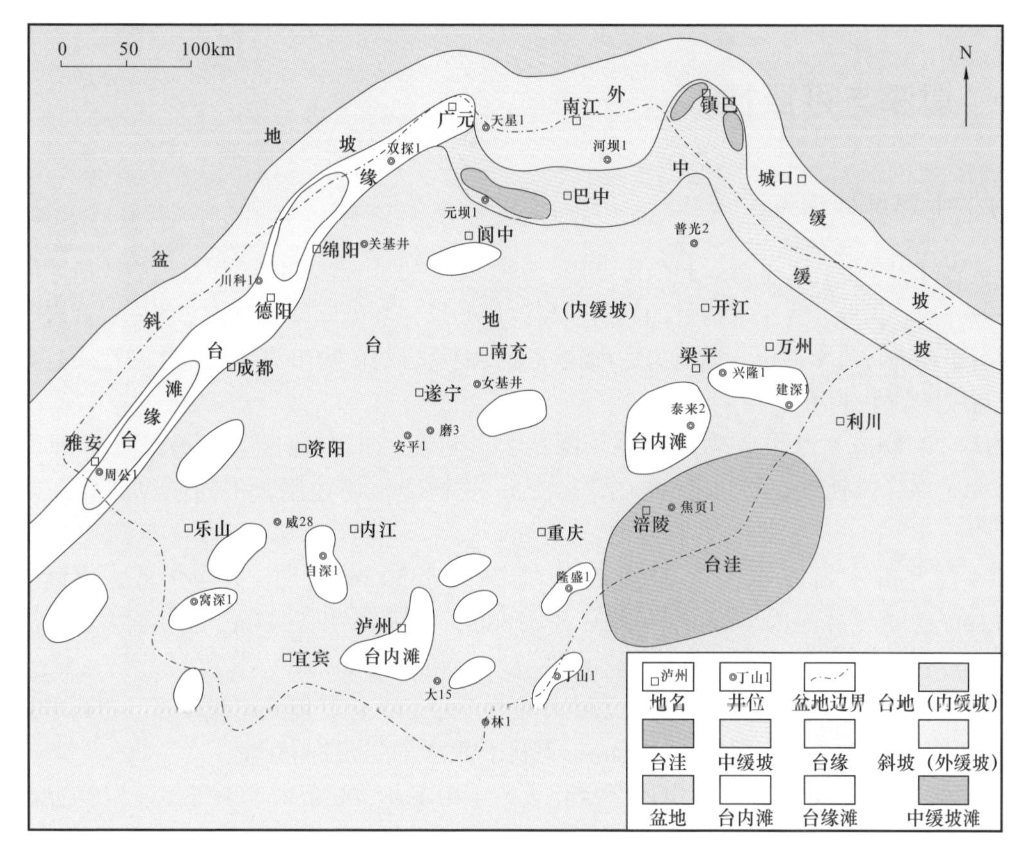

图 6-20 四川盆地及周缘茅二段—茅三段沉积相图（据中国石化勘探分公司，2015）

Fig.6-20 Sedimentary Facies Map of the 2nd-3rd Member of Maokou Formation in Sichuan Basin and its Peripheral Areas（After SINOPEC Exploration Company，2015）

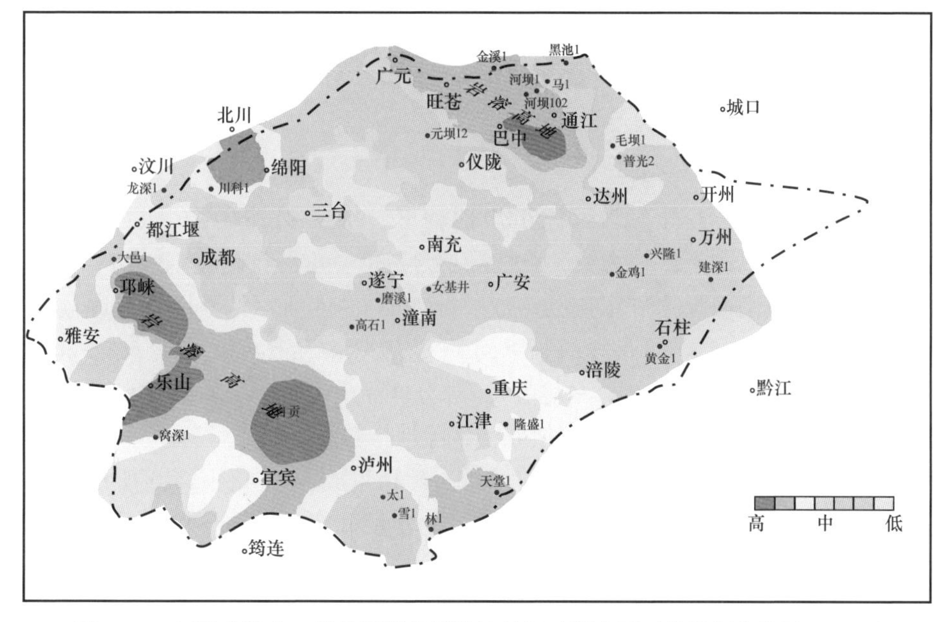

图 6-21 四川盆地上二叠统沉积前岩溶地貌图（据中国石化勘探分公司，2015）

Fig.6-21 Karst Landform Map of Upper Permian Pre-sedimentary in Sichuan Basin（After SINOPEC Exploration Company，2015）

6.2 埋深与可压性

6.2.1 主要区块埋深

页岩气属于低孔、低渗—超低渗储层，90% 以上的页岩气井需要经过压裂改造才能实现商业开采。因此，为了取得好的储层压裂改造效果，避免盲目压裂，必须先对页岩气储层的可压性进行科学评价。泥页岩的埋藏深度及泥页岩的矿物组成、岩石物理性质是影响页岩可压性的主要因素。

从四川盆地龙潭组底界埋深图（图 6–22）可见，川东地区上二叠统底界埋深总体具北东深，南西浅的分布面貌（图 6–22），受构造格局控制，不同矿权区埋深差异较大。

（1）达州—富汉区：龙潭组底界埋深大于 5000m，明 1 井 4991m，清溪 3 井 5334.5m，普光 5 井深达 5734m，毛坝 3 井 5188m，川岳 84 井 5044m。总体而言，埋深较大，不利于页岩气的勘探开发。

（2）涪陵区：仅北部区龙潭组泥页岩厚度大于 20m，但其埋藏相对较深，金鸡 1 井龙潭组顶界埋深 4170m，底界埋深 4304m，不利于页岩气的勘探与开发。

（3）綦江区：綦江区龙潭组埋深变化大，丁山 1 井 300 余米，二维地震资料解释表明，其埋深主体处于 3700～4000m 之间（图 6–23）。

（4）赤水区：龙潭组泥页岩埋深具南深北浅、东深西浅的特点，西南部埋深大于 4000m，最深超过 6000m，勘探开发难度大。西部及北部埋藏相对较浅，2000～4000m，有利于页岩气勘探与开发（图 6–23）。

（5）威远区—资阳—永川区：威页 1 井龙潭组埋深：2608～2738m；永川地区永页 1 井龙潭组埋深：2592～2730m；资阳 1 井龙潭组埋深 3592～3708m。

6.2.2 龙潭组泥页岩可压性评价

龙潭组泥页岩可压性川东北区优于川西南区，前者脆性矿物含量高（硅质含量 50%～70%），后者则以黏土矿物为主，脆性矿物含量低，可压性略差。

（1）利川袁家槽剖面吴家坪组矿物组成特征如图 6–24 所示：其以石英含量最高，分布于 57%～86%，平均 75%（8 件样品，下同）；其次为黏土矿物，含量 5%～20%，平均 12%；再次为长石，含量 0～11%，平均 6%；部分样品中见菱铁矿、黄铁矿、石膏和重晶石。脆性指数分布于 0.77～0.95，平均值 0.88，脆性指数高，可压性好。

（2）华蓥山剖面龙潭组属浅水陆棚相沉积，矿物组成特征如图 6–25 所示：其明显不同于欠补偿盆地相，矿物组成以黏土矿物为主，含量分布于 41%～87%，平均 67%（样品数：18）；其次为石英，含量分布于 12%～35%，平均 23%；再次为长石，含量分布于 0～18%，平均 6%；普遍发育黄铁矿（0～9%），少量样品中见重晶石。总体而言，脆性矿物含量低，脆性指数分布于 0.13～0.59，平均 0.32，可压性相对较差。

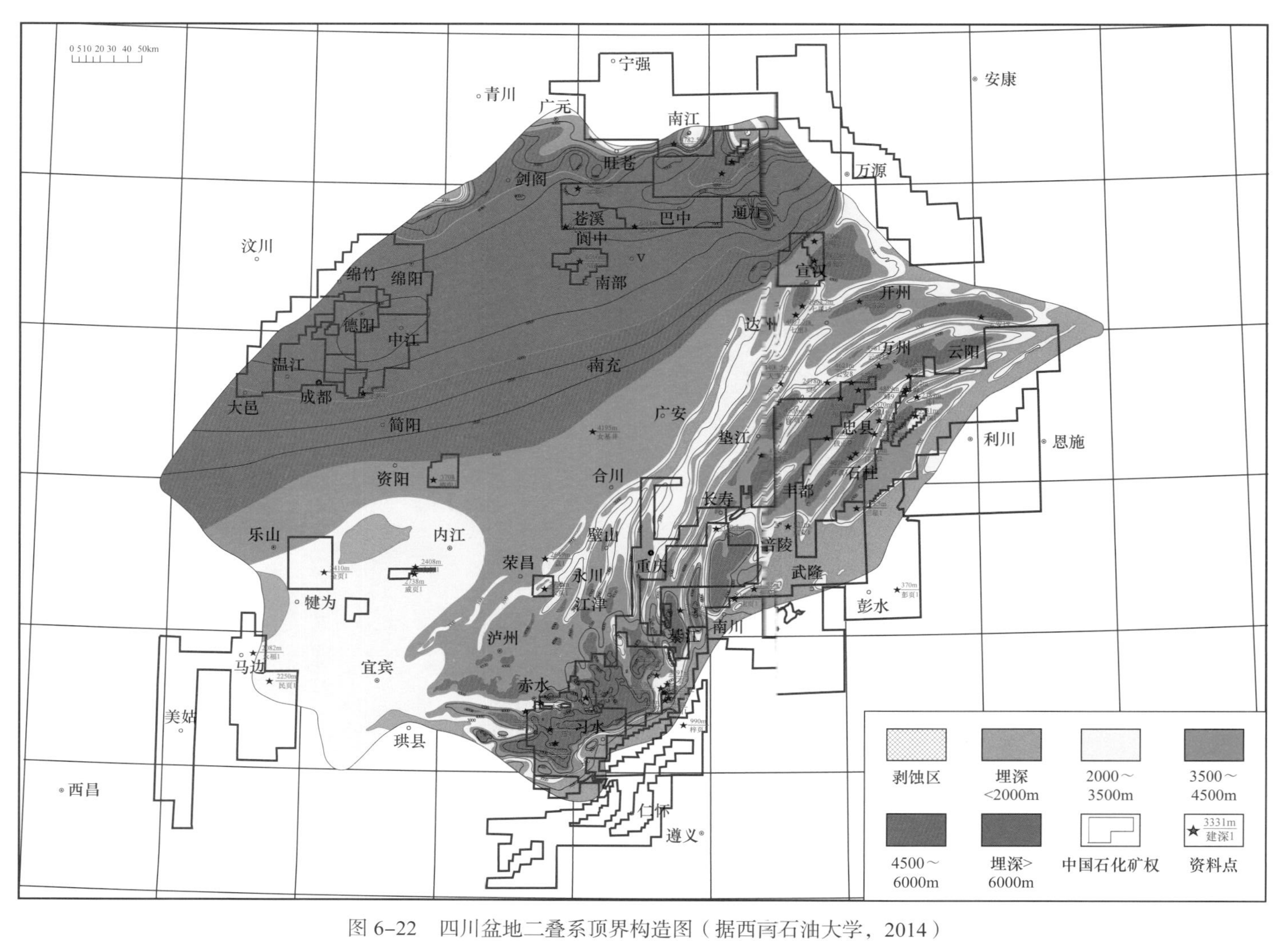

图 6-22 四川盆地二叠系顶界构造图（据西南石油大学，2014）

Fig.6-22 Top Boundary Structural Map of Permian in Sichuan Basin（After Southwest Petroleum University，2014）

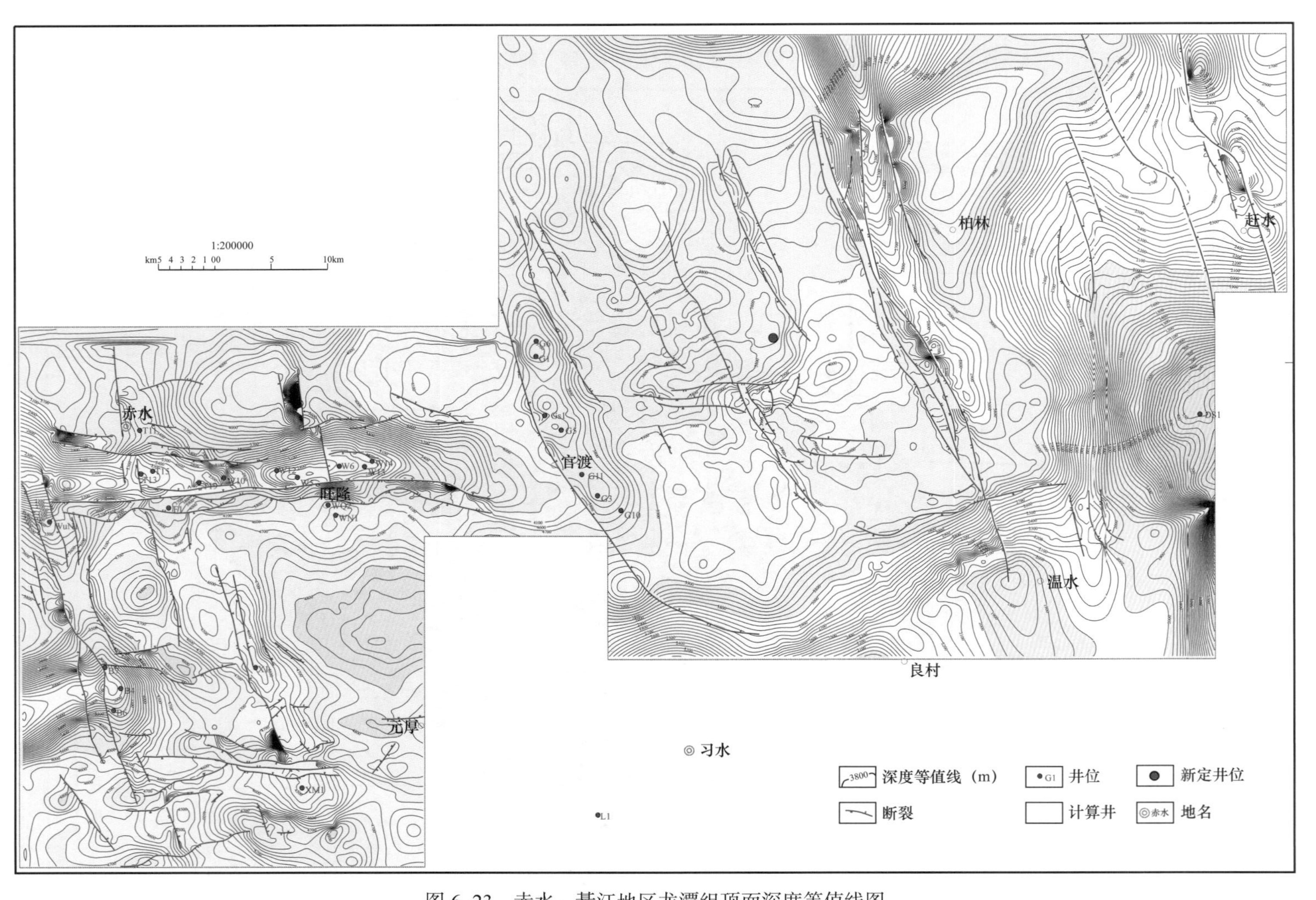

图 6-23　赤水—綦江地区龙潭组顶面深度等值线图

Fig.6-23　Contour Map of the Top Depth of Longtan Formation in Chishui-Qijiang Area

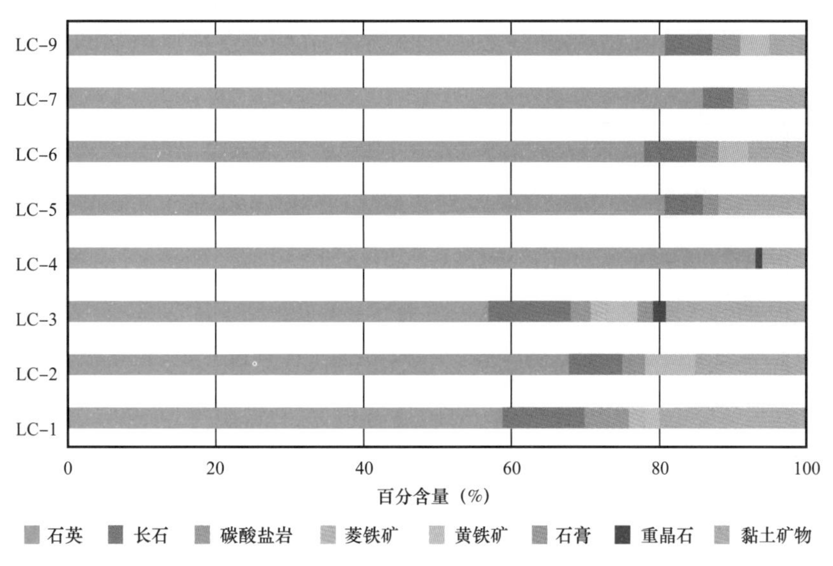

图 6–24　利川袁家槽剖面吴家坪组泥页岩全岩矿物组成分布图

Fig.6–24　Distribution Map of Mineral Composition of Whole Rock of Mud Shale in Wujiaping Formation, Profile Yuanjiacao, Lichuan

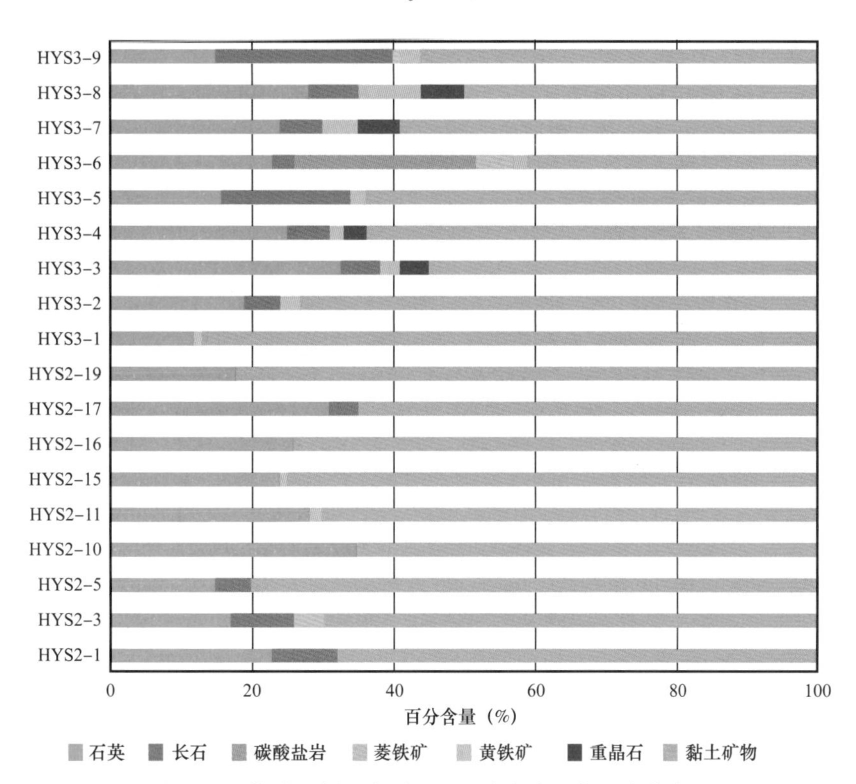

图 6–25　华蓥山剖面龙潭组泥页岩全岩矿物组成分布图

Fig.6–25　Distribution Map of Mineral Composition of Whole Rock of Mud Shale in Longtan Formation, Profile Huayingshan

（3）綦江赶水剖面龙潭组泥页岩矿物组成变化较大：下段泥岩硅质含量较高，分布于 36%～60%（平均 49%）；黏土矿物含量也较高，分布于 40%～55%（平均 48%）；其他矿物含量较低。上泥岩段以黏土矿物为主（80%），其次为石英（20%）（图 6–26）。下泥岩段脆性指数 0.45～0.6，平均 0.5，可压性较好，上泥岩段脆性指数低（0.2），可压性较差。

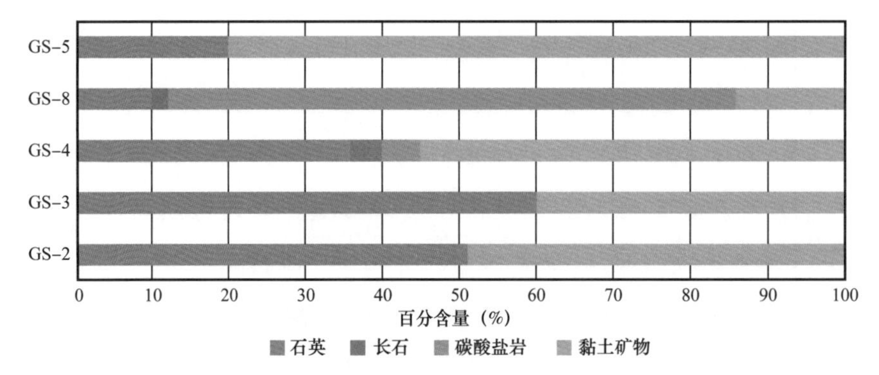

图 6–26 綦江赶水剖面龙潭组泥页岩全岩矿物组成分布图

Fig.6–26 Distribution Map of Mineral Composition of Whole Rock of Mud Shale in Longtan Formation, Profile Ganshui, Qijiang

（4）兴文玉屏剖面龙潭组泥页岩矿物组成以黏土矿物为主，含量分布于 52%～90%，平均 73%（样品数 11）；其次为石英，含量分布于 10%～33%，平均 21%；部分样品中见较高含量的菱铁矿（最高达 27%），少量样品中见重晶石（图 6–27）。

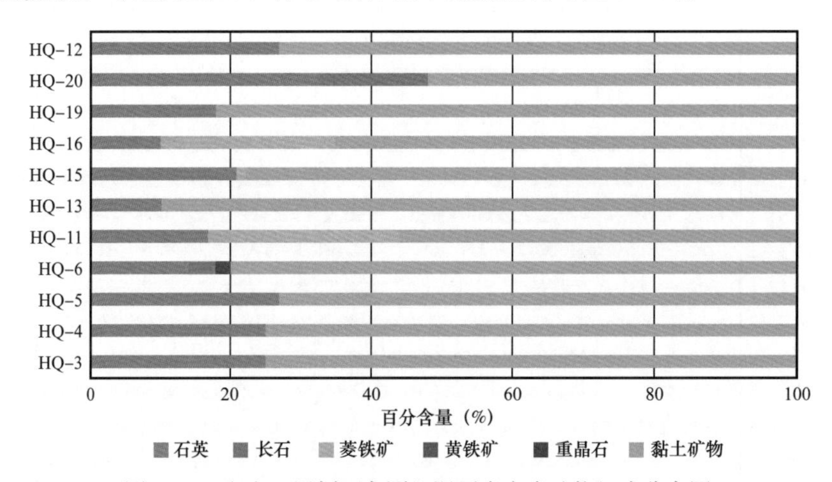

图 6–27 兴文玉屏剖面龙潭组泥页岩全岩矿物组成分布图

Fig.6–27 Distribution Map of Mineral Composition of Whole Rock of Mud Shale in Longtan Formation, Profile Yuping, Xingwen

脆性矿物含量总体较低，矿物脆性指数分布于 0.10～0.48，平均 0.27，可压性相对较差。

总体来看，龙潭组泥页岩脆性矿物含量总体具北东高，往南西逐渐降低的变化趋势，反映其可压性由北东往南西逐渐变差。

国外页岩气勘探开发实践表明，从泥页岩物理性质来看，杨氏弹性模量大于 2.0GPa，泊松比小于 0.25，泥页岩具可压性。据李贵红（2015）等研究（表 6–1），龙潭组泥页岩杨氏弹性模量分布于 9.89～15.30GPa，平均 13.45GPa，明显高于 2.0GPa；而泊松比分布于 0.161～0.166，平均 0.164，小于 0.25。由此表明，龙潭组泥页岩具较好的可压性。

表 6-1　岩石物性检测数据表（据李贵红，2015）

Table.6-1　Testing Data Table of Rock Physical Property（After Li Guihong，2015）

样品编号	岩石密度（g/cm^3）	有效孔隙度（%）	渗透率（mD）	弹性模量（GPa）	泊松比	抗压强度（MPa）
JL-02	2.56	2.60	0.0241	15.18	0.166	21.21
JL-04	2.76	1.70	0.0154	9.89	0.162	29.03
JL-06	2.73	0.70	0.0135	15.30	0.165	44.23
平均值	2.68	1.67	0.0180	13.45	0.164	31.49

6.3　小结

与美国相比，中国南方海（陆）相页岩气具有特殊性，其经历了多期复杂构造运动，且页岩层系演化程度普遍较高。四川盆地及周缘下古生界海相页岩气勘探实践表明，海相泥页岩具有良好的物质基础，钻探中具有普遍含气的特征，但是试气效果千差万别，保存条件的重要性已越来越受到重视，普遍认为是决定页岩气能否富集高产的关键因素。川东地区龙潭组页岩气的保存条件也是决定其是否能富集成藏的关键因素，与下古海相页岩气相似，断裂—破碎作用、剥蚀作用、大气水下渗作用、深埋热变质作用、盖层有效性及天然气漏失作用、岩浆侵入热变质作用等是影响龙潭组页岩气保存条件的主要因素。通过对川东地区龙潭组盖层、顶底板条件、构造运动、气田（藏）形成时间、生储盖组合在时间和空间上的组合关系、烃源岩质量、地层压力的研究，初步认为，上覆陆相地层泥岩广泛发育，是川东地区龙潭组良好的区域盖层。作为顶底板的长兴组、龙潭组隔层段及茅口组物性及岩性横向变化大，需在具体地区具体分析。龙潭组沉积后，川东地区经历了印支、燕山、喜马拉雅多期构造运动，川东地区整体构造变形强烈，隔挡式、隔槽式褶皱发育，并伴随着深大断裂，总体构造变形对龙潭组的保存有着不利的影响。川东南部平缓褶皱带，构造变形相对较弱，是龙潭组页岩气保存条件较好的地区。能综合反映页岩气保存条件的地层压力系数表明，川东地区龙潭组在负向构造带具有超压特征，是龙潭组保存条件有利的地区。

埋深与可压性也是页岩气能否具备勘探开发条件的重要指标。川东地区龙潭埋藏普遍较深，对于大范围勘探开发造成一定的困难。川东南赤水—綦江地区埋藏相对较浅，是目前实施勘探的现实区块。而受沉积环境、沉积相控制，龙潭组脆性矿物含量普遍较低，含量总体具北东高，往南西逐渐降低的变化趋势，反映其可压性由北东往南西逐渐变差，这也是下一步对川东南龙潭组页岩气进行勘探开发所面临的一个问题。

7 川东地区龙潭组页岩气选区评价

7.1 页岩气选区评价原则

7.1.1 页岩气选区评价研究现状

页岩气是产自泥页岩等细粒沉积岩层中，并需要通过水平井钻探以及多段水力压裂技术才能商业开采的一类非常规天然气。在北美地区“页岩气革命”取得巨大成功的示范下，以及对页岩气资源量乐观评估结果的鼓舞下，国内近年来掀起了页岩气开发热潮。然而，北美地区页岩气取得的成功并非一蹴而就，经验之一就是通过20世纪70年代以来即已实施的地质研究与工程技术研发计划，选择了一批页岩气资源禀赋高的页岩气区开展水平井钻探与多级水力加砂压裂。通过页岩气选区评价工作，按照页岩气评价参数标准，优选页岩气资源禀赋较高的有利区块以及具有商业开采价值的页岩气储层（即含气页岩）进行勘探，这是页岩气开采能否取得商业成功的关键一步。

国内外油公司根据自身所在探区的地质条件和勘探、开发技术的不同，采用了不同的选区评价方法和指标体系，归纳总结主要有三种：（1）以BP公司、新田公司为代表的综合风险分析法（CCRS），（2）以埃克森美孚为代表的边界网络节点法（BNN—Boundary Network Node），（3）以雪佛龙、HESS、哈丁—歇尔顿等能源公司为代表的地质参数图件综合分析法，这些选区评价方法及参数因每个公司侧重点不同而有所差异（表7-1），并且很多相关参数及赋值标准并未公开。

从公开报道来看，BP公司的页岩气综合风险分析法主要考虑9个参数（表7-1），主要适用于高勘探成熟区域，评价的门槛值为R_o大于1.2%，目标层段总有机碳含量大于4%、目标层段厚度75～150m、分布面积大、基质孔隙度为4%～6%，地层超压、存在有利于压裂措施的硅酸盐岩石等。

埃克森美孚公司在页岩气选区的参数大致可分为两类，其边界网络节点法主要以气井的经济极限产量为目标函数，以影响目标函数的各层次展开的控制参数为边界函数，利用节点网络分析方法进行预测分析。

哈丁—歇尔顿能源公司页岩气选区评价参数多达15项，内容涵盖地质因素、环境因素、钻井因素三大类。

目前，国内广泛采用的页岩气定义似乎过于复杂而概念模糊不清。“页岩”有广义的“页岩”概念，泛指颗粒直径小于63μm且质量分数大于50%的所有细粒沉积岩，其中包括泥岩、页岩、黏土岩、粉砂岩等众多低能量环境中沉积的碎屑岩类。按照石油工程师协会（SPE）等多家机构对非常规油气资源的定义，与常规油气资源相比，非常规油气资源的商业开采需要采用特殊的技术（如水平井与压裂技术）。因此，对“页岩气”的科学界定也应该考虑地质与工程两个方面，即“页岩气”系指产自细粒沉积岩层中，并需要通过水平井钻探以及多段水力压裂技术才能规模化经济开采的一类天然气。一个完整的页岩气勘探开发程序主要包括勘探、评价、先导试验和商业开发生产四个阶段。评价阶段，需要搞清页岩气含气系统是否普遍存在，以及页岩气资源勘探的潜力与规模有多大等关键问题。在此基础上，通过选区、选层评价工作，圈定有利区以及具有商业开采价值的页岩气储层开展钻探和压裂工作，以证实页岩层经压裂是否可以工业化产出。

表 7-1　国外部分油公司页岩气评价参数（引自刘超英，2013）

Table 7-1　Shale Gas Evaluation parameters of Some Foreign Oil Companies (From Liu Chaoying，2013)

序号	公司	评价参数	个数
1	哈丁—歇尔顿	地质因素：页岩净厚度、热演化程度、岩石脆性、孔隙度、页岩矿物组成、三维地震资料质量、构造背景、页岩的连续性、渗透率、压力梯度 钻井因素：钻井现场条件、天然气管网等 环境因素：水源、水处理、环保	16
2	埃克森美孚	热成熟度、页岩总有机碳含量、气藏压力、页岩净厚度、页岩空间展布、页岩可压性 裂缝及其类型、吸附气及游离气量高低、基质孔隙类型及大小、深度、有机质含量平均值、岩性、非烃气体分布	13
3	BP	构造格局和分地演化、有机相、厚度、原始总有机碳、镜质组反射率、脆性矿物含量、现今深度和构造、地温梯度、温度	9
4	雪佛龙	总有机碳含量、热成熟度、黑色页岩厚度、脆性矿物含量、深度、压力、沉积环境、构造复杂性	8

页岩气选区评价是指在页岩层系发育区通过区域地质调查、钻探取样分析、页岩气成藏地质条件与资源潜力评价，优选出页岩气勘探目的层与目标区，并确定页岩气先导试验区实施钻探评价的整个过程。在页岩气勘探有利区的选择方法与标准上，不同的学者或者不同的油气公司尽管都不完全相同，但是所考虑的选区地质评价基本条件是大体一致的。主要涉及以下几个方面的评价内容：

（1）页岩层系的区域地质特征评价。通过页岩层系发育区的区域调查工作，以及早期钻井、录井、测井等资料，开展区域地层、构造、沉积、烃源岩等方面的区域地质特征研究，以了解页岩层系的沉积环境、埋藏深度、烃源岩以及区域断层、构造分布等特征。其中重点是了解页岩层系（特别是富有机质的黑色页岩层系）的区域沉积分布与烃源岩地球化学（有机质含量、类型与成熟度）特征，由此可以在一个页岩气勘探评价区内初步选定出具有页岩气勘探潜力的页岩层段。

（2）页岩气藏分布特征评价。页岩气藏具有“生、储、盖”三位一体的连续型气藏特征，因此需要从页岩的烃源岩特征、储层特征以及保存特征等方面进行综合评价。近年来在四川盆地开展的页岩气初步勘探结果表明，并非所有的泥页岩都可以作为页岩气储层，只有满足一定划分标准的含气页岩才具有商业开采价值，即北美学者所称的“经济性含气页岩”（economic gas shales）。按照一定的评价参数标准，综合页岩的岩相特征、有机质特征、矿物组成特征以及伽马曲线特征等，准确地识别与划分页岩气储层，才能最终优选出可供商业开采的压裂层段，这对于开展页岩气水平井地质导向以及加砂压裂都具有实际的指导意义。

（3）页岩气资源潜力评价。页岩气资源是含油气盆地中蕴藏量最丰富、分布最广泛的一类连续性聚集成藏的非常规油气资源。页岩气藏的形成规模与产能高低主要取决于页岩气储层的有机质含量、有效厚度、成熟度、矿物组成、脆性、孔隙压力、基质渗透率以及原始天然气地质储量（GIP）8项关键地质要素。然而，页岩气的地质资源量决定着页岩气藏的规模大小，是页岩气选区评价的一个重要评价内容。目前，国内外有关页岩气资源评价的常用方法可以大致划分为容积法、类比法、统计法和动态法四种。其中，资源丰度类比法主要适用于尚未或已少量开展勘探工作的新区评价，而后两种方法则适用于已有开发单元的页岩气评价区块。分别计算游离气量和吸附量的GIP法以及以现场测试页岩含气量为主的容积法则是处于页岩气勘探与评价阶段常常采用的资源评价方法。北美地区由于有许多页岩气区已进入开发阶段或已有大量的生产数据，在页岩气资源评价中多采用的是统计或页岩气生产动态法，因此其公布的页气资源数据可靠性高，而且资源等级也较高，可以相当于国内的储量级别。与此相反，目前中国页岩气资源评价方法比较单一，多以类比法或含气量法为主，使用的数据直接取自过去生油岩的研究成果，针对页岩气的研究工作和认识还不够完整和系统，加之对页岩气储层的认识不足，划分标准太低，尤其缺乏一些关键评价参数的实际数据，因此资源评价结果存在较大的不确定性，可信度较低。

（4）页岩气有利勘探区优选。北美地区页岩气勘探实践结果表明，尽管在一个页岩气勘探区带内页岩气呈连续性的广泛分布，但是仍然存在页岩气相对富集的所谓“核心”区。因此，页岩气勘探评价工作应该是从页岩气地质条件最有利、资源丰度最高的核心区逐步向资源丰度较低的有利区扩展。通过页岩气选区评价工作，优选出核心区和有利区，这对于取得页岩气成功至关重要。通过页岩气成藏地质条件各项因素的分析，编制页岩气储层的埋深、厚度、有机质含量、成熟度、孔隙度、岩石脆性、残留气量、资源丰度、地层温度和压力以及构造断裂与裂缝分布等各项重要地质风险因素分布图，然后将这些地质因素图叠加在一起，再按照一定的选区地质评价参数标准，即可筛选出页岩气有利区和核心区。只有在这些评价优选出来的有利区和核心区进行页岩气勘探，最终才能取得页岩气商业开发的成功。

7.1.2 评价方法及参数

从油气地质理论上讲，任何富含有机质的页岩只要其热成熟度处于生气窗范围，所生成的天然气经初次运移后残留下来，即可形成页岩气。然而，北美地区页岩气开采实践表明，页岩气的商业开采要达到一定的经济、规模，必须满足一些基本的地质和工程技术条件。在页岩气选区评价的参数与标准上，不同的学者或油气公司尽管都不完全相同，但是所考虑的选区基本地质条件却是大体一致的。

据中国石油化工集团公司企业标准“页岩气勘探选区评价方法”（Q/SH0506—2013）：

（1）勘探选区评价：以勘探区块地质条件为基础，以勘探区块内富含有机质泥页岩为目标，以泥页岩的分布特征（厚度、连续性、面积等）、有机地球化学特征、岩石矿物特征、储集性能、保存条件、页岩气显示及测试、经济技术条件（地表地貌、埋深等）、页岩气资源规模、资源丰度等资料为依据，进行页岩气勘探区块评价及优选，为页岩气勘探开发奠定基础，为页岩气整体勘探开发部署提供依据。

（2）评价单元：以构造单元结合层系作为评价单元。

（3）采用"双因素法"实现页岩气勘探选区评价。以页岩气"富集概率"和"资源价值"为主要评价依据，分别作为纵坐标和横坐标，建立双因素评价模型。

① 页岩气富集概率：页岩气富集概率包含生烃条件、赋存条件、油气发现程度三个参数，分别用 0～1 之间的数值表示。生烃条件的评价要素包括有机碳含量（TOC）和成熟度（R_o）。赋存条件的评价要素包括裂隙发育程度、孔隙度和保存条件。油气发现程度依据地震、钻井、测试、显示等资料分析确定。

② 资源价值：资源价值包含可采条件、资源规模和层资源丰度三个参数，用 0～1 之间的数值表示。可采条件的评价要素包括埋深、压力系数、脆性矿物含量、泊松比和地面条件。资源规模由页岩气的资源量大小确定。层资源丰度由单一含气泥页岩层段内的页岩气资源量与其分布面积的比值确定。

页岩气的生成取决于页岩有机碳含量（TOC）、有机质类型、热演化程度（R_o）和有效厚度（H）。有机碳含量超高，不仅生气能力增强，而且有利于页岩有机孔的发育和吸附量的增加。有机质类型决定富有机质页岩的生气量的多少，也影响页岩的储集性能，腐泥型干酪根往往形成较多的有机孔，腐殖型干酪根有机孔不发育，进而影响页岩的含气量。热演化程度不仅制约富有机质页岩的生烃过程，而且也决定有机孔的发育程度。页岩有效厚度一般指 TOC 大于 2.0% 的单层页岩厚度或含有少量砂岩等夹层的页岩连续厚度，页岩厚度越大，单位面积页岩气储量丰度越高。

影响页岩含气量的因素主要包括储集性、流体类型、地层压力与温度。孔隙越大、含气饱和度越高，页岩储集的游离气越多。高—过成熟页岩的孔隙流体主要是气相（包括游离气和吸附气）和水相，油相所占比例极低。地层温度升高，吸附量降低，而压力升高则会使吸附量升高。根据波马定律，压力的影响明显大于温度对页岩含气量的影响，

页岩气的保存条件主要包括致密岩性的顶板、底板条件和埋深以及断层等。厚度大而岩性致密的顶板、底板条件可以有效地抑制页岩气的扩散散失，同时对页岩气目的层段的人工压裂具有良好的"阻隔"作用，有利页岩气的开采。页岩的埋深是影响页岩气藏和页岩气勘探开发成本的重要影响因素，埋藏较浅时，页岩盖层的土封闭性可能降低，不利于页岩气的保存，但埋深过大时，一方面会增加开发成本，另一方面，泥页岩发生脆—延转化，可压性变差，施工难度增加，因此，合适的埋深对选区评价而言也至关重要。断层往往作为油气运移重要通道，不利于页岩气的保存。在构造相对来说稳定区，地层倾角较小，大—中型断层较少，有利于页岩气的保存。如 Barnett 页岩气藏高产井一般都分布在断层不发育的地区。四川盆地威远、长宁以及焦石坝地区页岩气高产井，均距离大、中型断层 2～3km。因此，页岩气勘探开发选区时，构造变形强度，断裂发育面貌也是重要考虑因素。

页岩人工压裂形成的裂缝发育程度与页岩矿物组成、力学性质关系密切，构造应力场也有一定的影响。页岩的石英、长石及碳酸盐岩等矿物含量越高，黏土矿物含量越低，页

岩的脆性越好，人工压裂的效果越好。国内外页岩气商业开发经验表明，静态泊松比低于0.25，杨氏模量大于 2.0×10^4MPa，脆性矿物（硅质及碳酸盐类矿物）含量大于 40% 的页岩气储层有利于压裂改造。

页岩气储层致密，直井产能低，为了提高页岩气开发经济效益，必须采用水平钻井和水力压裂改造技术，根据文献报道，当页岩气水平钻井的水平井段长度约为 1km 时，单井平均压裂施工用水量可达 $1.5 \times 10^4 m^3$。因此，水资源、地形、道路交通和天然气管网设施等地面条件在一定程度上对页岩气的大规模商业性开发具有制约作用。

7.2 选区评价

7.2.1 川东地区龙潭组资源量与资源丰度

前面探讨了川东地区龙潭组上、下泥页岩生烃条件（厚度、分布、有机质丰度、有机质类型、成熟度、生烃强度），储气条件（孔隙度、孔隙类型、孔径分布、孔隙分形维数）、埋深与可压性，保存条件与含气性，但在选区评价中，资源量、资源丰度是选区评价的重要参数和依据。

页岩气资源量计算的方法较多，主要分为静态法和动态法两大方面。静态法是依据页岩储层的静态地质参数计算其资源量，具体又细分为成因法（物质平衡法、Tissot 法）、类比法（面积丰度类比法、体积丰度类比法、特尔菲法）、统计法（蒙特卡罗法、FORSPAN 模型法）；动态法是根据页岩气在开发过程中的动态资料计算其资源量，主要包括物质平衡法、递减法、数值模拟法。

7.2.1.1 容积法

容积法是页岩气生产商常用的评价方法，其评价基础是页岩气的蕴藏方式。页岩气蕴藏在页岩的基质孔隙空间、裂缝内以及吸附在有机物或黏土颗粒表面。因此，容积法估算的是页岩孔隙、裂缝空间内的游离气、有机物和黏土颗粒表面的吸附气体积的总和，即

$$G_{总}=G_{游}+G_{吸}=S \times H \times (\phi_g \times S_g+\rho \times G_f)$$

式中 $G_{总}$——页岩气总含量，$10^8 m^3$；

$G_{游}$——游离气总含量，$10^8 m^3$；

$G_{吸}$——吸附气总含量，$10^8 m^3$；

S——页岩含气面积，km^2；

H——有效页岩厚度，km；

ϕ_g——含气页岩孔隙度，%；

S_g——含气饱和度，%；

ρ——页岩岩石密度，t/km^3；

G_f——吸附量，$10^8 m^3/t$。

孔隙度（ϕ_g）、含气饱和度（S_g）、吸附量（G_f）是影响该方法结果可靠程度的关键参数，可以通过实测或类比获得。其中，吸附量下限可以参考 Lewis 页岩平均值 $0.8 m^3/t$，吸

附量上限可以参考 Antrim 页岩平均值 2.0m^3/t；或者根据页岩岩心实测数据，带入公式便可直接计算资源量或储量。

7.2.1.2 资源丰度类比法

资源丰度类比法是勘探开发程度较低地区常用的方法，也是一种简单快速的评价方法。简要过程是：首先确定评价区页岩系统展布面积、有效页岩厚度等关键评价参数；其次根据评价区页岩吸附量、页岩地球化学特征、储层特征等关键因素，结合页岩沉积、构造演化等地质条件，选出具有相似地质背景的已成功勘探开发的页岩气区，求出相似程度（地质评价系数之比），便可算出研究区的资源量丰度，然后乘上有效面积得到评价区的资源量。

7.2.1.3 体积丰度类比法

体积丰度法其实与容积法有相似之处，也需要考虑到吸附气和游离气的含量，但为了简便，不用仔细计算游离气的含量，只是大致考虑它们在含量中占的比例。由于页岩气中以吸附状态存在的天然气含量为 20%～85%，因此只需类比出吸附气的含量便可对资源量进行估算。

研究区页岩的有效总面积、有效厚度、总有机碳含量平均值、R_o 平均值都可获得。对美国五大盆地页岩进行分析，可得出美国页岩气在总有机碳含量、有机质成熟度为相似值时的吸附量为 2.4m^3/t，或者采用已有井的实测数据，根据有效页岩系统的分布面积、有效厚度算出总体积，乘上吸附量及所占比例可计算总资源量。

7.2.1.4 成因法

根据对研究区的烃源岩的生排烃史的认识，借鉴前人计算的该烃源岩的生烃量结果直接参与成因法计算。由于无法精确统计每一次生烃、排烃量，但通过多次实验可求得平衡聚集量，从而求得页岩烃源岩的剩余含气量。总结出烃源岩在不同构造、不同成熟度条件下的排烃系数，乘以总生烃量，便可求出排烃量及剩余的页岩气资源量。

7.2.1.5 综合分析法

为了进一步得到可靠的资源量数值，在资源丰度类比法、容积法、体积丰度类比法、成因法计算资源量的基础上，采用特尔菲法的综合思想等对计算结果进行综合分析，具体做法是对前面计算结果进行加权处理以得到相对合理的数据结果，根据不同计算方法的精确程度给定不同权重系数，这样加权处理几种方法后可得到较可信的资源量。

7.2.1.6 实例运用

由于资料所限，本次只针对川东地区中国石化矿权区开展龙潭组资源量及资源丰度的计算，计算结果如下。

1）容积法计算结果

容积法中关键的参数是孔隙度、含气饱和度、吸附量。前文已阐述了主要剖面吴家坪组 / 龙潭组储气能力，其孔隙度较高，具较好的储气能力。如利川吴家坪组平均孔隙度 5.48%，兴文玉屏剖面龙潭组平均孔隙度 7.68%。据明 1 井资料，龙潭组实测孔隙度 0.7%～7.8%，平均 2.1%；电测解释孔隙度分布于 2.7%～4.6%，平均 3.65%；含气饱和度 55.6%～69.9%、平均 64.5%。因此，各区块龙潭组泥页岩孔隙度取值 4%，含气饱和度取值 60%。兴文玉屏等剖面饱和吸附量远大于 $2m^3/t$，因此，吸附量上限参考 Antrim 页岩平均值 $2.0m^3/t$ 进行计算。

龙潭组上泥页岩段总资源量 $3.69\times10^{12}m^3$，主要分布于綦江、赤水两个区块（图 7–1），资源量之和占总资源量的 78.60%，其他区块仅占 21.40%。

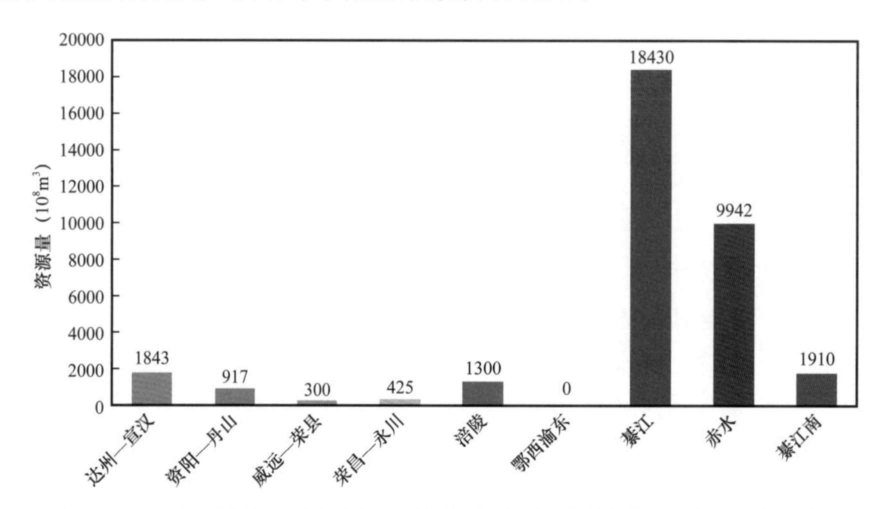

图 7–1 川东地区中国石化矿权区龙潭组上段页岩气资源量（容积法）分布

Fig.7–1 Distribution of Shale Gas Resources (Volumetric Method) of Upper Longtan Formation in Sinopec–Controlled Exploration Areas, Eastern Sichuan

尽管各区块龙潭组页岩气资源规模差异大，但从资源丰度看，除鄂西渝东区较低外，其他区块均大于 $2.0\times10^8m^3/km^2$，赤水、綦江区相对最高（图 7–2）。

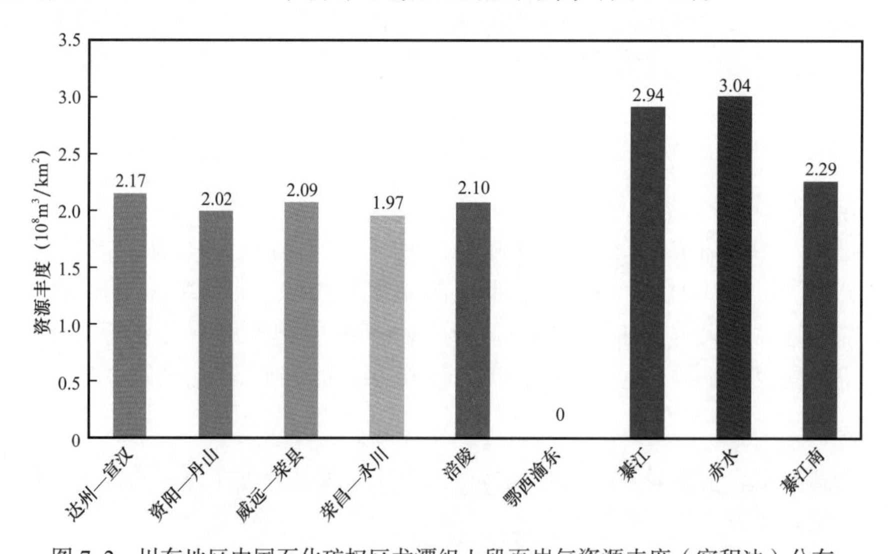

图 7–2 川东地区中国石化矿权区龙潭组上段页岩气资源丰度（容积法）分布

Fig.7–2 Distribution of Shale Gas Resource Abundance (Volumetric Method) of Upper Longtan Formation in Sinopec–Controlled Exploration Areas, Eastern Sichuan

龙潭组下泥页岩段页岩气资源量 $1.26\times10^{12}m^3$，主要分布在綦江区块（图 7–3），其次是资阳—丹山区块。与上泥页岩段相比，总资源量差别较大，从各区块资源量分布看：达州—宣汉区块大致相当；资阳—丹山、威远—荣县、荣昌—永川区块下泥页岩段页岩气资源量明显优于上泥页岩段；涪陵区块下泥页岩段无有效泥页岩分布；鄂西渝东区块有效泥页岩分布面积增大，页岩气资源量高于上泥页岩段，但分布存在一定的差异；綦江区块有效泥页岩分布面积仅占矿权区面积的 33.5%，页岩气资源量 $5396 \times 10^8 m^3$，仅是上泥页岩段的 29.3%，主要分布于綦江区块北部；赤水、綦江南区块因无隔层的存在，无下泥页岩段，无页岩气资源。

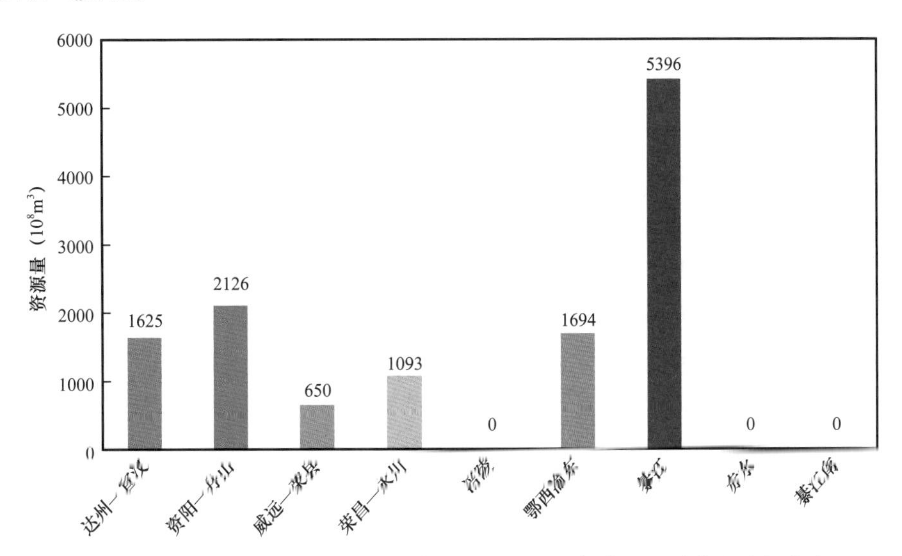

图 7–3　川东地区中国石化矿权区龙潭组下段页岩气资源量（容积法）分布

Fig.7–3　Distribution of Shale Gas Resources（Volumetric Method）of Lower Longtan Formation in Sinopec–Controlled Exploration Areas，Eastern Sichuan

资阳—丹山、威远—荣县、荣昌—永川区块资源丰度明显高于其他区块（图 7–4）。与上泥页岩段页岩资源丰度相比，达州—宣汉区块相近，资阳—丹山、威远—荣县、荣昌—永川区块明显增高，鄂西渝东区块增高，綦江区块降低。

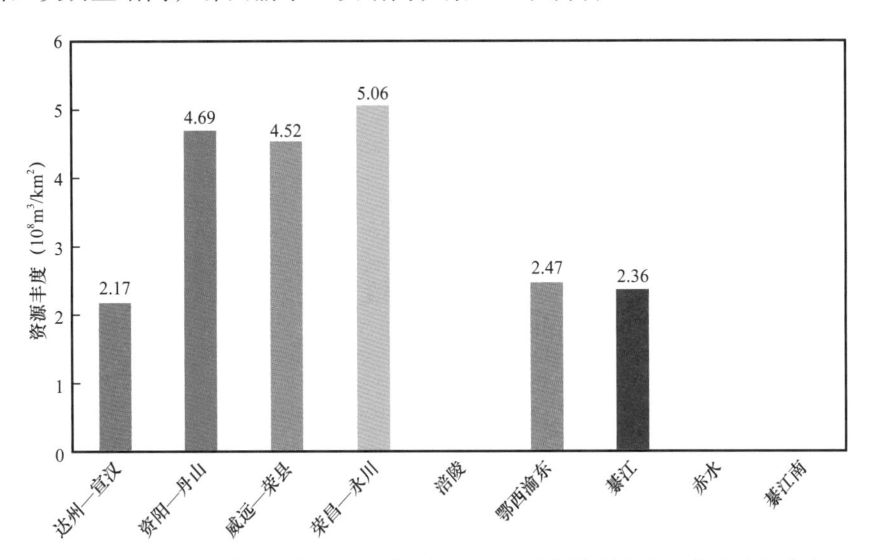

图 7–4　川东地区中国石化矿权区龙潭组下段页岩气资源丰度（容积法）分布

Fig.7–4　Distribution of Shale Gas Resource Abundance（Volumetric Method）of Lower Longtan Formation in Sinopec–Controlled Exploration Areas，Eastern Sichuan

2）成因体积法计算结果

该方法是现阶段我国计算页岩气资源量的主要方法，其计算公式如下：

$$Q_{资}=0.01\times Q_{气}\times S\times（100-K_{p}）$$

式中 $Q_{资}$——页岩气资源量，10^8m^3；

$Q_{气}$——有效页岩生气强度，$10^8m^3/km^2$；

K_p——页岩的排烃系数，%；

S——有效页岩分布面积，km^2。

成因体积法估算页岩气资源量的关键参数是排烃系数。页岩的排烃系数受多种因素的影响，除有机质丰度、类型、热演化程度等内部因素外，生储组合类型，即砂泥比、页岩单层厚度等都是影响泥页岩排烃能力重要的外部因素。郝石生等（1994）对国内外学者关于页岩排烃系数研究结果的统计表明，页岩排烃系数变化范围较大，但是高—过成熟页岩的排烃系数一般在 50% 以上。据秦建中等（2015）研究成果，不同岩性的烃源岩在不同演化阶段的排烃效率不同，到过成熟演化阶段黏土型、硅质型、钙质型烃源岩均达到 90% 以上。如前所述，川东地区褶皱变形和抬升时期大致在 100Ma，天然气的扩散散失，滞留在烃源岩中的天然气应该小于 10%，即排烃效率大于 90%，统一取值 91% 进行计算。

对川东地区中国石化矿权区龙潭组上段页岩气资源计算表明，上泥页岩段页岩气总资源量 $2.64\times10^{12}m^3$，主要分布于綦江、赤水区块（图 7–5）。尽管成因法获取的资源量较容积法的略小，但资源分布特征基本一致。

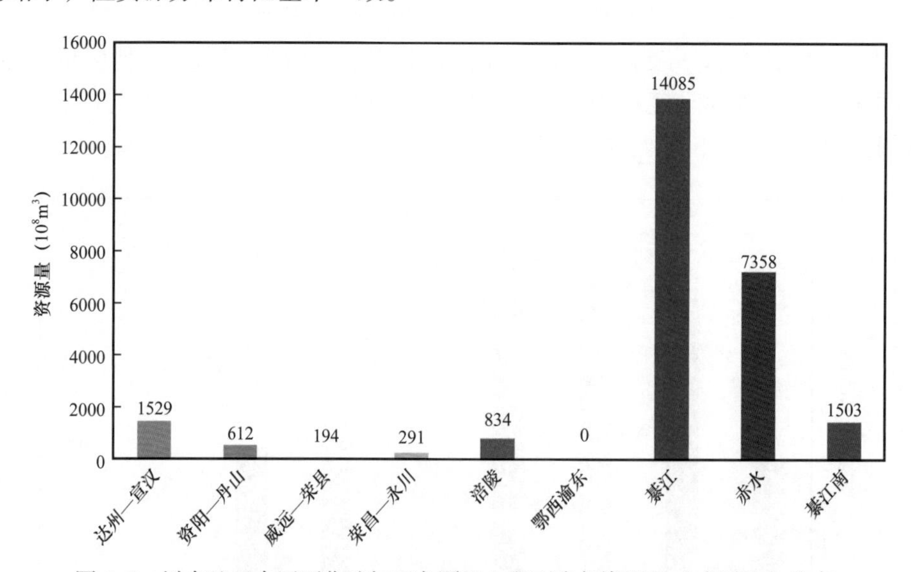

图 7–5 川东地区中国石化矿权区龙潭组上段页岩气资源量（成因法）分布

Fig.7–5 Distribution of Shale Gas Resources（Genetic Method）of Upper Longtan Formation in Sinopec–Controlled Exploration Areas，Eastern Sichuan

对川东地区中国石化矿权区龙潭组下段页岩气资源计算表明，下泥页岩段页岩气总资源量 $7955\times10^8m^3$，主要分布于綦江、赤水、綦江南区块（图 7–6）。其较容积法获取的资源量略小，但资源分布特征基本一致。

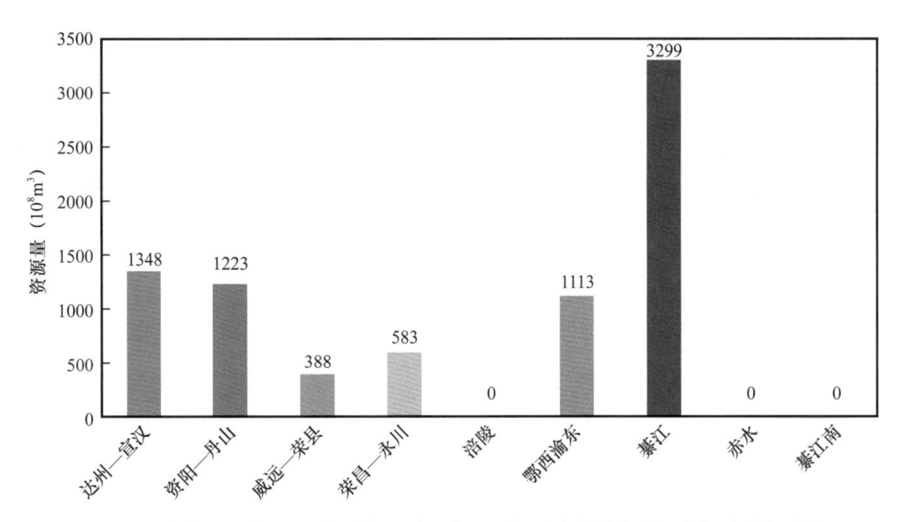

图 7-6　川东地区中国石化矿权区龙潭组下段页岩气资源量（成因法）分布

Fig.7-6　Distribution of Shale Gas Resources（Genetic Method）of Lower Longtan Formation in Sinopec-Controlled Exploration Areas，Eastern Sichuan

3）体积丰度类比法计算结果

体积丰度类比法与容积法相似，也要考虑游离气的含量，但如前所述，仅考虑其大致比例即可。前文探讨了龙潭组泥页岩储气能力，其储层孔隙分维数明显较五峰组—龙马溪组的高，表明孔隙表面粗糙度更大，孔隙结构更为复杂，页岩吸附能力更强，典型海相页岩气吸附量 20%～85%。川东北区吴家坪组孔隙比表面积、孔容与五峰组）—龙马溪组大致相当，吸附量取值 80%；川东南区孔隙比表面积、孔容较川东北区吴家坪组高，吸附量取值 85% 进行估算。

计算结果表明，川东地区龙潭组泥页岩上段页岩气资源量为 $3.48\times10^{12}m^3$，各区块资源量分布如图 7-7 所示。下泥页岩段页岩气资源量为 $1.29\times10^{12}m^3$，各区块资源量分布如图 7-8 所示。

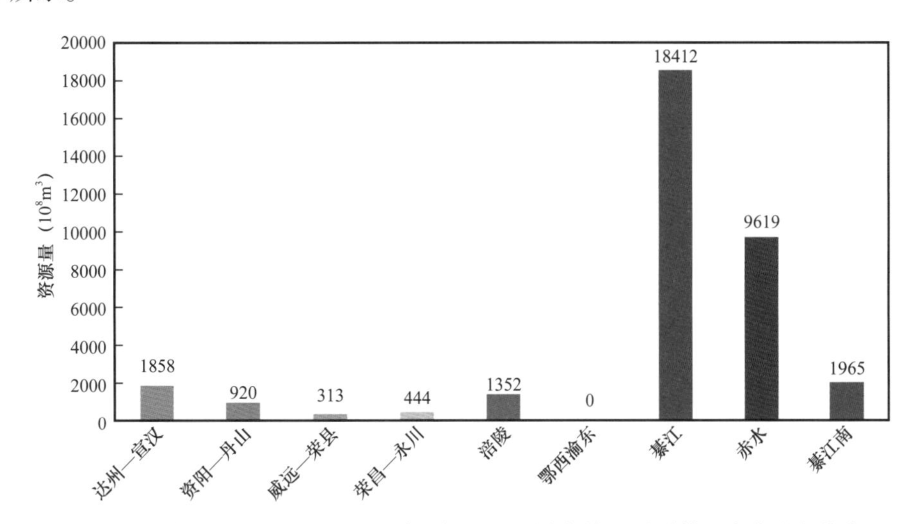

图 7-7　川东地区中国石化矿权区龙潭组上段页岩气资源量（体积丰度法）分布

Fig.7-7　Distribution of Shale Gas Resources（Volumetric Abundance Method）of Upper Longtan Formation in Sinopec-Controlled Exploration Areas，Eastern Sichuan

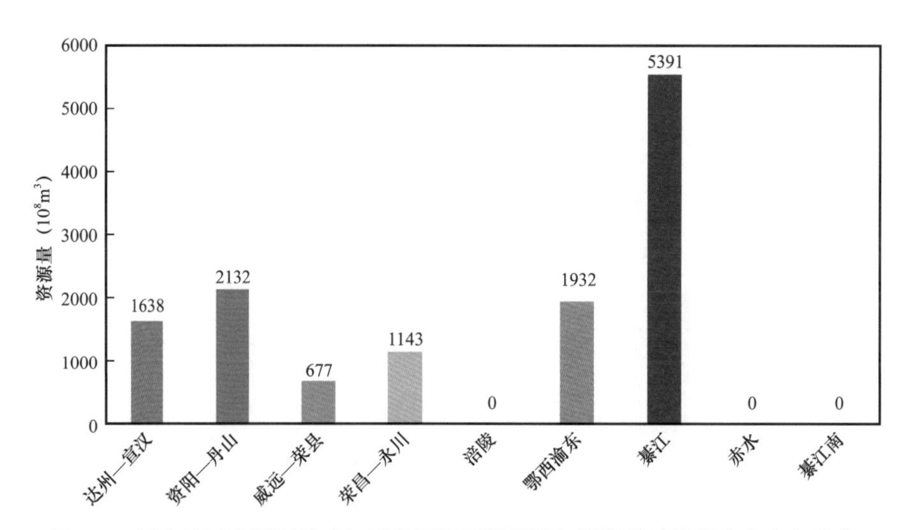

图 7-8　川东地区中国石化矿权区龙潭组下段页岩气资源量（体积丰度法）分布

Fig.7-8　Distribution of Shale Gas Resources（Volumetric Abundance Method）of Lower Longtan Formation in Sinopec-Controlled Exploration Areas，Eastern Sichuan

综合比较三种方法估算资源量来看，体积丰度法最高，其次是容积法，成因法相对最低。据李延钧等（2011）研究，容积法所获资源量可信度相对较高一些，因此其权重系数取值 0.4，体积丰度法和成因法权重系数取值 0.3，上泥页岩段页岩气资源量综合计算结果为 $3.24\times10^{12}m^3$，主要分布于綦江、赤水区块（图 7-9）。

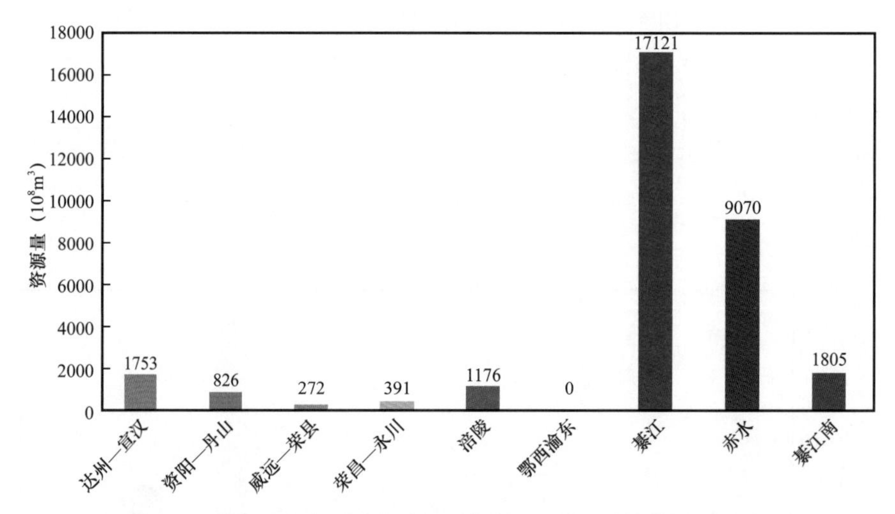

图 7-9　川东地区中国石化矿权区龙潭组上段页岩气资源量分布

Fig.7-9　Distribution of Shale Gas Resources of Upper Longtan Formation in Sinopec-Controlled Exploration Areas，Eastern Sichuan

资源丰度以赤水、綦江地区最高（图 7-10）。

下泥页岩段资源量为 $1.13\times10^{12}m^3$，各矿权区页岩气资源量分布如图 7-11 所示。綦江区块资源量最大，但资源丰度相对最低，资阳—丹山、威远—荣县、荣昌—永川区块资源规模较小，但资源丰度相对最高，可达 $4\times10^8m^3/km^2$，达州—宣汉区、鄂西渝东区块资源规模约 $1500\times10^8m^3$，资源丰度相对较低（图 7-12）。

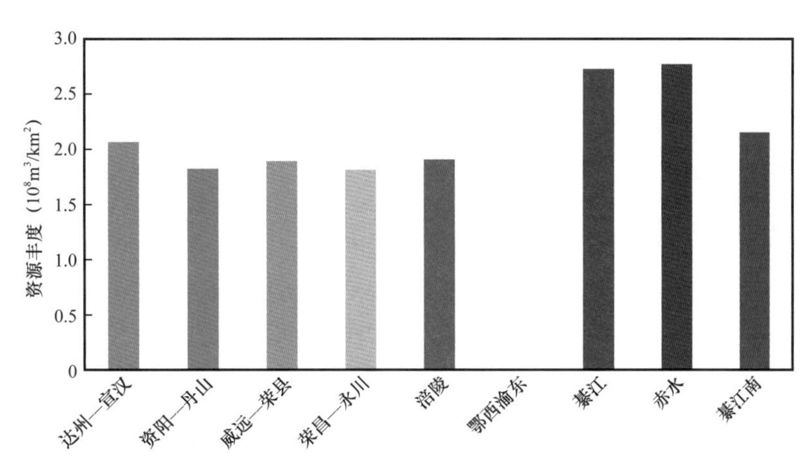

图 7-10　川东地区中国石化矿权区龙潭组上段页岩气资源丰度分布

Fig.7-10　Average Resource Abundance of Shale Gas of Upper Longtan Formation in Sinopec-Controlled Exploration Areas，Eastern Sichuan

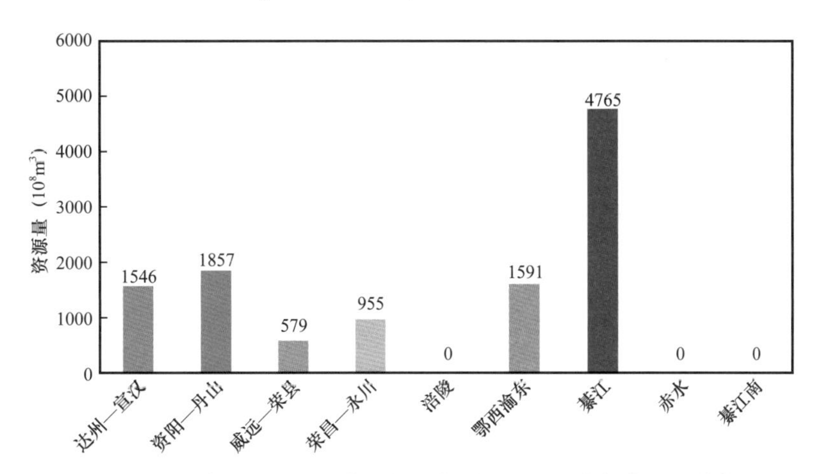

图 7-11　川东地区中国石化矿权区龙潭组下段页岩气资源量分布

Fig.7-11　Distribution of Shale Gas Resources of Lower Longtan Formation in Sinopec-Controlled Exploration Areas，Eastern Sichuan

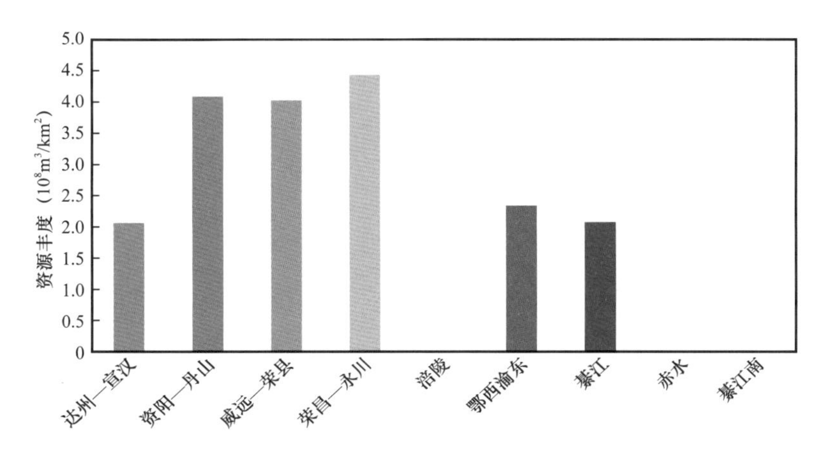

图 7-12　川东地区中国石化矿权区龙潭组下段页岩气资源丰度分布

Fig.7-12　Average Resource Abundance of Shale Gas of Lower Longtan Formation in Sinopec-Controlled Exploration Areas，Eastern Sichuan

总资源量 $4.37\times10^{12}m^3$，各矿权区资源分布如下：

达州—宣汉 $3299\times10^8m^3$，资阳—丹山 $2683\times10^8m^3$，威远—荣县 $852\times10^8m^3$，荣昌—永川 $1346\times10^8m^3$，涪陵 $1176\times10^8m^3$，鄂西渝东 $1591\times10^8m^3$，綦江 $21887\times10^8m^3$，赤水 $9070\times10^8m^3$，綦江南 $1805\times10^8m^3$。

7.2.2 川东地区龙潭组页岩气综合选区评价

在资源量及资源丰度计算的基础上，结合前文所述各项地质条件，对川东地区中国石化矿权区龙潭组页岩气进行了综合选区与评价。选区评价主要考虑以下因素：高丰度泥页岩的分布、成熟度、矿物组成特征、埋深与资源规模。成熟度尽管存在较大的差异，但主体处于过成熟早、中期，因此其权重取值 0.1；可压性评价数据有限，仅能区分出川东北区和川西南区存在差异，权重取值 0.1；泥页岩厚度、丰度、埋深、区块内资源量权重取值 0.2。

川东地区中国石化矿权区龙潭组上泥页岩段页岩气主要评价参数见表 7–2。从上泥页岩段的分布看，资阳—丹山、威远—荣县、荣昌—永川、赤水、綦江区块有效泥页岩最为发育，鄂西渝东、涪陵区块厚度大于 30m 的泥页岩分布范围有限。各区块泥页岩厚度、有机质丰度、埋深变化较大，根据页岩气选区评价标准对各参数赋值，评价结果如下：

表 7–2 川东地区中国石化区块龙潭组页岩气评价参数表

Table 7–2 Evaluation Parameter Table of Shale Gas of Longtan Formation in Sinopec–Controlled Exploration Areas，Eastern Sichuan

区块名称	区块面积（km^2）	泥页岩厚度＞30m（km^2）	厚度（m）	TOC（%）	R_o（%）	脆性矿物（%）	深度（m）	$Q_{资}$（10^8m^3）
达州—宣汉	1116.080	849.300	25～40	2.5～3.5	2.4～3.0	45	＞5000	1753
资阳—丹山	453.099	453.099	40～60	3.5～4.5	2.0～2.5	＜35	3600±	826
威远—荣县	143.771	143.771	40～50	2.0～3.0	1.6～1.8	＜35	2700±	272
荣昌—永川	215.880	215.880	35～40	2.0～3.0	1.7～1.9	＜35	2600±	391
涪陵	6546.140	618	10～45	5.0～6.0	2.0～2.4	45	0～5000	1176
鄂西渝东	7470.678	0	10～25	3.0～4.0	2.0～2.4	45	0～5000	0
綦江	6836.210	6260.210	10～70	2.0～3.0	1.8～2.6	＜35	300～4000	17121
赤水	3270.350	3270.350	30～70	2.5～3.0	2.2～2.6	＜35	2000～6000	9070
綦江南	4504.804	835	20～60	1.5～2.5	2.0～2.6	＜35	0～6000	1805

（1）最有利区：綦江区块，面积 $6146km^2$；赤水区块，面积 $1333km^2$（图 7–13、表 7–3）。

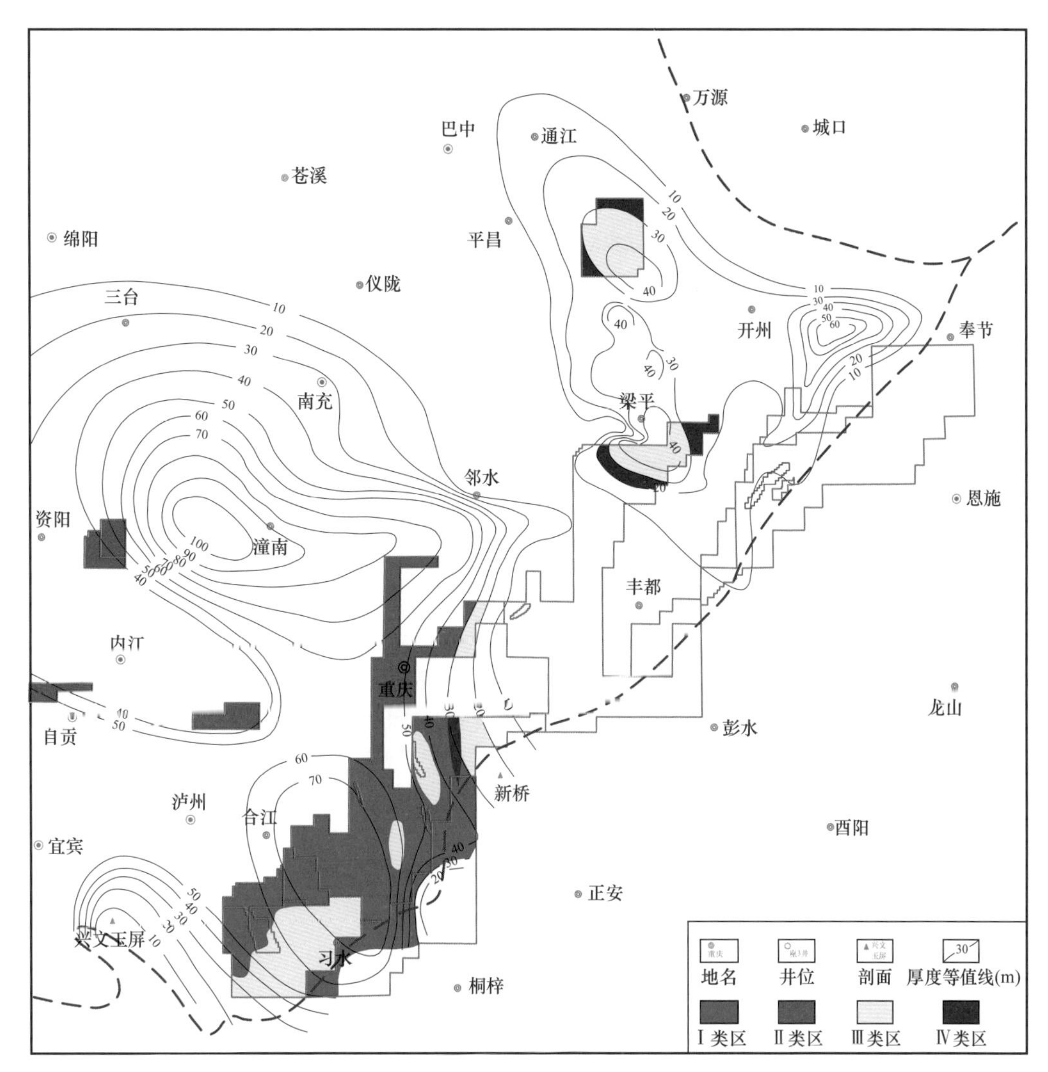

图 7-13　川东地区中国石化矿权区龙潭组上泥页岩段页岩气选区评价图

Fig.7-13　Evaluation Map for Selected Areas of Upper Mudstone Shale Section in Longtan Formation in Sinopec-Controlled Exploration Areas, Eastern Sichuan

表 7-3　川东地区中国石化区块龙潭组页岩气选区评价表

Table 7-3　Evaluation Table for Selected Areas of Shale Gas of Longtan Formation in Sinopec-Controlled Exploration Areas, Eastern Sichuan

区块名称	层位	综合评价（面积，km^2）			
		Ⅰ	Ⅱ	Ⅲ	Ⅳ
达州—宣汉	上泥岩段			849.30	266.78
资阳—丹山	上泥岩段		453.10		
威远—荣县	上泥岩段		143.77		
荣昌—永川	上泥岩段		215.88		
涪陵	上泥岩段			618	416

续表

区块名称	层位	综合评价（面积，km^2）			
		Ⅰ	Ⅱ	Ⅲ	Ⅳ
鄂西渝东	上泥岩段				
綦江	上泥岩段	6146		616	
赤水	上泥岩段	1333	129	2163	282
綦江南	上泥岩段		835		

（2）较有利区：资阳—丹山、威远—荣县、荣昌—永川和綦江南盆内区块。

川东地区中国石化矿权区龙潭组下泥页岩段页岩气主要评价参数见表7–4。从下泥页岩段的分布看，资阳—丹山、威远—荣县、荣昌—永川、綦江区块有效泥页岩最为发育，涪陵区块厚度大于30m的泥页岩分布范围有限。各区块泥页岩厚度、有机质丰度、埋深变化较大，根据页岩气选区评价标准对各参数赋值，评价结果如下：

表7–4　川东地区中国石化区块龙潭组页岩气评价参数表

Table7–4　Evaluation Parameter Table of Shale Gas of Longtan Formation in Sinopec-Controlled Exploration Areas，Eastern Sichuan

区块名称	区块面积（km^2）	泥页岩厚度>30m（km^2）	厚度（m）	TOC（%）	R_o（%）	脆性矿物（%）	深度（m）	$Q_{资}$（10^8m^3）
达州—宣汉	1116.800	749.000	20～40	4～5	2.4～3.0	45	>5000	1546
资阳—丹山	453.099	453.099	40～85	3～5	2.0～2.5	<35	3600±	1857
威远—荣县	143.771	143.771	40～85	2～3	1.6～1.8	<35	2700±	579
荣昌—永川	215.880	215.880	80～100	2～3	1.7～1.9	<35	2600±	955
涪陵	6546.140	0	10～30	5～6	2.0～2.4	45	0～5000	0
鄂西渝东	7470.678	687.000	10～60	5～6	2.0～2.4	45	0～5000	1591
綦江	6836.210	2291.000	10～50	2～5	1.8～2.6	<35	300～4000	4765
赤水	3270.350	0	10～30	2～4	2.2～2.6	<35	2000～6000	0
綦江南	4504.804	0	<10	2～3	2.0～2.6	<35	0～6000	0

（1）最有利区：綦江区块北部区，面积2291km^2（图7–14、表7–5）。

（2）较有利区：资阳—丹山、威远—荣县、荣昌—永川区块及鄂西渝东区块北部区。

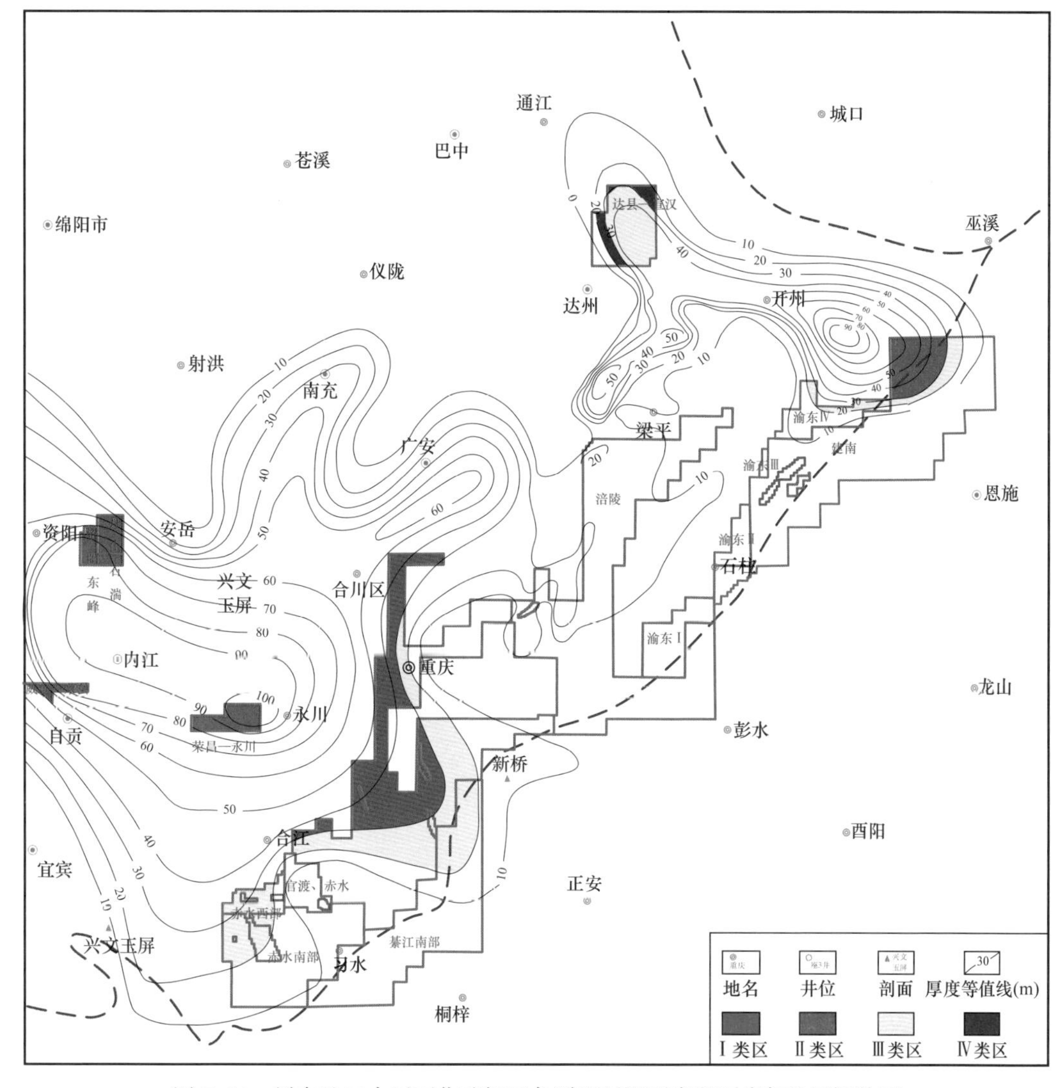

图 7-14 川东地区中国石化矿权区龙潭组下泥页岩段页岩气选区评价图

Fig.7-14 Evaluation Map for Selected Areas of Lower Mudstone Shale Section in Longtan Formation in Sinopec-Controlled Exploration Areas，Eastern Sichuan

表 7-5 川东地区中国石化区块龙潭组页岩气选区评价表

Table7-5 Evaluation Table for Selected Areas of Shale Gas of Longtan Formation in Sinopec-Controlled Exploration Areas，Eastern Sichuan

区块名称	层位	综合评价（面积，km^2）			
		Ⅰ	Ⅱ	Ⅲ	Ⅳ
达州—宣汉	下泥岩段			749	227.5
资阳—丹山	下泥岩段		453.099		
威远—荣县	下泥岩段		143.771		
荣昌—永川	下泥岩段		215.880		

续表

区块名称	层位	综合评价（面积，km^2）			
		Ⅰ	Ⅱ	Ⅲ	Ⅳ
涪陵	下泥岩段				
鄂西渝东	下泥岩段		687	413.5	
綦江	下泥岩段	2291		1828.5	
赤水	下泥岩段			785	
綦江南	下泥岩段			595	

7.3 小结

通过综合评价及选区研究来看，川东中国石化矿权区龙潭组页岩气总资源量 $4.37\times10^{12}m^3$。其中，上泥页岩段页岩气资源量 $3.24\times10^{12}m^3$，下泥页岩段页岩气资源量 $1.13\times10^{12}m^3$。综合高有机质丰度泥页岩分布、成岩演化程度、脆性矿物含量、埋深和资源规模优选出上泥岩段页岩气最有利勘探区为綦江、赤水区块西北区、綦江南区块北西区；下泥岩段页岩气最有利勘探区为綦江区块北部区。

但是，川东地区龙潭组是一套海陆过渡相沉积，目前针对该类型的页岩气评价方法及参数选区均没有经过实践的检验。本次选区评价主要是借鉴四川盆地海相页岩气的评价方法与选区标准，这些方法与标准和勘探经验也不完全适合川东龙潭组页岩气的评价和勘探。因此，对于川东地区龙潭组的评价还需随着勘探进程的发展不断地进行完善和再认识。

8　结语

四川地区古生界发育下寒武统筇竹寺组、上奥陶统五峰组—下志留统龙马溪组和上二叠统龙潭组 / 吴家坪组三套优质泥页岩烃源岩。针对前两套泥页岩已开展了大量页岩气的勘探开发研究工作，在五峰组—龙马溪组已实现页岩气商业开发，在筇竹寺组也已获页岩气工业气流突破，本书所关注的是龙潭组 / 吴家坪组是否具备页岩气成藏条件，能否成为页岩气勘探的接替层系？

8.1　主要认识

8.1.1　龙潭组 / 吴家坪组形成大地构造环境

上扬子地区晚古生代受古特提斯构造域演化控制，华南陆块晚古生代区域性脉冲式拉张导致峨眉地裂运动并伴随大规模玄武岩喷发和扬子地台北缘构造—沉积分异。川东地区晚古生代发育陆缘 / 陆内裂陷和台内坳陷两类不同的盆地原型，造成了川东地区龙潭组（吴家坪组）的沉积分异。

8.1.2　沉积模式

建立了龙潭组 / 吴家坪组滨岸—潮坪—混积陆棚—台盆的沉积模式，川东地区从西南往东北方向沉积相依次为河流相—滨岸—潮坪相—浅水混积陆棚亚相—深水混积陆棚亚相—台盆相。

8.1.3　优质页岩发育及特征

川东地区龙潭组泥含煤页岩在发育与分布上具纵向分段、横向分区的特点，以中间大于 4m 的石灰岩、砂岩为隔层可分上、下泥页岩段；泥页岩具有 TOC 丰度高（平均 3.5%）、热演化程度适中（R_o 平均 2.5%）的特点。川东北区（陆缘 / 陆内裂陷）深水陆棚相硅质、碳质泥页岩硅质矿物含量高，黏土矿物含量相对较低，有机质含量高，TOC 含量大于 2.0%，干酪根碳同位素分布于 −28‰～−26‰，R_o 为 2.0%～3.5%。龙潭组、吴家坪组页岩均具有较好生烃条件。

8.1.4　页岩孔隙类型

泥页岩发育有机质孔、无机孔、微裂隙三种主要孔隙类型，不同沉积环境的泥页岩孔隙类型具有明显差异性。坳陷盆地中含煤泥页岩孔隙类型主要以无机孔、微裂隙为主，有机质孔总体欠发育或不发育；裂陷盆地中深水陆棚相泥页岩孔隙类型以有机质孔为主，其次为无机孔，微裂隙不发育。

8.1.5 储集性能

裂陷盆地中吴家坪组泥页岩氮气吸附曲线滞后环以 H_2 型墨水瓶形孔为主，含少量 H_3 型狭缝形孔和 H_4 型层状孔，储集性能好；坳陷盆地中龙潭组 / 吴家坪组泥页岩有利的 H_2 型墨水瓶形孔比例明显降低，H_3、H_4 型孔隙结构比例增加，储集性能较差。

龙潭组、吴家坪组泥页岩孔隙发育程度受控于两种不同机制：吴家坪组泥页岩有机质类型主要为腐泥型，泥页岩孔隙发育主要受有机质含量和热演化程度控制，黄铁矿含量与孔隙发育呈正相关，孔隙构成以中、微孔的贡献为主；龙潭组泥页岩有机质类型主要为腐殖型，孔隙发育主要受黏土矿物含量和热演化程度控制，孔隙构成以中、大孔贡献为主。

吴家坪组泥页岩比表面积、孔隙分形维数与 TOC 呈较好的正相关性；龙潭组泥页岩比表面积、孔隙分形维数与 TOC 相关性较差或者呈负相关，甚至呈一定程度的负相关。两类盆地原型背景下的泥页岩孔隙构成具有较大的差异性。

8.2 展望

四川盆地龙潭组 / 吴家坪组优质页岩在形成环境和地球化学特征上尽管与五峰组—龙马溪组存在明显的差别，但它仍然具有较好的页岩气成藏条件。从龙马溪组页岩气勘探开发的成功经验看，页岩气的形成除了具备较好的物质基础外，后期经历的构造运动改造所导致的保存条件的差异使得不同地区勘探效果截然不同，表现为盆内相对稳定、弱改造区与盆缘或盆外相对强改造区在地层压力、页岩含气性、测试产量上，前者一般具有高压—超压、高含气性、测试产量高的特点，而后者更多的是低压—常压、含气量较低、测试产量低。同时，在现有的工程技术条件下，页岩层系的埋深也是评价中需要考虑的重要因素。因此综合考量龙潭组 / 吴家坪组泥页岩自身条件及保存条件，本书认为川东南赤水—綦江地区、川东建南地区平缓褶皱带，优质页岩发育、构造变形相对较弱、埋藏相对较浅，是目前实施勘探最有利现实地区。

在本书定稿之前，我们很欣慰地看到，綦江地区山页 1 井及建南地区红页 1HF 井和建页 3 井分别在龙潭组和吴家坪组二段钻遇良好的页岩气显示，展示了四川盆地川东南、川东地区二叠系页岩气良好的勘探前景。应该指出的是，川东地区龙潭组是一套海陆过渡相含煤岩系，目前针对该类型的页岩气评价方法及参数选取还有待勘探检验，同时山页井所面对的复杂岩性对于压裂改造工艺提出了新的挑战。但我们坚信二叠系龙潭组 / 吴家坪组页岩气潜力是巨大的，它必将成为中国南方海相未来重要的页岩气接替领域。

参考文献

程鹏，肖贤明．2013. 很高成熟度富有机质页岩的含气性问题．煤炭学报，38（5）：737–741.

戴荔果，郑荣才，李爽，等．2009. 川东—渝北地区飞仙关组层序—岩相古地理特征．中国地质,36(1)：110–119.

董有浦，沈中延，肖安成，等．2011. 南大巴山冲断褶皱带区域构造大剖面的构建和结构分析．岩石学报，27（3）：689–698.

杜治利，王清晨．2007. 中新生代天山地区隆升历史的裂变径迹证据．地质学报，81（8）：1081–1101.

范蔚茗，王岳军，彭头平，等．2004. 桂西晚古生代玄武岩 Ar–Ar 和 U–Pb 年代学及其对峨眉山玄武岩省喷发时代的约束．科学通报（18）：1892–1900.

冯增昭．1994. 中国沉积学．北京：石油工业出版社．

郭旭升，李宇平，刘若冰，等．2014. 四川盆地焦石坝地区龙马溪组页岩微观孔隙结构特征及其控制因素．天然气工业，34（6）：9–16.

郝石生，柳广弟．1994. 油气初次运移的模拟模型．石油学报，15（2）：21–31.

何斌，徐义刚，王雅玫，等．2005. 东吴运动性质的厘定及其时空演变规律．地球科学，30（1）：89–96.

何斌，徐义刚，王雅玫，等．2006. 北京西山房山岩体岩浆底辟构造及其地质意义 // 2006 年全国岩石学与地球动力学研讨会论文摘要集．

侯宇光，何生，易积正，等．2014. 页岩孔隙结构对甲烷吸附能力的影响．石油勘探与开发，41（2）：248–256.

侯增谦，陈文，卢记仁．2006. 四川峨眉大火成岩省 259Ma 大陆溢流玄武岩喷发事件：来自激光 $^{40}Ar/^{39}Ar$ 测年证据．地质学报（08）：1130.

胡光灿．1997. 四川盆地油气勘探突破实例分析．海相油气地质，2（3）：52–53.

胡明，黄文斌，李加玉．2017. 构造特征对页岩气井产能的影响——以涪陵页岩气田焦石坝区块为例．天然气工业，37（8）：31–39.

江青春，胡素云，汪泽成，等．202. 四川盆地茅口组风化壳岩溶古地貌及勘探选区．石油学报，33（6）：949–960.

赖绍聪，张国伟，董云鹏，等．2003. 秦岭—大别勉略构造带蛇绿岩与相关火山岩性质及其时空分布．中国科学（D 辑：地球科学），33（12）：1174–1183.

李娟，于炳松，夏响华，等．2015. 黔西北地区上二叠统龙潭组泥页岩储层特征．地学前缘，22（1）：301–311.

李可，王兴志，张馨艺，等．2016. 四川盆地东部下志留统龙马溪组页岩储层特征及影响因素．岩性油气藏，28（5）：52–58.

李秋芬，苗顺德，王铜山，等．2015. 四川盆地晚二叠世克拉通内裂陷作用背景下的盐亭—潼南海槽沉积充填特征．地学前缘，22（1）：67–76.

李延钧，刘欢．2011. 四川盆地湖相页岩地化特征及形成页岩气藏潜力探讨 // 全国有机地球化学学术会议．中国石油学会；中国地质学会；中国矿物岩石地球化学学会．

李仲东．2001. 川东地区碳酸盐岩超压与天然气富集关系研究．矿物岩石，21（4）：53–58.

刘宝珺．1994. 积极开拓沉积学研究新领域．中国科学院院刊（2）：163–164.

刘超英 . 2013. 页岩气勘探选区评价方法探讨 . 石油实验地质，35（5）：564–569+573.
刘鸿允 . 1995. 中国古地理图 . 北京：科学出版社 .
刘小平，董谦，董清源，等 . 2013. 苏北地区古生界页岩等温吸附特征 . 现代地质，27（5）：1219–1224.
罗建宁 .1992. 巴颜喀拉盆地岩相、相组及其演化 . 岩相古地理（1）：1–10.
罗志立，金以钟，朱夔玉，等 . 1998. 试论上扬子地台的峨眉地裂运动 . 地质论评，34（1）：15–28.
罗志立，孙玮，代寒松，等 . 2012. 四川盆地基准井勘探历程回顾及地质效果分析 . 天然气工业,32(4)：9–12+118.
罗志立，孙玮，韩建辉，等 . 2012. 峨眉地幔柱对中上扬子区二叠纪成藏条件影响的探讨 . 地学前缘，19（6）：144–154.
罗志立 . 1981. 中国西南地区晚古生代以来地裂运动对石油等矿产形成的影响 . 四川地质学报，2（1）：1–22.
罗志立 . 2009. 中国地裂运动创建，发展及对四川盆地天然气勘探的实践 // 中国地质学会学术年会 . 中国地质学会 .
马力，陈焕疆，甘克文，等 . 2004. 中国南方大地构造和海相油气地质 . 北京：地质出版社 .
马永生，郭旭升，郭彤楼，等 . 2005. 四川盆地普光大型气田的发现与勘探启示 . 地质论评，51（4）：477–480.
马永生，牟传龙，郭旭升，等 . 2006. 四川盆地东北部长兴期沉积特征与沉积格局 . 地质论评，52（1）：25–29+153–154.
马永生，邱化玉，王才友 . 2007. 新型水处理设备——KSFAC 次表面气浮澄清器 . 中华纸业,28（B04）：14–15.
毛黎光，肖安成，魏国齐，等 . 2011. 扬子地块北缘晚古生代—早中生代裂谷系统的分布及成因分析 . 岩石学报，27（3）：721–731.
梅廉夫，刘昭茜，汤济广，等 . 2010. 湘鄂西—川东中生代陆内递进扩展变形：来自裂变径迹和平衡剖面的证据 . 地球科学（中国地质大学学报），35（2）：161–174.
聂海宽，包书景，高波，等 . 2012. 四川盆地及其周缘下古生界页岩气保存条件研究 . 地学前缘,19(3)：280–294.
覃建雄 . 1996. 西南地区二叠系层序地层及油气预测 . 成都：成都理工学院 .
秦建中，腾格尔，申宝剑，等 . 2015. 海相优质烃源岩的超显微有机岩石学特征与岩石学组分分类 . 石油实验地质，37（6）：671–680.
覃作鹏，刘树根，邓宾，等 . 2013. 川东南构造带中新生代多期构造特征及演化 . 成都理工大学学报（自然科学版），40（6）：703–711.
沈中延，肖安成，王亮，等 . 2010. 四川北部米仓山地区下三叠统内部不整合面的发现及其意义 . 岩石学报，26（4）：1313–1321.
四川省地质矿产局 . 1991. 中华人民共和国地质矿产部地质专报：区域地质 · 23，四川省区域地质志 . 北京：地质出版社 .
四川油气区石油地质志编写组 . 1989. 中国石油地质志 · 卷十，四川油气区 . 北京：石油工业出版社 .
王成善 . 1998. 中国南方海相二叠系层序地层与油气勘探 . 成都：四川科学技术出版社 .
王登红，陈毓川，陈郑辉，等 . 2007. 南岭地区矿产资源形势分析和找矿方向研究 . 地质学报（7）：

882–890.
王登红，李建康，王成辉，等 . 2007. 与峨眉地幔柱有关年代学研究的新进展及其意义 . 矿床地质（5）：550–556.
王飞宇，贺志勇，孟晓辉，等 . 2011. 页岩气赋存形式和初始原地气量（OGIP）预测技术 . 天然气地球科学，22（3）：501–510.
王鸿祯 . 1985. 中国古地理图集 . 中国地质科学院地质研究所 .
王立亭，陆彦邦，赵时久，等 . 1994. 中国南方二叠纪岩相古地理与成矿作用 . 北京：地质出版社 .
王瑞，张宁生，刘晓娟，等 . 2013. 页岩气扩散系数和视渗透率的计算与分析 . 西北大学学报（自然科学版），43（1）：75–80.
王瑞，张宁生，刘晓娟，等 . 2015. 页岩对甲烷的吸附影响因素及吸附曲线特征 . 天然气地球科学，26（3）：580–591.
王一刚，洪海涛，夏茂龙，等 . 2008. 四川盆地二叠、三叠系环海槽礁、滩富气带勘探 . 天然气工业，28（1）：22–27.
王一刚，文应初，洪海涛，等 . 2006. 四川盆地及邻区上二叠统—下三叠统海槽的深水沉积特征 . 石油与天然气地质，27（5）：702–714.
王一刚，文应初，张帆，等 . 1998. 川东地区上二叠统长兴组生物礁分布规律 . 天然气工业，18（6）：25–30+7–8.
王一刚 . 2001. 四川盆地古生界—上元古界天然气成藏条件及勘探技术 . 北京：石油工业出版社 .
魏国齐，杨威，李跃纲，等 . 2006. 川西地区下二叠统栖霞组沉积体系、储层成因及展布 // 第二届中国石油地质年会——中国油气勘探潜力及可持续发展论文集 . 中国石油学会石油地质专业委员会、中国地质学会石油地质专业委员会：中国地质学会（6）.
魏祥峰，刘若冰，张廷山，等 . 2013. 页岩气储层微观孔隙结构特征及发育控制因素——以川南—黔北 XX 地区龙马溪组为例 . 天然气地球科学，24（5）：1048–1059.
魏志红 . 2015. 四川盆地及其周缘五峰组—龙马溪组页岩气的晚期逸散 . 石油与天然气地质，36（4）：659–665.
熊伟，郭为，刘洪林，等 . 2012. 页岩的储层特征以及等温吸附特征 . 天然气工业，32（1）：113–116+130.
徐勇，吕成福，陈国俊，等 . 2015. 川东南龙马溪组页岩孔隙分形特征 . 岩性油气藏，27（4）：32–39.
许连忠，张正伟，张乾，等 . 2006. 威宁宣威组底部硅质页岩 Rb–Sr 古混合线年龄及其地质意义 . 矿物学报（4）：387–394.
许连忠 . 2006. 滇黔相邻地区峨眉山玄武岩地球化学特征及其成自然铜矿作用 . 贵阳：中国科学院研究生院（地球化学研究所）.
薛海涛，卢双舫，付晓泰，等 . 2003. 烃源岩吸附甲烷实验研究 . 石油学报，24（6）：45–50.
杨克明 . 2014. 四川盆地 " 新场运动 " 特征及其地质意义 . 石油实验地质，36（4）：391–397.
姚军辉，罗志立，孙玮，等 . 2011. 峨眉地幔柱与广旺—开江—梁平等拗拉槽形成关系 . 新疆石油地质，32（1）：97–101.
殷鸿福，吴顺宝，杜远生，等 . 1999. 华南是特提斯多岛洋体系的一部分 . 地球科学（中国地质大学学报），24（1）：3–14.
于炳松 . 2013. 页岩气储层孔隙分类与表征 . 地学前缘，20（4）：211–220.

袁玉松，孙冬胜，周雁，等 . 2010. 四川盆地川东南地区“源—盖”匹配关系研究 . 地质论评，56（6）：813–838.

张国伟，郭安林，董云鹏，等 . 2009. 深化大陆构造研究发展板块构造促进固体地球科学发展 . 西北大学学报（自然科学版），39（3）：345–349.

张吉振，李贤庆，王元，等 . 2015. 煤系页岩气成藏条件及储层特征研究——以四川盆地南部龙潭组为例 // 第三届非常规油气成藏与勘探评价学术讨论会 . 中国地质学会、中国石油学会 .

张旗 . 1992. 中国蛇绿岩研究中的几个问题 . 地质科学（S1）：139–146.

张招崇，王福生，范蔚茗，等 . 2001. 峨眉山玄武岩研究中的一些问题的讨论 . 岩石矿物学杂志,20(3)：239–246.

周进高，辛勇光，谷明峰，等 . 2010. 四川盆地中三叠统雷口坡组天然气勘探方向 . 天然气工业，30（12）：16–19.

周延坤 . 1987. 岩相古地理基础和工作方法 . 石油物探译丛（2）：80.

朱传庆，邱楠生，曹环宇，等 . 2017. 四川盆地东部构造—热演化：来自镜质体反射率和磷灰石裂变径迹的约束 . 地学前缘，24（3）：94–104.

朱日房，张林晔，李钜源，等 . 2012. 渤海湾盆地东营凹陷泥页岩有机储集空间研究 . 石油实验地质，34（4）：352–356.

卓皆文，王剑，汪正江，等 . 2009. 鄂西地区晚二叠世沉积特征与台内裂陷槽的演化 . 新疆石油地质，30（3）：300–303.

邹才能，李建忠，董大忠，等 . 2010. 中国首次在页岩气储集层中发现丰富的纳米级孔隙 . 石油勘探与开发，37（5）：508–509.

邹玉涛，段金宝，赵艳军，等 . 2015. 川东高陡断褶带构造特征及其演化 . 地质学报，89（11）：2046–2052.

Abanda P，Hannigan R. 2006. Effect of diagenesis on trace element partitioning in shales. Chemical Geology，230（1–2）：42–59.

Ali J R，Lo C H，Thompson G M，et al. 2004. Emeishan Basalts Ar–Ar overprint ages define several tectonic events that affected the western Yangtze platform in the Mesozoic and Cenozoic. Journal of Asian Earth Sciences，23：163–178.

Ali J R，Thompson G M，Song X Y，et al，2002. Emeishan Basalts（SW China）and the end-Guadalupian crisis：magnetobiostratigraphic constraints. Journal of the Geological Society，159：21–29.

Ali J，Thompson G，Zhou M，et al. 2005. Emeishan large igneous province，SW China. Lithos，79（3–4）：475–489.

Ambrose Ray J，Hartman Robert C，Diaz–Campos，et al. 2010. New Pore–scale Considerations for Shale Gas in Place Calculations. Paper presented at the SPE Unconventional Gas Conference，Pittsburgh，Pennsylvania，USA，February 2010. doi：https：//doi.org/10.2118/131772–MS

Bennett R H，N R O'Brien，M H Hulbert. 1991. Determinants of clay and shale microfabric signatures：processes and mechanisms，Springer.

Bennett R H，N R O'Brien，M H Hulbert. 1991. Determinants of clay and shale microfabric signatures：processes and mechanisms. Microstructure of Fine–Grained Sediments，Springer：5–32.

Bennett R H，W R Bryant，M H Hulbert. 1991. Microstructure of finegrained sediments：From mud to shale, Springer Science & Business Media, 76.

Boven A, Pasteels P, Punzalan L, et al. 2002. $^{40}Ar/^{39}Ar$ geochronological constraints on the age and evolution of the Permo-Triassic Emeishan Volcanic Province, Southwest China. Journal of Asian Earth Sciences, 20 (2): 157-175.

Bruce H, Wilkinson Bradley, N Opdy. 1989. Global Perspective of Mississippian Oolites of North America: Abstract. AAPG Bulletin, 73.

Bustin R M, A M Bustin, A Cui, et al. 2008. Impact of shale properties on pore structure and storage characteristics. SPE shale gas production conference, Society of Petroleum Engineers.

Chalmers G, Bustin R. 2007. The organic matter distribution and methane capacity of the Lower Cretaceous strata of Northeastern British Columbia, Canada. International Journal of Coal Geology, 70 (1-3): 223-239.

Chalmers G, Bustin R. 2008. Lower Cretaceous gas shales in northeastern British Columbia, Part I: geological controls on methane sorption capacity. Bulletin of Canadian Petroleum Geology, 56(1): 1-21.

Christopher R. 1992. The Paleontological Society Special Publications, Volume 6: Fifth North American Paleontological Convention-Abstracts and Program: 263.DOI: https://doi.org/10.1017/S2475262200008236.

Chung S L, Jahn B M. 1995. Plume-lithosphere interaction in generation of the EFB at the Permian-Triassic boundary. Geology, 23: 889-892.

Chung S, Lee T, Lo C, et al. 1997. Intraplate extension prior to continental extrusion along the Ailao Shan-Red River shear zone. Geology, 25 (4): 311.

Courtillot V, Renne P. 2003. On the ages of flood basalt events. Comptes Rendus Geoscience, 335 (1): 113-140.

Cross T A, Homewood P W. 1997. Amanz Gressly's role in founding modern stratigraphy. GSA Bulletin, 109 (12): 1617-1630.

Crusius J, Calvert S, Pedersen T, et al. 1996. Rhenium and molybdenum enrichments in sediments as indicators of oxic, suboxic and sulfidic conditions of deposition. Earth and Planetary Science Letters, 145 (1-4): 65-78.

Curtis M E, C H Sondergeld, R J Ambrose, et al. 2012. Microstructural investigation of gas shales in two and three dimensions using nanometer-scale resolution imaging. AAPG bulletin, 96 (4): 665-677.

Curtis M E. 2010. Structural Characterization of Gas Shales on the Micro-and Nano-Scales. Paper presented at the Canadian Unconventional Resources and International Petroleum Conference, Calgary, Alberta, Canada, October 2010. doi: https://doi.org/10.2118/137693-MS

de Caritat P, I Hutcheon, J L Walshe. 1993. "Chlorite Geothermonietry: A Review." Clays and clay minerals, 41 (2): 219-239.

Desbois G, J L Urai, M De Craen. 2010. In-situ and direct characterization of porosity in Boom Clay (Mol site, Belgium) by using novel combination of ion beam cross-sectioning, SEM and cryogenic methods. Motivations, first results and perspectives. External Report of the Belgian Nuclear Research Centre (http://www.sckcen.be).

Desbois G, J Urai, P Kukla. 2009. Morphology of the pore space in claystones: Evidence from BIB/FIB ion beam sectioning and cryo-SEM observations. Earth Discussions, 4: 1-19.

Elderfield H, Greaves M. 1982. The rare earth elements in seawater. Nature, 296 (5854): 214-219.

Emerson S, Huested S. 1991. Ocean anoxia and the concentrations of molybdenum and vanadium in seawater. Marine Chemistry, 34 (3-4): 177-196.

Fan W M, Wang Y J, Peng T P, et al. 2004. Ar-Ar and U-Pb chronology of Late Paleozoic basalts in western Guangxi and its constraints on the eruption age of the Emeishan basalt magmatism. Chinese Science Bulletin, 49: 2318-2327.

Fan W M, Zhang C H, Wang Y J, et al. 2008.Geochronology and Geochemistry of Permian Basalts in Western Guangxi Province, Southwest China: Evidence for Plume-Lithosphere Interaction.Lithos, 102 (1-2): 218-236.doi: 10.1016/j.lithos.2007.09.019

Gareth C, Bustin R, Power I. 2012. Characterization of gas shale pore systems by porosimetry, pycnometry, surface area, and field emission scanning electron microscopy/transmission electron microscopy image analyses: Examples from the Barnett, Woodford, Haynesville, Marcellus, and Doig units. AAPG Bulletin, 96 (6): 1099-1119.

Gareth C, Bustin R. 2008a. Lower Cretaceous gas shales in northeastern British Columbia, Part Ⅰ: geological controls on methane sorption capacity. Bulletin of Canadian Petroleum Geology,56(1): 1-21.

Gareth C, Bustin R. 2008b. Lower Cretaceous gas shales in northeastern British Columbia, Part Ⅱ: geological controls on methane sorption capacity. Bulletin of Canadian Petroleum Geology,56(1): 1-21.

Gareth C, Marc Bustin R. 2007. On the effects of petrographic composition on coalbed methane sorption. International Journal of Coal Geology, 69 (4): 288-304.

Guo F, Fan W M, Wang Y J, Li C W. 2004. When did the Emeishan plume activity start Geochronological evidence from ultramafic-mafic dikes in Southwestern China. International Geologic Review, 46: 226-234.

Hanski E, Walker R, Gornostayev S, et al. 2004. Evidence for the emplacement of ca. 3.0 Ga mantle-derived mafic-ultramafic bodies in the Ukrainian Shield. Precambrian Research, 132 (4): 349-362.

He B, Xu Y G, Chung S L, et al. 2003. Sedimentary evidence for a rapid, kilometer scale crustal doming prior to the eruption of the EFB. Earth and Planetary Science Letters, 213: 391-405.

He B, Xu Y G, Huang X L, et al. 2007. Age and duration of the Emeishan flood volcanism, SW China: Geochemistry and Shrimp zircon U-Pb dating of silicic ignimbrites, post-volcanic Xuanwei Formation and clay tuff at the Chaotian section. Earth and Planetary Science Letters, 255: 306-323.

He B, Xu Y G, Zhong Y T, et al. 2010. The Guadalupian-Lopingian boundary mudstones at Chaotian (SW China) are clastic rocks rather than acidic tuffs: implication for a temporal coincidence between the end-Guadalupian mass extinction and the Emeishan volcanism. Lithos, 119: 10-19

Ji Lujun, Guo Quanxin, Friedheim Jim, et al. 2012. Laboratory Evaluation and Analysis of Physical Shale Inhibition of an Innovative Water-Based Drilling Fluid with Nanoparticles for Drilling Unconventional Shales. Paper presented at the SPE Asia Pacific Oil and Gas Conference and Exhibition, Perth, Australia. doi: https: //doi.org/10.2118/158895-MS

Jin Y G, Shang Q H. 2000. The Permian of China and its interregional correlation//Yin H F, Dickins J M, Shi G R, et al. Permian-Triassic Evolution of Tethys and Western Circum-Pacific. Developments in

Palaeontology and Stratigraphy, 18. Elsevier Press, Amsterdam: 71–98.

Jin Y G, Shen S Z, Henderson C M, et al. 2006. The Global Stratotype Section and Point (GSSP) for the boundary between the Capitanian and Wuchiapingian stage (Permian) . Episodes, 29: 253–262.

Jones B, Manning D. 1994. Comparison of geochemical indices used for the interpretation of palaeoredox conditions in ancient mudstones. Chemical Geology, 111 (1–4) : 111–129.

Krooss B, Littke R, Müller B, et al. 1995. Generation of nitrogen and methane from sedimentary organic matter: Implications on the dynamics of natural gas accumulations. Chemical Geology, 126 (3–4) : 291–318.

Lo C H, Chung S L, Lee T Y, et al. 2002. Age of the Emeishan flood magmatism and relations to Permian–Triassic boundary events. Earth and Planetary Science Letters, 198: 449–458.

Loucks R, Reed R, Ruppel S, et al. 2012. Spectrum of pore types and networks in mudrocks and a descriptive classification for matrix–related mudrock pores. AAPG Bulletin, 96 (6) : 1071–1098.

Loucks R, Reed R, Ruppel S, et al., 2009. Morphology, Genesis, and Distribution of Nanometer–Scale Pores in Siliceous Mudstones of the Mississippian Barnett Shale. Journal of Sedimentary Research, 79 (12) : 848–861.

Love L G, Amstutz G C. 1966.Review of microscopic pyrite. Fortschr Miner, 43: 274–309.

Ma Y, Guo X, Guo T, et al. 2007. The Puguang gas field: New giant discovery in the mature Sichuan Basin, southwest China. AAPG Bulletin, 91 (5) : 627–643.

Maver M. 2003. Barnett Shale Gas–in–Place Volume including Sorbed and Free Gas Volume//AAPG Southwest Section Meeting, March 1–4, Fort Worth, Texas, USA.Tulsa: AAPG.

Milliken K L, M Rudnicki, D N Awwiller, et al. 2003. Organic matter–hosted pore system, Marcellus formation (Devonian), Pennsylvania. AAPG bulletin, 97 (2) : 177–200.

Milliken K L, Reed R M. 2010, Multiple causes of diagenetic fabric anisotropy in weakly consolidated mud, Nankai Accretionary Prism. IODP Expedition 316: Journal of Structural Geology, 32: 1887–1898. 10.1016/j.jsg.2010.03.008.

Milner M, Petriello J, McLin R, et al. 2010. Imaging texture and porosity in mudstone and shale : findings from petrographic, secondary, and ion–milled backscatter SEM methods. Canada: N. p.

Myers K J, Wignall P B. 1987.Understanding Jurassic Organic–rich Mudrocks–New Concepts using Gamma–ray Spectrometry and Palaeoecology: Examples from the Kimmeridge Clay of Dorset and the Jet Rock of Yorkshire//Leggett J K, Zuffa G G. Marine Clastic Sedimentology. Springer, Dordrecht. https://doi.org/10.1007/978–94–009–3241–8_9

Pfeifer P, Avnir D. 1983. Chemistry in noninteger dimensions between two and three. I. Fractal theory of heterogeneous surfaces. The Journal of Chemical Physics, 79 (7) : 3558–3565.

Reed R, Ruppel S. 2012. Gulf Coast Association of Geological Societies Transactions. Extended Abstract: Pore Morphology and Distribution in the Cretaceous Eagle Ford Shale, South Texas, USA: 599–603.

Ross D, Bustin R. 2007. Shale gas potential of the Lower Jurassic Gordondale Member, northeastern British Columbia, Canada. Bulletin of Canadian Petroleum Geology, 55 (1) : 51–75.

Ross D. 2008. Marc Bustin; Characterizing the shale gas resource potential of Devonian–Mississippian strata in the Western Canada sedimentary basin: Application of an integrated formation evaluation. AAPG

Bulletin, 92（1）: 87–125. doi: https: //doi.org/10.1306/09040707048

Rudnicki D N, Awwiller, T Zhang. 2003. Organic matter–hosted pore system, Marcellus formation（Devonian）, Pennsylvania. AAPG bulletin, 97（2）: 177–200.

Schettler P D, C R Parmely. 1991. Contributions to Total Storage Capacity in Devonian Shales. Paper presented at the SPE Eastern Regional Meeting, Lexington, Kentucky. doi: https: //doi.org/10.2118/23422–MS

Schettler P D, Parmely C R. 1990. Physicochemical properties of methane storage and transport in Devonian shale. Annual technical report, June 1989–May 1990. United States: N. p.

Schloemer S, Krooss B. 2004. Molecular transport of methane, ethane and nitrogen and the influence of diffusion on the chemical and isotopic composition of natural gas accumulations. Geofluids, 4（1）: 81–108.

Shiley R, Cluff R, Dickerson D, et al. 1981. Correlation of natural gas content to iron species in the New Albany shale group. Fuel, 60（8）: 732–738.

Slatt R M, N R O'Brien. 2011. Pore types in the Barnett and Woodford gas shales: Contribution to understanding gas storage and migration pathways in fine–grained rocks. AAPG bulletin, 95（12）: 2017–2030.

Slatt R, Rodriguez N. 2012. Comparative sequence stratigraphy and organic geochemistry of gas shales: Commonality or coincidence？ Journal of Natural Gas Science and Engineering, 8: 68–84.

Sondergeld C H, Ambrose R J, Rai C S, et al. 2010. Micro–Structural Studies of Gas Shales. Paper presented at the SPE Unconventional Gas Conference, Pittsburgh, Pennsylvania, USA, doi: https: //doi.org/10.2118/131771–MS.

Song X Y, Qi H W, Robinson P T, et al. 2008. Melting of the subcontinental lithospheric mantle by the Emeishan mantle plume; evidence from the basal alkaline basalts in Dongchuan, Yunnan, Southwestern China. Lithos, 100: 93–111.

Song X Y, Zhou M F, Cao Z M, et al. 2004. Late Permian rifting of the South China Craton caused by the Emeishan mantle plume？ J. Geol. Soc. London, 161: 773–781.

Wignall P, Twitchett R. 1996. Oceanic Anoxia and the End Permian Mass Extinction. Science, 272（5265）: 1155–1158.

Wignall P. 1994. Journal search results – Cite This For Me. Earth–Science Reviews, 37（3–4）: 277–278.

Wignall P. 2001. Large igneous provinces and mass extinctions. Earth–Science Reviews, 53（1–2）: 1–33.

Wilkin R, Barnes H. 1997. Formation processes of framboidal pyrite. Geochimica et Cosmochimica Acta, 61（2）: 323–339.

Xiao L, Xu Y G, Chuang S L, et al. 2003. Chemostratigraphic correlation of upper Permian lava succession form Yunnan Province, China: Extene of Emeishan large igneous province . International Geology Review, 45: 753–766.

Xiao L, Xu Y G, Mei H J, et al. 2004a. Distinct mantle sources of low–Ti and high–Ti basalts from the western Emeishan large igneous province, SW China: implications for plume–lithosphere interaction. Earth and Planetary Science Letters, 228: 525–546.

Xiao L, Xu Y G, Xu J F, et al. 2004b. Chemostratigraphy of flood basalts in the Garze–Litang region and

Zongza block: implications for western extension of the Emeishan large igneous province, SW China. Acta Geologica Sinica, 78: 61–67 (English Edition) .

Xu Y G, Chung S L, Shao H, et al. 2010. Silicic magmas from the Emeishan large igneous province, Southwest China: Petrogenesis and their link with the endGuadalupian biological crisis. Lithos, 119: 47–60.

Xu Y G, He B, Chung S L, et al. 2004. The geologic, geochemical and geophysical consequences of plume involvement in the Emeishan flood basalt province. Geology, 30: 917–920.

Xu Y G, Luo Z Y, Huang X L, et al. 2008. Zircon U–Pb and Hf isotope constraints on crustal melting associated with the Emeishan mantle plume. Geochimica et Cosmochimica Acta, 72: 3084–3104.

Xu Y, Chung S, Jahn B, et al. 2001. Petrologic and geochemical constraints on the petrogenesis of Permian–Triassic Emeishan flood basalts in southwestern China. Lithos, 58 (3–4) : 145–168.

Xu Y, He B, Huang X, et al. 2007. Late Permian Emeishan Flood Basalts in Southwestern China. Earth Science Frontiers, 14 (2) : 1–9.

Zhang X, Xu D. 2003. Potential carbon sequestration in China's forests. Environmental Science & Policy, 6 (5) : 421–432.

Reservoir Formation Conditions of Shale Gas of Longtan Formation in Two Kinds of Basin Prototypes, Eastern Sichuan

(Abstract)

Multi-stage basin prototypes were developed in the Sichuan Basin and surrounding areas due to multi tectonic cycles since Phanerozoic. They were overlaid during geological history to form "basin-prototype sequence" . Current oil and gas exploration activities show that three high-quality shale source rocks occur in the Paleozoic in the Sichuan region, e.g., Lower Cambrian Qiongzhusi Shale, Wufeng-Longmaxi Shale and Upper Permian Longtan/Wujiaping Shale, etc. Considerable shale gas exploration and development have been carried out in the first two shales, e.g., commercial shale gas play has been discovered in Wufeng-Lower Longmaxi Shale, while shale gas industrial flow has been obtained from Qiongzhusi Shale. However, does Longtan/Wujiaping Shale have shale gas enrichment conditions and can it become the succeeding shale gas exploration target ? This book attempts to answer these questions.

A comprehensive investigation of the tectonic activity during the Late Paleozoic to Mesozoic in Sichuan Basin and its surrounding area, deposition environment as well as temporal and spatial distribution of Permian Shale, hydrocarbon generation history, reservoir quality, compressibility, gas-bearing and preservation conditions of Permian Shale shows that:

(1) The Sichuan Basin and its surrounding area was controlled by the paleo Tethys domain during the late Paleozoic-Mesozoic based on the structure pattern of South China after Caledonian movement. The regional pulse-type stretching of South China block in Late Paleozoic resulted in Emei taphrogenesis accompanied by large-scale basalt eruption and structure-deposition differentiation with the northern margin of Yangtze platform. Two different basin prototypes, e.g., continental margin/ intra-continental rifting and intra-platform sag, occurred in eastern Sichuan In the late Paleozoic, which resulted in the sedimentary differentiation in Longtan Formation (Dalong formation) .

(2) Longtan Shale in East Sichuan can be vertically divided into upper shale unit and lower shale unit, and can be horizontally divided into the south unit (intra-platform sag) and the north unit (continental margin/ intra-continental rifting) . Shale in north unit was deposited in deep-water shelf facies and basin facies, which was vertically separated by limestone, while thickness of upper unit and lower unit is 20～75m and 20～90m, respectively. Shale is commonly interbedded with limestone, with high quartz content and low clay mineral content. It is regarded as organic-rich shale with high TOC (commonly>2.0%) and type II_1 kerogen at over-high maturity stage. Shale in north unit (intra-platform sag) was developed in swamp and shallow-shelf environment, which was vertically separated by sandstone. The thickness of upper unit and lower unit is 30～110m and 20～90m, respectively, which was dominated by shale interbedded with sandstone and coal measures. Shale is typically low in quartz content, but high in clay mineral content. Also, it has high organic matter abundance with TOC>2.0%, and is dominated by type Ⅲ kerogen at high maturity to over-high maturity stage. The upper and lower shale units in the south (intra-platform sag) and north (margin/intra-continental rifting) generally have high hydrocarbon generation potential.

(3) The Longtan Shale in East Sichuan generally has high-quality reservoir, which has intensive heterogeneity controlled by material composition (mineral and organic matter composition due to sedimentary facies. The organic matter of Wujiaping Shale in the north unit is mainly composed of algal debris and solid asphalt, and thereby, the reservoir is dominated by organic pore, which is mainly ink-bottle-like in shape with a small amount of slit-shaped pores. The micropore is popular in reservoir, while the mesopore with diameter of 2～20 nm is main contributor to the pore volume. The peak pore diameter is about 10 nm and average porosity is generally 5.5%. The organic matter content is one of the main controllers of porc growth. The organic matter in the south unit is primarily vitrinite, and the reservoir is dominated by inorganic pore (intercrystalline pores of clay mineral and microfracture), which is mainly slit-shaped pore with ink-bottle-like pore of secondary important. The proportion of micropores varies greatly, while mesopore with diameter of 2～50nm contributs significantly to pore volume with the peak diameter of 25nm, the average porosity is about 7%～8%. Clay mineral content is one of the main factors governing pore growth.

(4) The Longtan shale is characterized by good gas-bearing and preservation conditions, and high shale-gas exploration and development potential. Two regional caprocks, e.g., argillaceous rock and gypsum-salt rock, can be available to preserve Longtan shale gas. Although faults can be found in Longtan Formation in East Sichuan Basin, they mostly disappear in the gypsum-salt rock and argillaceous rock caprock. The structure deformation was later than the gas generation peak, with weak deformation intensity in the syncline but high intensity in the high-dipping anticline belts. Therefore, overpressure can be found in the syncline belts, while normal pressure generally occurs in the high-dipping anticline belts. The top and bottom are mostly low-permeable limestone, which can effectively stop the escape of natural gas, and the large thickness is conducive to fracturing. The methane isotherms show that the methane adsorption capacity and Langmuir pressure of Wujiaping Shale in North Sichuan Basin is similar to that of and Wufeng-Longmaxi Shale, while these parameters are higher in Southwest Sichuan Basin. The desorbed gas volume of Longtan Shale in the surrounding area of Sichuan Basin is large with high gas show during drilling, indicating that Longtan Shale is gas-saturated and has good gas exploration and development potential.

(5) The Longtan shale in East Sichuan Basin has good compressibility, which is better in the Northeast Sichuan Basin compared with the Southwest Sichuan Basin. The whole rock X-ray diffraction analysis shows that shale of deep shelf facies and basin facies in the north is high in brittle mineral content, but low in clay mineral content, indicating good compressibility, while shale of swamp facies and shallow shelf facies in the south is dominated by clay minerals with low brittle mineral content, suggesting poor compressibility. The Longtan shale is characterized by high young's modulus but low Poisson's ratio, a good indicator of good compressibility. The burial depth of Longtan Shale varies greatly among 300m to 6000m, while the available area with burial depth<4000m is large, indicating huge exploration potential.